煤矿瓦斯水合技术及其应用

Coal Mine Gas Hydration Technology and Application

吴 强 张保勇 等 著

科 学 出 版 社

北 京

内 容 简 介

本书是一部系统介绍煤矿瓦斯水合固化分离提纯技术的专著,主要内容包括:瓦斯气体水合物相平衡条件实验研究、静态体系多元瓦斯水合分离动力学研究、动态体系多元瓦斯水合分离研究、瓦斯水合分离过程温度场特征及传热机理、瓦斯混合气水合分离拉曼光谱分析。本书总结了瓦斯水合分离提纯技术的基本原理与方法,同时经过多年的瓦斯水合分离过程宏观与微观研究,提出物理化学强化分离方法与技术,丰富和完善了瓦斯水合分离理论与方法,对于推动我国瓦斯分离技术进步、保障煤矿安全生产具有重要的科学意义和工程价值。

本书可供从事煤矿瓦斯综合利用、混合气体分离技术的工程与科研人员及院校师生学习参考。

图书在版编目(CIP)数据

煤矿瓦斯水合技术及其应用=Coal Mine Gas Hydration Technology and Application/吴强等著. —北京:科学出版社,2019.9
ISBN 978-7-03-061752-1

Ⅰ. ①煤… Ⅱ. ①吴… Ⅲ. ①煤矿-瓦斯-水合-研究 Ⅳ. ①TD712

中国版本图书馆 CIP 数据核字(2019)第 123509 号

责任编辑:刘翠娜 李丽娇/责任校对:彭珍珍
责任印制:吴兆东/封面设计:无极书装

科学出版社 出版
北京东黄城根北街 16 号
邮政编码:100717
http://www.sciencep.com
北京中石油彩色印刷有限责任公司 印刷
科学出版社发行 各地新华书店经销
*
2019 年 9 月第 一 版 开本:720×1000 B5
2019 年 9 月第一次印刷 印张:20
字数:390 000
定价:128.00 元
(如有印装质量问题,我社负责调换)

前　言

瓦斯是煤的同源共生矿产，属非常规天然气，其主要成分 CH_4 可作为燃料和化工原料，同时是极强的温室气体。我国瓦斯资源赋存丰富，居世界第三位。由于我国瓦斯分离利用技术匮乏，全国抽采瓦斯利用量不足 40%。煤矿瓦斯的直接排放不仅对大气环境造成了严重的污染，同时也浪费了宝贵的清洁能源。因此，研发煤矿抽采瓦斯分离回收利用技术，对缓解常规油气供应紧张状况、改善我国的能源结构、保护大气环境均具有十分重要的意义。

气体水合技术广泛应用于混合气体分离、二氧化碳封存、海水淡化、蓄冷等领域。本书作者于国内外率先提出利用水合原理分离煤矿瓦斯，开创了瓦斯水合固化分离与储运研究领域，围绕多元-多相复杂体系瓦斯水合物相平衡热力学理论、瓦斯水合分离动力学及分离产物特性、瓦斯快速水合分离强化方法及促进机理、瓦斯水合过程传热-传质规律等科学问题，开展了 16 年的研究工作。本书系统地介绍了煤矿瓦斯水合分离原理、瓦斯水合过程中热力学与动力学特征、瓦斯水合分离化学与物理动态-静态强化技术及作用机理、瓦斯水合分离过程温度场特征及传热机理、瓦斯水合微观过程 Raman 光谱特征等。本书在侧重介绍作者课题组近年来取得研究成果的同时，对国内外气体水合物研究的进展也进行了介绍。

本书由吴强、张保勇统稿，吴强、张强负责撰写了第 1 章，吴琼、高霞负责撰写了第 2 章，张保勇、刘传海负责撰写了第 3 章，吴强、张强负责撰写了第 4 章，陈文胜、张强负责撰写了第 5 章，张保勇、刘传海负责撰写了第 6 章。同时感谢在实验室学习的于跃、周泓吉、岳彦兵、周竹青、张赛、王世海、张家豪等研究生为本书提供的图文素材。感谢国家自然科学基金重点项目（51334005）、国家自然科学基金面上项目（51774123）、国家自然科学基金青年项目（51404102、51704103、51804105）、黑龙江省自然科学基金重点项目（ZD2017012）的大力支持。

作者在写作上力图突出重点、点面结合，注重理论与实验结合，但水合物涉及学科多、研究手段丰富、发展迅速，本书的疏漏、不当之处敬请读者批评指正。

作　者
2019 年 1 月

目　　录

第1章 绪 论

1.1 煤矿瓦斯分离与利用现状概述

煤矿瓦斯(煤层气)作为一种煤炭伴生物,其主要组分甲烷是优质气态燃料和化工原料,加强其开发与综合利用,可以有效防范瓦斯事故、节能减排、解放煤矿生产力[1]。我国埋深 2km 以浅瓦斯资源量为 36.81 万亿 m³,居世界第三位[2]。目前,我国瓦斯主要采用地面开采和井下抽采两种方式,对于后者,约 80%抽采量是采用卸压抽和采空区抽瓦斯的方法获得,致使 55%以上抽采量为低浓度瓦斯(甲烷浓度低于 30%)[3]。2011~2017 年,我国共抽采煤矿瓦斯 892.4 亿 m³,由于缺乏瓦斯分离利用技术,全国共利用抽采瓦斯仅为 341.8 亿 m³,利用率仅为 38%,直排瓦斯达到 550.6 亿 m³,如图 1-1 所示。每立方米纯甲烷的发热量为 34000kJ,即 1m³ 甲烷完全燃烧后,能产生相当于 1kg 无烟煤提供的热量,与燃煤相比,瓦斯燃烧产物主要为二氧化碳和水,其燃烧所产生的污染,大致只有石油的 1/40,煤炭的 1/800,是常规天然气最现实可靠的洁净、高效、优质和安全的补充或替代能源。瓦斯的主要成分——甲烷,是主要的温室气体之一,其对大气臭氧造成的破坏是二氧化碳的 7 倍,温室效应是二氧化碳的 22 倍。

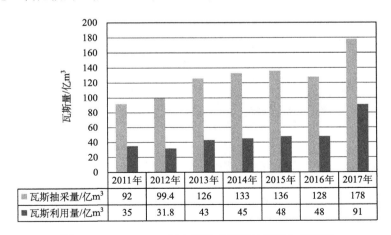

图 1-1 2011~2017 年全国煤矿瓦斯抽采量与利用量

同时,煤矿瓦斯是引起煤矿事故的主要原因之一,2007~2016 年全国共发生煤矿事故 791 起,共死亡 5133 人,如表 1-1 与图 1-2 所示。2007~2016 年,全国煤矿事故发生起数和死亡人数均大幅下降，但瓦斯事故起数所占比例下降并不明显，其造成的死亡人数所占比例相对较高，而提高利用率可增强瓦斯抽采积极性，达到"以用促抽保安全"的目的。

表 1-1　2007～2016 年全国煤矿事故起数与死亡人数统计

年份	瓦斯事故		煤矿事故		瓦斯事故	
	事故起数	死亡人数	事故起数	死亡人数	事故比例/%	死亡人数比例/%
2007	90	966	170	1152	52.94	83.85
2008	66	747	116	759	56.90	98.42
2009	61	528	98	676	62.24	78.11
2010	65	573	108	604	60.19	94.87
2011	50	419	85	469	58.82	89.34
2012	34	374	64	435	53.13	85.98
2013	34	269	55	427	61.82	63.00
2014	47	266	55	295	85.87	90.24
2015	15	101	28	189	53.57	53.44
2016	11	146	21	170	52.38	85.88

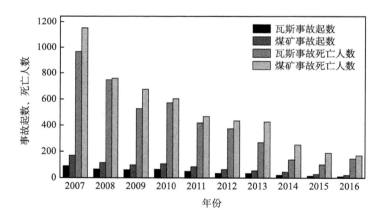

图 1-2　2007～2016 年全国煤矿事故及瓦斯事故起数与死亡人数统计

煤矿瓦斯的直接排放不仅对大气环境造成了严重的污染，还浪费了宝贵的清洁能源。因此，采取有效措施分离回收利用煤矿抽采瓦斯，对缓解常规油气供应紧张状况、改善我国的能源结构、保护大气环境和实现国民经济可持续发展均具有十分重要的意义。然而由于低浓度瓦斯抽采量占总量比例大且浓度不稳定、低浓度瓦斯直接利用技术少、瓦斯分离与储运技术不成熟且缺乏普遍适用性，限制了矿井瓦斯利用。大量低浓度瓦斯被直排入大气中，导致能源浪费、环境污染，违背《国民经济和社会发展第十三个五年规划纲要》提出的"坚持节约资源和保护环境的基本国策"和《煤层气(煤矿瓦斯)开发利用"十三五"规划》提出的"安全-资源-环保绿色发展"等要求。因此，加强煤矿瓦斯分离与储运综合利用研究十分必要。

实现环境友好、成本经济、高效提纯是低浓度瓦斯分离亟待解决的关键问题。国内外瓦斯混合气体分离方法主要有变压吸附法[4-7]、低温分离法[8-10]、膜分离法[11]等，分离产物(高浓度瓦斯)主要采用管道法、高压压缩法、低温液化法等储运技术。瓦斯气体水合物是在一定温度、压力条件下，由水(主体分子)与瓦斯气体组分(客体分子)反应生成的类冰的、非化学计量的笼形晶体化合物。基于瓦斯水合物生成条件温和(0℃以上即可加压合成)、含气率高(1 体积水合物可储存164 倍体积甲烷气体)、储存安全(常压、−15～−10℃稳定储存)等特性，相关学者于国内外率先提出了瓦斯水合固化分离与储运方法[12,13]。其主要技术思想是：煤矿抽采瓦斯的主要成分 CH_4、N_2、O_2 等均可在一定温度、压力条件下形成水合物，但在相同温度条件下，CH_4、N_2、O_2 等生成水合物的相平衡压力相差很大(如 0℃时，CH_4、N_2、O_2 的水合物相平衡压力分别为 2.56MPa、14.30MPa 和 11.10MPa)，因此通过控制压力使易生成水合物的 CH_4 发生相态变化(从气态到固态)，经过多级气-固转化过程，从低浓度瓦斯中分离出高纯度甲烷，进而将固态甲烷安全储存与运输，实现瓦斯水合分离与储运一体化(原理如图1-3所示)。

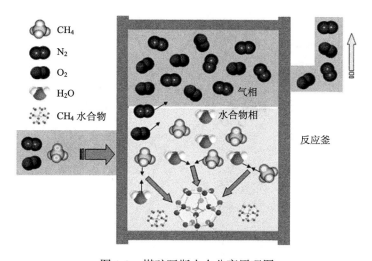

图 1-3　煤矿瓦斯水合分离原理图

1.2 气体水合物技术概述

1.2.1 结构特征

水合物是一种笼形晶体包络物，水分子借氢键结合形成笼形结晶，气体分子被包围在晶格之中，温度低于和高于水的正常冰点均可形成水合物。水合物的生成条件随客体分子种类的不同而千差万别，但所生成的水合物的晶体结构却不是随意变化的[14,15]。到目前为止，已经发现的气体水合物结构主要有三种：Ⅰ型、Ⅱ型和 H 型，如图 1-4 所示。Ⅰ型水合物由 5^{12} 和 $5^{12}6^2$ 两种孔穴组成，其笼形结构较小，只能容纳一些小分子碳氢化合物；Ⅱ型由 5^{12} 和 $5^{12}6^4$ 两种孔穴组成，可以容纳较大的丙烷和异丁烷分子；H 型由 5^{12}、$4^35^66^3$ 和 $5^{12}6^8$ 三种孔穴组成，其笼形结构最大，可以容纳直径大于异丁烷的气体分子。结构Ⅱ型和结构 H 型的水合物比Ⅰ型的要稳定得多。一个笼形孔穴一般只能容纳一个客体分子，水合物的结构形成和稳定存在的关键是气体分子和水分子之间相互作用的范德瓦耳斯力[16,17]。三种类型的气体水合物的结构性质参数如表 1-2 所示。

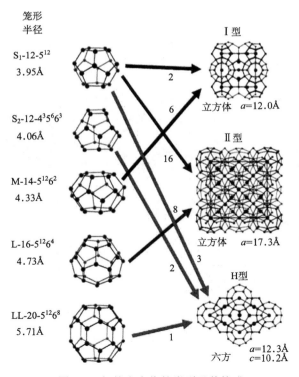

图 1-4 气体水合物的类型及其构成

表 1-2 三种类型水合物结构的有关参数[15]

结构类型	I 型		II 型		H 型		
水合物形态	立方晶系		立方体晶系		六方晶系		
孔穴类型	小(Y)	大(X)	小(Y)	大(X)	小(Y)	中(Z)	大(X)
孔穴表示	5^{12}	$5^{12}6^2$	5^{12}	$5^{12}6^4$	5^{12}	$4^35^66^3$	$5^{12}6^8$
孔穴数目	2	6	16	8	3	2	1
孔穴直径/nm	0.395	0.433	0.391	0.473	0.391	0.406	0.571
理想分子式	$6X \cdot 2Y \cdot 46H_2O$		$8X \cdot 16Y \cdot 136H_2O$		$1X \cdot 3Y \cdot 2Z \cdot 34H_2O$		

气体分子在笼形孔穴中的分布是随机的，但如果要保证水分子晶格的稳定，气体分子必须达到一定的孔穴占有率[18]。Collins 等[19]研究的形成水合物的客体分子在小孔穴中的占有率要小于大孔穴，客体分子尺寸大小对水合物生成构型有一定的影响[20]，水合物晶体结构与客体分子尺寸间的关系如图 1-5 所示。

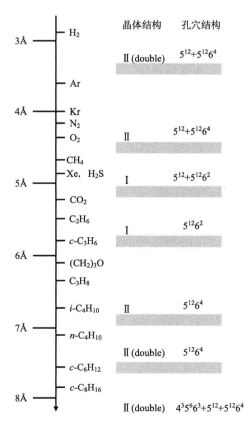

图 1-5 水合物晶体结构与客体分子尺寸间的关系[17]

double 表示很难单独形成稳定的水合物，需要其他分子参与才能形成稳定的水合物

由图 1-5 可以看出，直径小于 3.5Å 的气体分子（H_2、He、Ne 等）起不到支撑孔穴的稳定作用，不能形成水合物；而直径大于 7.5Å 的气体分子，受孔穴本身大小的限制，不能填充到任何孔穴内，也不能形成水合物。乙烷等气体分子只能填充 I 型结构中的大孔穴（$5^{12}6^2$），而丙烷、异丁烷等只能填充 II 型结构中的大孔穴（$5^{12}6^4$）。甲烷、硫化氢、二氧化碳等组分，既能形成稳定的 I 型结构中的小孔穴（5^{12}），又能进入 I 型结构中的大孔穴（$5^{12}6^2$），因此由这些气体形成的水合物结构命名为（$5^{12}+5^{12}6^2$）。直径较小的氩、氪、氮和氧等单、双原子气体，可充填 II 型结构中的小孔穴（5^{12}）形成稳定结构，同时能进入 II 型结构的大孔穴（$5^{12}6^4$），形成结构为（$5^{12}+5^{12}6^4$）的水合物。交界处的气体分子填充到哪种孔穴是不确定的。

1.2.2 物化性质

1. 颜色

实验室人工合成的水合物为白色冰状晶体，由于地质条件、形成组分等方面的差异，自然界发现的天然气水合物呈现多种颜色，如白色、琥珀色、淡黄色，甚至暗褐色，外形上也比较多样化，表现为层状、轴状或分散状等。黑龙江科技大学吴强教授等利用煤矿瓦斯气体合成了水合物，人工合成的瓦斯水合物如图 1-6 所示。

图 1-6 实验室人工合成的瓦斯水合物

2. 密度

客体分子进入主体分子构成的孔穴中的过程受气体分子尺寸、温度和压力等条件的影响，一般情况下水合物的填充率小于 1，因此水合物的密度不确定。在孔穴中没有客体分子占据的假想状态下，结构 I 型和结构 II 型水合物的密度分别为796kg/m³和786kg/m³[21]。不同构型水合物的密度可由式(1-1)和式(1-2)计算[22]：

I型水合物：
$$\rho_\mathrm{I} = \frac{46 \times 18 + 2M\theta_\mathrm{s} + 6M\theta_\mathrm{l}}{N_\mathrm{A} a^3} \tag{1-1}$$

II型水合物：
$$\rho_\mathrm{II} = \frac{136 \times 18 + 16M\theta_\mathrm{s} + 8M\theta_\mathrm{l}}{N_\mathrm{A} a^3} \tag{1-2}$$

式中，M 为客体分子的摩尔质量，g/mol；θ_s、θ_l 分别为客体分子在小孔和大孔中的填充率；N_A 为 Avogadro 常量，$6.02 \times 10^{23} \mathrm{mol}^{-1}$；$a$ 为水合物单位晶格体积，I型水合物 $a = 1.2 \times 10^{-7} \mathrm{cm}^3/\mathrm{mol}$，II型水合物 $a = 1.73 \times 10^{-7} \mathrm{cm}^3/\mathrm{mol}$。

3. 导热性能

水合物的导热系数是重要的热物理参数，Dharna-Wardana 通过实验研究发现气体水合物的导热系数较小，在实验中生成的两种水合物虽然构型不同，但晶体的导热系数近似相同(约为 0.5W/m)，并且指出水合物的导热系数随温度的变化关系与冰的相比是相反的，其导热系数随温度升高呈现缓慢增大的趋势[23]，但是密度和压力对导热系数的影响较小。例如，密度增加 100kg/m³，热导率仅增加 0.083W/(m·K)[24]。由此可见，气体水合物具有良好的隔热效果，结合实际工业化应用的要求，水合物技术储运矿井瓦斯具有一定的安全性和稳定性。

4. 非化学计量性

水合物作为一种较为特殊的包络化合物，不同条件下客体分子进入孔穴的多少及在孔穴中的分布是不确定的，因此水合物是一种没有确定的化学分子式、非化学计量的混合物，为超分子结构，其准化学反应过程[25]可以表示为

$$m\mathrm{G} + n\mathrm{H}_2\mathrm{O} \longrightarrow m\mathrm{G} \cdot n\mathrm{H}_2\mathrm{O} + \text{热量} \tag{1-3}$$

式中，G 为气体；m 为气体分子数；n 为水分子数。水合物结构中的 n 和 m 的比例称为水合物数，假如水合物孔穴完全充满，I型水合物的水合物数为 5.75，II型和 H 型水合物的水合物数同为 5.67。

5. 稳定性

水合物中主体分子之间由较强的氢键结合，主客体分子通过范德瓦耳斯力相互作用，这是水合物形成和稳定存在的前提。只有当客体分子直径与空腔直径比值合适时，客体分子才能够进入空腔形成稳定的水合物。如直径小于 3.5Å 的氢、氦等气体分子因为太小，对孔穴起不到支撑作用，不能形成水合物；而直径大于 7.5Å 的气体分子如戊烷、己烷，无法进入孔穴，也不能形成水合物。一般来说，

形成水合物的气体分子直径与水合物孔穴的比值在 0.9 左右时，可以形成较稳定的水合物[26]。

6. 自保护性

Kvenvolden[27]在实验中发现了天然气水合物在低温下的自保护效应，此效应是在天然气水合物表面生成冰膜造成的，当这层冰膜达到足够厚度时，就阻止了水合物的进一步分解。实验还确认，天然气水合物在卸压后温度保持在–18～–1℃、压力在大气压下保存 5 个月。Ershov 和 Yakushev[28]在实验过程中发现了同样的现象，在大气压力和 0℃以下的条件下，一定压力晶胞中生长的气体水合物可以保存数天，他们也认为这是由于水合物初始分解时在水合物表面形成的一层冰膜阻止了水合物的进一步分解，并将这一现象称为水合物的自保性。

1.3　水合物生成及生长动力学理论

从热力学角度来说，体系具备了气体水合物生成或分解的条件，就应该有水合物生成或分解。然而这只能说明反应是可能进行的，在实际反应过程中反应速率对工业化生产至关重要。可以说反应速率直接决定了工艺生产流程的生产效率与经济效益，是流程工业化的基础，具有十分重要的意义，因此深入研究反应速率的影响因素及影响趋势是非常重要的。

水合物动力学包括生成动力学与分解动力学，速率的研究是动力学研究的核心内容。水合物生成过程类似于结晶过程，与结晶相似，水合物生成过程可分为成核、生长两个过程。水合物成核是指形成临界尺寸、稳定水合物核的过程；水合物生长是指稳定核的成长过程。成核与生长相比，微观机理更复杂、实验测试更困难。

无论对于工业生产还是科学研究，水合物动力学的研究有两个重要问题：一是水合物何时开始生成或何时开始分解；二是一旦开始，水合物的生长速率或分解速率如何变化。

水合物生成气体溶于水后，必然与周围的水分子发生作用。有学者认为，水分子中有许多通过氢键连接的水分子簇，气体分子溶解于水后，水簇围绕气体分子排列，形成一些不稳定的结构，这些结构本身不断地进行结构重排[28]。因此了解它们的作用机理及方式，进而提出水合物生成的动力学模型，对于水合物生成反应动力学研究具有重要意义。

以往在水合物领域研究工作大多集中于热力学并取得了丰硕成果。自 20 世纪 80 年代加拿大 Bishnoi 教授领导的实验室对水合物生成动力学开展系统性的研究以来，水合物研究的重点正在转向动力学。水合物动力学涉及水合物的储存与开采、动力学抑制剂的开发，以及石油和天然气输送管线的设计等，动力学研究在国外已获得普遍重视。

1.3.1　水合物晶体成核

水合物成核[29]是指在水合物生成气体过饱和的溶液中形成一种具有临界尺寸的、稳定的晶核的过程。当溶液处于过冷状态或过饱和状态时，就可能发生成核现象。水合物成核与生长类似于盐类的结晶过程，浓度与温度存在着一定的关系，过饱和引起亚稳态结晶。

水合物成核过程就是晶粒的生成和溶解的过程。晶粒的溶解是为了形成更大尺寸的晶粒以保证晶核的继续生长。当成核阶段处于包含数以千计的晶粒微观阶段时，很难通过实验手段对其进行观察。目前关于水合物成核的假说都是建立在对水的结冰、碳氢化合物在水中的溶解及计算机模拟等知识的基础上的。现在有越来越多的证据表明水合物成核过程是一个统计概率过程。

水合物结晶过程中的成核分为两种情况：均相成核与非均相成核。均相成核是指在没有杂质情况下的凝结过程。在自催化作用下，可能发生一系列的二元分子对碰撞、聚结，在达到临界尺寸之前，分子簇可能生长，也可能离散，而达到临界尺寸后，分子簇将单调生长。

Englezoe 和 Bishnoi 利用生成水合物的单位体积 Gibbs 自由能（ΔG），确定水合物临界核的半径表达式为

$$r_{\mathrm{c}} = \frac{-2\sigma}{\Delta G} \tag{1-4}$$

$$-\Delta G = \frac{RT}{V_{\mathrm{h}}}\left[\sum_{j=1}^{2}\theta_j \ln\left(\frac{f_{\exp,j}}{f_{\mathrm{equ},j}}\right) + \frac{n_{\mathrm{w}}V_{\mathrm{w}}(p-p_{\mathrm{equ}})}{RT}\right] \tag{1-5}$$

式中，σ 为冰在水中的表面张力；V_{h}、V_{w} 分别为水合物与水的摩尔体积；θ_j 为水合物空穴的填充率；$f_{\exp,j}$、$f_{\mathrm{equ},j}$ 分别为在温度 T 下组分 j 在实验条件下的逸度与平衡条件下的逸度；$p-p_{\mathrm{equ}}$ 为过压，p、p_{equ} 分别为实验压力与平衡压力；n_{w} 为对应每个气体分子的水分子数。式(1-5)是建立在水合相是平衡的假设基础上的。

水合物生成通常发生在汽-液界面，界面处的成核 Gibbs 自由能较小，而且界面处主体、客体分子的浓度都非常高，利于分子簇的生长。界面处的水合物结构为大量气体与液体的组合提供了模板，气液混合引起界面的晶体结构向液体内部扩散，而导致大量成核的出现。

水的状态也是影响水合物生成的主要因素之一。水合物分解时，会残留下一部分结构，当温度再次降低时，水合物将易于生成。分子力学研究认为，五面体

环与残余结构可以在 315K 下保持稳定。水的状态对晶体生长阶段并无明显的影响,它仅影响成核所需的诱导时间,成核的平均诱导期随着水源的变化而变化。与纯水的诱导期相比,溶融冰水的诱导期较短,而水合物分解后的水的诱导期也比纯水的诱导期短。这种现象被称为"记忆效应"(memory effect)。

1. 晶体成核模型

Sloan 和 Fleyfel[30]、Lekvam 和 Ruoff[31]、Chen 和 Guo[32]、Long[33]、Christiansen 和 Sloan[34]等提出了多种水合物成核模型,主要包括:成簇成核模型,分子簇在界面的液相侧或汽相侧聚集而成核;界面成核模型,分子在界面气相侧吸附并成簇;随机水合物成核与界面成簇模型;反应动力学机理模型;双过程水合物成核模型等。

分析这些模型可以发现,每种模型各有所长,但均不够完善,因此面临整合的发展趋势。因为水合物最先在气液表面生成,所以水合物成核的分子模型常把焦点聚集在该表面上,认为水合物生成于蒸气相表面或液相表面,对该种模型的修正是基于蒸气相表面溶解和胶束化的理论。具体内容[35]可表述如下:

(1)在没有任何客体分子存在的纯净水中,有很多瞬变的、不稳定的环状五元聚合物或六元聚合物存在。

(2)气相中的部分客体分子溶解于液相,液相中客体分子与水簇形成类笼形结构,该反应是一个快速转变反应:

$$CH_4(g) \rightleftharpoons CH_4(l)$$

$$CH_4(l) + h(H_2O)_y \xrightarrow{\text{快速}} CH_4 \cdots h(H_2O)_y$$

(3)类笼形结构 $CH_4 \cdots h(H_2O)_y$ 与大水分子簇 (H_2O) 碰撞发生结构重排,重排为笼形结构。笼形结构与其周围大分子水簇碰撞,形成单笼形结构 $CH_4 \cdot m_1(H_2O)$,单笼形结构与大分子水簇碰撞形成二笼形结构 $CH_4 \cdot m_2(H_2O)$,依此类推,直至形成比水合物晶核少一个笼的 $n-1$ 笼形结构 $CH_4 \cdot m_{n-1}(H_2O)$。多笼形结构不稳定,分解为类笼形结构、水簇和比其少一个笼的笼形结构(单笼形结构除外,它分解为类笼形结构和水簇)。

(4)围绕溶解气体的水分子形成不稳定团簇。这些团簇可用每四个水分子组成的单元进行量化,并作为溶解的客体分子尺寸分布范围的函数。对于天然气组分而言,每个团簇中水分子的数量为:甲烷(20 个),乙烷(24 个),丙烷(28 个),异丙烷(28 个),氮(20 个),硫氢化物(20 个),二氧化碳(24 个)。

(5)团簇结合生成水合物的最基本单元。对于生成 I 型水合物,当结合体数目分别为 20 个或 24 个时,与之相应的空腔的数目分别为 5^{12} 个和 $5^{12}6^2$ 个。而对于 II 型水合物,其对应数目为 20 对 5^{12}、28 对 $5^{12}6^4$。

(6)如果溶解气体为甲烷，团簇结合数目由 20 转变到 24 的阻碍很大，因为客体分子在大空腔中稳定性难以维持。而甲烷-水团簇结合数目由 20 转变到 28，其阻碍也很大，因为甲烷分子不够大，不足以稳定 $5^{12}6^4$ 空腔。

(7)溶解的团簇组合形成单元格子。配位数为 20 与 24 的团簇，结合为 5^{12}、$5^{12}6^2$ 空穴，生成结构 I 型；配位数为 20 与 28 的分子簇，组合为 5^{12}、$5^{12}6^4$ 空穴，生成结构 II 型。若液相中仅含有只有一种配位数的分子簇，则成核受到限制，通过氢键的形成与断裂，团簇转变为另一种配位数，成核则继续进行。

(8)配位数的转变具有一定的活化能。当甲烷溶于水时，水相中将形成配位数为 20 的不稳定簇，而甲烷生成的结构 I 型水合物，具有配位数 20 与 24 的大小两种空腔(空腔比为 1:3)，为生成甲烷水合物，上述不稳定簇中只有 25%的簇，其配位数无需改变，其余 75%的簇都要经历一个配位数由 20 转变为 24 的过程。对于乙烷溶于水的情况，乙烷的配位数为 24，为生成结构 I 型水合物，只有 25%的簇需要转变为配位数 20 的空腔。由于配位数的转变需要一定的活化能，因此，配位数需要转变的不稳定簇越多，转变过程就越慢，水合物生成诱导期则越长。因此，甲烷水合物的诱导期比乙烷的长。

(9)另一影响因素是竞争结构(competing structures)。竞争结构的存在影响诱导期的长短，不稳定簇彼此间不同的连接方式导致竞争结构的形成。水合物结构 I 型中的十四面体($5^{12}6^2$)空穴中的六边形只有一种连接方式，而对于结构 II 型中的十六面体($5^{12}6^4$)空穴中的六边形，其六边形面互相连接的方式有两种，因此形成两种竞争结构。竞争结构的存在延缓了水合物的生成过程，从而增加了诱导时间。因此，结构 II 型水合物的诱导期一般比结构 I 长。

水合物成核动力学研究的发展方向：

(1)目前的水合物成核机理模型，都是对水合物成核过程的各种假设，成核机理尚需进一步完善。

(2)水合物成核速率近似与成核推动力成正比，影响成核的变量还包括客体分子尺寸、组成、气液界面面积、水的状态及搅拌程度等，如何在速率方程中考虑这些变量也是一个难题。

(3)成核时间是随机的，目前还不能准确预测水合物生成的起始时间。尽管有几种不同的水合物诱导时间关联式，但每一关联式都与实验装置有关，并且收敛性差，因此，建立普遍适用的水合物诱导时间关联式是必要的。

(4)一般的水合物动力学模型都是基于反应器中的水合物生成情况建立的，但这些模型都不能应用于自然环境(海底沉积物、煤层)和油气管线中水合物生成情况，需要建立相应的水合物成核模型。

(5)目前的成核方程都只考虑水合物生成气的质量传递过程，而实际上水合物生成过程中，不仅有质量传递，也存在热量传递，需要建立热、质传递下的水合物成核方程。

(6) 在水合物成核的测量中，临界直径尺寸的确定是亟待解决的难点。

(7) 需考察水合物成核数据的复验性、重复性。

(8) 多孔介质中水合物成核动力学研究工作偏少。

(9) 表面活性剂对成核过程影响机理缺乏研究。

2. 纯甲烷在水中的溶解度及其动力学方程

溶解度是衡量溶于水的气体量的参数。最常见的，也是研究得最多的气体是烃类气体。烃类气体在水中的溶解度通常很小，其摩尔分数为 1%～0.01%。在水合物技术应用时，溶解于水的气体量是研究重点。所以，无论从水合物的开发还是利用上看，对烃类气体在水中的溶解度进行研究都具有十分重要的意义。

因为矿井瓦斯的主要成分是甲烷，这里主要研究甲烷的溶解度。甲烷溶解度的平衡对瓦斯水合物的生成是至关重要的，它定义了水合物保持稳定所需的最小甲烷浓度。一旦水合物在煤体孔隙中生成，那么孔隙水中甲烷的溶解度就由这种平衡关系限制，反映了水合物生成过程中甲烷的需求量。

低温中压条件（包括水合物生成条件）下，非极性气体（如 CH_4、C_2H_4、C_3H_6、CO_2 等）在水中的溶解度与由状态方程法计算出的溶解度相差较大，这已为大多数学者所证实。迄今，仍无一个计算精度较高的模型可以用来计算该条件下的溶解度[36]，这是因为水合物条件下甲烷在水中的溶解与通常所说的气体溶解过程是有区别的。裴俊红和胡春的研究表明，在水合物生成条件下水分子围绕甲烷分子定向排列形成一类不稳定的分子簇，这类分子簇在晶核的形成过程中充当着基本构造单元的角色。不稳定簇的形成势必打破传统意义上的溶解平衡，从而使甲烷气体"过度"地溶解于水，相应地营造出一个"过饱和"的环境，这就给水合物条件下甲烷在水中的溶解度研究带来了一定的困难。

Haymet 于 1994 年提出甲烷具有亲水性。甲烷在水中的溶解度高于人们的期望值，这与裴俊红和胡春的研究结果一致。在水分子重组其结构包围碳氢化合物时，Stillinger 在 1980 年认为任何非氢键结构分子常常显示出凸起的结构形式，以进一步结合。Swaminathan 等[37]于 1977 年通过 MC 模拟技术得出的结论似乎证实了络合物溶解假设理论。

影响气体溶解度的主要因素有：温度、压力、分子尺寸和分子极性。

(1) 压力一定时，若气体溶解于水的过程是吸热过程，则气体在水中的溶解度将随着温度的升高而增加；反之，若溶解过程放热，则气体在水中的溶解度将随着温度的升高而减小。

(2) 恒温时，气体在水中的溶解度随着压力的增加而增加。压力越高，气体在水中的溶解度越大。

(3) 气体分子(或分子量)越大，该气体在水中的溶解度越小。

(4) 一般而言，极性分子易溶于极性溶剂，非极性分子易溶于非极性溶剂。水是一种典型的极性分子，若要可溶于水，气体分子必须也是极性分子。

甲烷在水中的溶解度动力学方程[38]构造如下：

用 C_A 表示气相中甲烷的表观摩尔浓度(气相中甲烷的物质的量与液相体积之比)；C_e 表示液相中甲烷的平衡浓度；C_B 表示液相中甲烷的浓度；$C_{B'}$ 表示液相中类笼形结构浓度；ω_i 表示液相中甲烷分子与水分子组成的 i 笼形结构浓度；C_N、C_H 和 C_w 分别表示液相中晶核 N、水合物晶粒 H 和大水分子簇 $(H_2O)_l$ 的浓度；气相中的部分甲烷分子溶解于液相，其正、逆溶解速率常数分别为 k_1 和 k_{-1}，k_2 和 k_{-2} 分别表示类笼形结构形成和解体的速率，k_3 表示笼形结构形成晶核的速率，k_4 表示晶核形成水合物晶粒的速率；$\Delta C_{B'}$ 表示类笼形结构浓度与对应温度下的平衡浓度之差，即 $\Delta C_{B'} = C_{B'} - C^{eq}$。

由此可导出相应的动力学方程：

$$\frac{dC_A}{dt} = -k_{-1}\left(C_B + \sum_{i=1}^{n-1}\omega_i \right) \tag{1-6}$$

$$\frac{dC_{B'}}{dt} = k_1 C_A - k_{-1}\left[C_B - \sum_{i=1}^{n-1}(i-1)\omega_i \right] - k_2 C_w \frac{\Delta C_{B'}}{C_e} - \sum_{i=1}^{n-2} k_2 C_w \frac{\Delta C_{B'}}{C_e}\omega_i$$
$$+ \sum_{i=1}^{n-1} k_{-2}\omega_i - k_3 C_w \omega_{n-1}\frac{\Delta C_{B'}}{C_e} - k_4 \frac{\Delta C_{B'}}{C_e}(C_N + C_H) \tag{1-7}$$

$$\frac{dC_N}{dt} = k_3 C_w \omega_{n-1}\frac{\Delta C_{B'}}{C_e} - k_4 C_N \frac{\Delta C_{B'}}{C_e} \tag{1-8}$$

$$\frac{dC_N}{dt} = k_4 C_N \frac{\Delta C_{B'}}{C_e} \tag{1-9}$$

$$\frac{d\omega_1}{dt} = k_2 C_w \frac{\Delta C_{B'}}{C_e}C_{B'} - k_{-2}\omega_1 - k_2 C_w \frac{\Delta C_{B'}}{C_e}\omega_1 + k_{-2}\omega_2 - k_{-1}\omega_1 \tag{1-10}$$

$$\frac{d\omega_2}{dt} = k_2 C_w \frac{\Delta C_{B'}}{C_e}\omega_1 - k_{-2}\omega_2 - k_2 C_w \frac{\Delta C_{B'}}{C_e}\omega_2 + k_{-2}\omega_3 - k_{-1}\omega_2 \tag{1-11}$$

$$\frac{d\omega_i}{dt} = k_2 C_w \frac{\Delta C_{B'}}{C_e}\omega_{i-1} - k_{-2}\omega_i - k_2 C_w \frac{\Delta C_{B'}}{C_e}\omega_i + k_{-2}\omega_{i+1} - k_{-1}\omega_i \tag{1-12}$$

$$(i = 3,4, \cdots, n-2)$$

$$\frac{d\omega_{n-1}}{dt} = k_2 C_w \frac{\Delta C_{B'}}{C_e}\omega_{n-2} - k_{-2}\omega_{n-1} - k_3 C_w \frac{\Delta C_{B'}}{C_e}\omega_{n-1} - k_{-1}\omega_{n-1} \tag{1-13}$$

由水合物生成机理可知：

$$C_{B'} = C_B \tag{1-14}$$

初始条件：

$t = 0$，$C_A = C_{A0}$，$C_{B'} = C_B = C_N = C_H = 0$，$\omega_i = 0$，$i = 1, 2, \cdots, n$

因为 C_B、C_A、C_N、C_H 和 ω_i 受式(1-15)的约束，所以上述 $n + 3$ 个浓度变量中只有 $n + 2$ 个变量是独立变量。由于 ω_i 的浓度较小，所以选择单笼形结构的浓度 ω_1 作为非独立变量，由此可得

$$\omega_1 = C_{A0} - C_A - C_{B'} - nC_N - (n+1)C_H - \sum_{i=2}^{n-1} i\omega_i \tag{1-15}$$

ω_1 可用其他组分的浓度表示，所以式(1-10)不是一个独立的方程，可从动力学方程中移去。

初始条件变为

$t = 0$，$C_A = C_{A0}$，$C_{B'} = C_B = C_N = C_H = 0$，$\omega_i = 0$，$i = 2, 3, \cdots, n$

式(1-8)～式(1-15)及相应的初始条件共同构成计算甲烷在水中的溶解度的动力学方程。

3. 成核驱动力

目前，在热力学相平衡或非相平衡基础上，均没有关于成核驱动力的准确验证。但比较一致的观点认为 Gibbs 自由能的变化是水合物成核的基本驱动力。在控制温度和压力到一个稳定状态的过程中，Gibbs 自由能在逐渐减小。

成核过程中的实验数据和关系式应该谨慎引用，因为：①成核时间较分散，当在低驱动力下，晶体成核是随机的且不可预测的；②成核时间与实验设备仪器及环境状况有关；③成核时间与溶液的状态(水)、气体的组成、系统反应的表面积、传热或传质的速率等因素均有关。

4. 水合物成核现象的总结

(1)由于水合物生成时预测的条件限制，成核时间也是随机的。

(2)水溶液中水合物成核影响因素有：体系的温度和压力、客体分子的尺寸、组分、界面面积、水中杂质等。

(3)液体水分子以一定的数目结合起来包围在溶解的客体气体分子周围。

(4)不均匀的水合物晶粒通常在界面上形成。

(5)在过饱和和不稳定的特殊状况下，碳氢化合物溶液或水溶液中的水合物的成核通常直接发生。

1.3.2 水合物晶体生长

1. 晶体生长过程模型

Elwell 和 Scheel[39]于 1975 年模拟了晶体生长的过程，如图 1-7 所示。

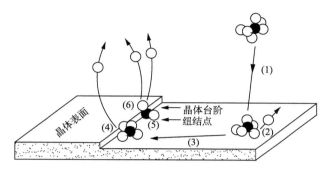

图 1-7 水合物晶体生长过程

图 1-7 可从以下几部分进行描述：

(1)一个客体分子的团簇在无序运动过程中迁移到正在生长的水合物晶体表面。该团簇受晶体表面产生的 Gibbs 自由能作用而被拖动到界面。

(2)团簇在晶体表面吸附生长，并且释放一部分周围的水分子。固体晶体对团簇产生引力，使团簇和晶体界面黏合在一起。同时，一些水分子脱离团簇而扩散开去。

(3)团簇滑移扩散到晶体的晶阶。

(4)团簇与晶体晶阶相黏合，并进一步释放水分子。

(5)现在团簇只可进行一维的运动，团簇顺着晶阶运行到纽结点。

(6)团簇在纽结点进行吸附。该点是一个吸附的场所，因为在该点会有三向或多向的力作用，所以团簇会在三维的作用力作用下而固结在该点。

随着在晶体表面的集合，团簇便会重组它的空腔，释放出过剩的水分子。如果客体分子对于空腔而言显得过大，便需要一定的时间来进行空腔的重组。随着团簇在纽结点的最后集合的完成，空腔也完成了它的键合。

因为巨量分子参与上述运动过程，所以一切有可能的黏合都可能发生。例如，一些团簇在纽结点直接吸附，这可能是由于形成空腔后的氢键未分散而在粗糙不平的表面突出导致了这种吸附作用。相反，从宏观生长现象的观察可以看出，其他的团簇在界面脱离吸附而分散开去。然而，表面上吸附的分子数多于逃逸的分子数。

如果所有可能的结合都具有同样的可能性(概率)，那么晶核的主要生长也只能是一个随机的行为，因此，晶体生长动力学实际上是不可预测的。

应该注意上述晶体生长分子运动模型并不能作为实验研究结论的证据，它只是使研究者对晶体的生长有一个基本的理解，并且希望能由此对晶体生长的认识有所提高。

模型中的八个阶段都需要一定的时间来完成，而时间是由团簇和生长中的晶体表面的黏合速率确定的，这就称为晶体生长动力学。现在很难说哪个阶段更重要，对过程起关键性的控制作用，也不能说这个概念性的模型是否是正确有效的。基于双膜理论和结晶理论，Englezos 提出了一个水合物增长的 Englezos-Bishnoi 动力学模型[40,41]。

2. 水合物生长过程的驱动力[42]

很多实验研究者都希望通过控制压力不变来模拟反应釜中水合物生长时的环境状况。除此之外，为了限制传质和传热对系统的影响，通常将系统进行高频率的搅动，以使之维持一个恒定的温度。在此类情况下，在实验温度下实验系统的驱动力通常模拟为 $P - P^{eq}$（实验系统压力小于相平衡压力）或者为 $f_i - f_i^{eq}$。

事实上，这种压力差（或逸度差）并不能真实反映系统的物理状况。因为系统在所有的力作用下必须是平衡的，所以这就要求系统中每处的受力必须相等，即蒸汽的压力、液体的压力、液膜的压力及水合物的压力必须相等。

界面的温度一定比系统的温度高，因为固体分子的能量小于液体中分子或溶解的气体分子的能量，所以当分子由液体向固体转移时热能也随之释放。热量的转移增加了界面的温度。

因此，整个系统中的压力不是恒定不变的，而是始终由液-固界面的相平衡温度向液相的一个低温度值过渡变化。这种温度变化通常模拟成包围水合物颗粒的边界层。这个边界层也许很小，然而一个温度渐变界面仍然在如此小的距离内存在着。在动力学模型中，继质量平衡之后，能量平衡成为又一有力的理论工具。

这个分析表明，恒温条件下，称液相和水合物界面间组分逸度的差值为水合物生长的驱动力有一定错误。相反，当系统压力恒定时，一个更好的驱动力应当是温差 $T - T^{eq}$ 或 ΔT。通过 Gibbs-Helmholtz 关系，可以使用水合物形成的 Gibbs 自由能的方程 $\Delta G = (-S)\Delta T$ 得出大致的温度差。$\Delta G = (-S)\Delta T$，其中，熵 S 表示二者之间的关系。

3. 水合物生长现象的结论

(1)水合物生长实验数据和模型通过晶体成核的微观现象分析更具可信度。

(2)现有的水合物生长模型仅适用于其实验参数的记录数据。

(3)不考虑传质作用的影响时，还没有关于水合物生长速率的动力学模型。

(4)所有水合物生长模型忽视了传热的影响，并且仅适用于恒温状况下的系统。

1.4 水合物分解动力学

固体水合物在加热、减压或其他条件下可分解成气体和水。水合物的分解涉及气体、水和固体水合物三相，各种因素如温度、压力和水合物晶体表面积等对固体水合物分解速率都有很大影响。

1.4.1 分解动力学研究

以甲烷水合物为例来建立水合物分解速率方程。水合物分解为吸热过程，假定实验过程中固体晶体保持恒温。水合物分解过程包括：晶体表面笼形格子结构的化解；$CH_4(g)$ 分子由表面解吸。以上阶段发生在固体表面，而不是其内部(这与作者对水合物分解过程观察到的现象不一致，水合物在晶体表面并非均匀分解)。随着分解过程的进行，晶体收缩，$CH_4(g)$ 在固体表面产生，产生的 $CH_4(g)$ 进入气-液-水合物体系上方的气相中。假定体系中的气体物质的量随着甲烷水合物的分解而增加。$CH_4(g)$ 水合物的分解速率为：$-dn^H/dt$，n^H 为水合物中 $CH_4(g)$ 的物质的量(mol)。由于水合物之间存在孔隙，当水合物分解温度高于 0℃时，分解产生的 $H_2O(l)$ 流向体系下部，可排除质量传递的影响，因此假定固体表面的气体逸度 $f_{CH_4}^s$ 等于 CH_4 在主体气相中的逸度 $f_{CH_4}^g$。假设水合物分解速率与晶体总表面积和推动力(三相平衡逸度 f_{eq} 和气相主体甲烷逸度 f 之差)成正比的前提下，并可进一步假定 $H_2O(l)$ 与晶体表面的传热阻力可以忽略，晶体温度实际上等于 $H_2O(l)$ 的温度。因此，水合物的分解速率[43]可以写作：

$$\frac{dn}{dt} = k_d A_s (f^e - f) \tag{1-16}$$

$$t = 0 \text{ 时}, \quad n^H = n_0^H$$

式中，dn/dt 为分解速率[mol/(m²·s)]，即单位时间内分解出的甲烷数；A_s 为水合物晶体的总表面积(m²)；k_d 为水合物本征分解反应的速率常数 [mol/(m²·MPa·s)]，与温度有关，与推动力的大小无关；$\Delta f = f^e - f$，为水合物平衡压力下的逸度 f^e(MPa⁻¹)与实验压力下气体逸度 f(MPa⁻¹)之差。

根据实验数据拟合 k_d 值，可以预测甲烷水合物在其他温度和推动力下的分解速率常数。根据实验数据，Kim 等拟合出甲烷分解速率常数为 $1.24×10^5$mol/(m²·Pa·s)[44]。

Matthew 和 Bishnoi[45]在 Kim 的基础上消除了质量传递和热量传递对分解的影响，用提出的数学模型计算出甲烷水合物的本征速率分解常数及分解活化能分别为 3.6×10⁴mol/(m²·Pa·s) 和 81kJ/mol，其中甲烷水合物的分解速率常数比 Kim 测得的低 3.4 倍，认为可能是由 Kim 对甲烷水合物分解前的粒径估算和本实验采用的粒度分析仪所测不同而引起的。

Matthew 等的实验结果也表明采用模型预测混合气体生成的水合物分解时，无论计算气相组分的平衡逸度，还是拟合各组分的本征速率常数，都要考虑水合物的结构类型，而且 II 型的分解活化能大于 I 型。

1.4.2　水合物分解热的确定

水合物分解热由两部分组成：水由水合物相转变为液相引起的焓差和气体由水合物相转变为气相引起的焓差。水合物分解热可用 Clausius-Clapeyron 方程求得[46]：

$$\frac{\mathrm{d}\ln p}{\mathrm{d}\left(\dfrac{1}{T}\right)} = -\frac{\Delta H_{\mathrm{diss}}}{ZR} \tag{1-17}$$

式中，p、T 分别为水合物的相平衡压力和温度；Z 为气体压缩因子；R 为气体常量；ΔH_{diss} 为水合物分解热。利用 Lee-Kesler 模型计算气体压缩因子，对混合气体采用如下混合准则：

$$T_{\mathrm{c}} = \sum_{i=1}^{n} x_i T_{ci} \tag{1-18}$$

$$p_{\mathrm{c}} = \sum_{i=1}^{n} x_i p_{ci} \tag{1-19}$$

$$\omega = \sum_{i=1}^{n} x_i \omega_i \tag{1-20}$$

式中，p_{c}、T_{c} 分别为虚拟临界压力和温度；x_i 为组分 i 的摩尔分数；p_{ci}、T_{ci} 分别为组分 i 的临界压力和温度；ω、ω_i 分别为混合气体和组分 i 的偏心因子。根据水合物生成/分解的相平衡数据和相平衡温度下生成水合物气体的压缩因子可计算水合物的分解热。

根据水合物生成曲线的斜率和生成水合物的气体的压缩因子由方程可计算出气体水合物的分解热，结果见表 1-3，计算时所采用的压缩因子为 285K 时水合物生成条件下的压缩因子。Rueff 等运用量热法(DSC)测量了平均温度为 285K 时甲烷水合物的分解热(54.49kJ/mol)，与分解热计算结果仅相差 3.17%。计算结果表明水合物的分解热与填充水合物晶格气体分子直径有关，这与许多文献报道的结论一致。

表 1-3　部分气体的分解热

介质	甲烷	合成天然气	甲烷-环己烷	甲烷-环戊烷	甲烷-甲基环己烷	天然气-甲基环己烷
$\Delta H/(\text{kJ} / \text{mol})$	56.22	70.04	92.52	130.09	74.73	74.40

综上所述，国内外有关气体水合物分解动力学的研究还比较有限，在实验室的基础研究方面虽然有一些有关水合物分解动力学的报道，但都不是很系统，结论也不一致，而且有关混合气体水合物分解动力学的研究更少。理论研究中，传热、传质对水合物表观分解速率的影响研究较多，对本征分解动力学机理研究不是很充分。所给出的数学模型中，有些参数很难准确测定，如水合物晶体表面积，模型的应用受到限制。

1.5　气体水合物技术概述

目前，国内外水合物研究主要集中在两个方面[47]：一是基于天然赋存于陆地永冻层和海底沉积层中的气体水合物，对其进行勘探开发、温室效应、全球碳循环和气候变化、海洋地质灾害、石油天然气输运、航空和航海安全等研究，对地质学、环境科学和能源工业的发展产生深刻影响；二是利用气体水合物相关特性对水合物技术相关应用研究，如海水淡化、空调蓄冷等[48-50]，瓦斯水合分离研究正是对这一领域的拓展，它关系到煤矿安全和能源利用。由此可见，水合物研究是一门前沿性、基础性的科学。

1.5.1　气体水合物热力学研究

Schefferd 等应用 Clausius-Clapeyron 方程建立了三相平衡曲线，来推测水合物的组成[51]，为水合物的形成条件做出了初步的预测；Van der Waals 和 Platteeuw 根据水合物晶体结构特点，基于经典统计热力学和 Langmuir 气体等温吸附理论，提出了 Van der Waals-Platteeuw 模型，该模型是利用水合物的微观特性(分子间势能等)来较准确地预测水合物的宏观特性，如温度、压力等[52]。Mckoy 和 Sinanoglu 及 Child 均利用分子间势能(如 Kihara 势能)对 Van der Waals 和 Platteeuw 模型进行了改进。Marshall、Nagata 和 Kobayashi 等首次考察了利用甲烷、氮、氩等气体得到的水合物生成实验数据和预测模型计算出的参数的关系，详细分析了该模型如何适用于所有组分类型的气体，并简化了 Van der Waals-Platteeuw 模型[53]。Ng、Robinson 对 Van der Waals-Platteeuw 的假设加以修正，引入了不同客体分子间相互作用参数，建立了 Ng-Robinson 模型。而 John 等考虑到实际客体分子的非球形及外层水分子对空腔总势能的影响，对 Van der Waals-Platteeuw 模型中的 C_{ij} 做了两项修正，他们采用三层球模型来描述水合物晶格空腔中客体分子与空腔周围水分子之间的相互作用，同时引入扰动因子并建立了 John-Papadopoulos-Holder 模型[54]。杜亚和与郭天民结合 John-Papadopoulos-Holder 模型成功地解决了注甲醇体系水合物生成条件的预测问题[55]。随后郭天民、陈光进提出了完全不同于 Van der Waals-Platteeuw 的 Chen-Guo 模型，其基于水合物生成动力学机理，采用统计热力学的方法推导出水合物相中客体分子 j 的逸度公式[32]，而 Chen-Guo 模型针对 $CH_4+CO_2+H_2S$ 三元酸性天然气水合物形成条件的计算，随着 H_2S 浓度的增加，计算的绝对偏差增大[56]。对于 H_2S 浓度较高[大于 10%（摩尔分数）]的体系，Chen-Guo 水合物模型有待改进[57]。近年来，诸多学者结合 Van der Waals-Platteeuw 的理想溶液等温吸附理论[58]建立了含盐体系天然气水合物相平衡计算的数学模型[59,60]，能够很好地预测盐类体系中天然气水合物相平衡条件。曾志勇和李小森对多孔介质中水合物的形成条件预测模型进行了研究[61]。利用微扰链-统计缔合流体理论状态方程（PC-SAFT）[62]结合 Van der Waals-Platteuw 模型[63]和毛细管 Kelvin 模型[17,64]，建立了用于多孔介质水合物体系的相平衡预测模型[65]。在此基础上，颜荣涛等探讨了沉积物孔隙大小及其分布特征对水合物相平衡条件的影响机理，提出了有效孔隙半径的概念，并利用沉积物孔隙大小分布特征，假设孔径分布呈正态分布，建立了水合物饱和度和有效孔隙半径之间的定量关系[66]；与传统的 Van der Waals-Platteeuw 相平衡模型相结合，提出了一个考虑沉积物孔隙大小及其分布特征的相平衡模型[67]。

Bishnoi、Sloan 等多位学者研究了气-液临界点对水合物生成条件的影响[68]，指出在低压条件下，气体在水中的溶解度可以忽略不计，但在高压条件下，气体在纯水中的溶解度应按状态方程或亨利常数法进行计算；Lederhos 等首先报道了 4 个温度下 $CH_4+C_{14}H_{16}+H_2O$ 体系 H 型结构水合物的生成压力；Danesh 等测定了 $CH_4+C_6H_6+H_2O$、CH_4+甲基环戊烷$+H_2O$ 及 CH_4+甲基环戊烷$+H_2O$ 三个体系的水合物生成条件；Mehta 和 Sloan 测定了甲烷+液态烃体系生成 H 型结构水合物的相平衡数据，还测定了 10 个甲烷+液体烃（石蜡、环烷烃和烯烃）体系生成 H 型结构水合物的平衡条件；Tohidi 等报道了环己烷 H 型水合物的生成条件并进行了模型化工作；Makogon 等测定了二甲基丁烷+甲烷和二甲基丁烷+氙两个体系水合物生成条件的数据；Mehta 和 Sloan 利用现存有关 H 型水合物生成条件数据，对 H 型水合物相平衡预测模型中热力学参数进行了优化处理。纵观各国对 H 型水合物的关注，可以预见 H 型水合物的相平衡研究将成为今后的一个重要研究方向[69]。孙志高等[57] 在可视化的蓝宝石釜中分别用图形法（定压法）和观察法（恒温压力搜索法）对甲烷体系的水合物相平衡条件进行了测量，结果表明：用观察法得到的甲烷水合物相平衡数据与 Sloan 的数据吻合较好[70]，而图形法的数据偏差略大[71]。在此基础上利用定容逐步加热的方法测量了四丁基溴化铵-二氧化碳-水三元体系水合物的相平衡数据。实验结果表明，在一定的温度条件下，与纯水中二氧化碳水合物形成条件相比，添加四丁基溴化铵降低了水合物的形成压力，说明添加四丁基溴化铵有利于二氧化碳水合物的形成，是二氧化碳水合物形成的促进剂[72]。Tohidi 等[73]认为观察法用于单元体系相平衡实验时结果较为准确，而图形法在多元高浓度实验体系中结果更准确。

综上所述，水合物热力学已经取得了一定成果，特别是测定了较多反应体系中水合物热力学参数，建立了较复杂的水合物热力学相平衡模型。但是，在典型瓦斯(不同浓度、组分)生成/分解热力学条件、表面活性剂/晶种对水合物热力学影响作用机理等方面的研究较少，需要在今后工作中进行深入研究。

1.5.2　气体水合物动力学研究

水合物动力学主要研究水合物生成诱导时间、生成/分解速率等变化规律，是当前水合物领域的研究重点[74,75]。

目前，水合物动力学研究主要集中在水溶液中水合物生成动力学方面。水合物的生成过程由于涉及气-液-固三相，因此是一类极为复杂的结晶过程[76]。开展水合物生成动力学的理论和实验研究存在相当大的难度，水合物生成动力学还远未成熟。

水合物的形成过程主要分成核过程和生长过程，界定上述两阶段的关键动力学参数为诱导期时间和生长速率。部分学者对水合物的成核过程进行了专门研究，并根据各自不同的假设提出了理论模型，但观点尚不统一，更多的研究者把研究重点放在了水合物的生长过程[77-81]。

Englezos 等和 Skovborg 等的研究具有代表性，随后的研究者基本上沿用了他们的研究方法，Englezos 等及后续研究者大多采用恒温、带搅拌的间歇反应器，通过气体在反应器中压力降低的速率来表征水合物的生长速率，但是由于不同研究者所采用反应器的搅拌条件、反应器尺寸、反应器形状及传质效果等因素有所差异，因此所得数据与具体的实验条件相关，不同文献数据的普遍适用性相对较差；Lekvam 和 Ruolf 认为甲烷水合物的形成可分为 5 个阶段，在研究过程中发现过饱和溶液中形成的气泡有利于水合物晶核形成[82]；Englezos 则认为水合物的形成过程是一个类结晶过程，影响水合物的形成过程传质规律的影响因素应着重考虑，气、液、固之间的相平衡规律是探寻水合物形成过程的重要组成部分[83]。郝妙莉等[84]从晶体形成的微观过程和化学反应的相平衡、传质等宏观过程方面对水合物的生成进行了研究；Sloan 认为形成水合物结构所需的不稳定簇的丰度和竞争结构是影响诱导期的两个关键因素，较大程度地控制了诱导期的长短[85]；Martin 对水合物成核和生长过程的研究首次运用了激光技术[86]；Parent 研究发现光散射仪测量无法测得水合物的临界晶核尺寸，即该方法不能应用于水合物形成诱导时间的测定[87]。后继学者[88-90]利用该技术测量了粒子尺寸的分布情况及粒子的平均尺寸,研究了环丙烷水合物的生长过程。在此类静态研究的基础上,孙长宇等用激光散射的方法开展了冷冻剂 R12 水合物形成实验,研究了其在流动状态下的生长动力学,建立了水合物的粒度生长模型。随着 Raman 光谱、核磁共振、X 射线等技术被广泛地应用于研究实践,水合物微观动力学的研究进入了一个新的时期,水合物形成的微观机理也逐渐被明朗化[91]。

部分学者对水合物在多孔介质体系中的生长动力学规律进行相关研究,吴强以煤体作为介质研究了水合物(瓦斯水合物[92])的生成动力学规律,测定了水合物形成过程中气体消耗情况。陈强等研究了多孔介质体系中甲烷水合物生成动力学,结果表明,低温高压条件能够为甲烷水合物生成提供更大的驱动力,从而明显促进水合物生成[93];黄雯等在自行搭建的实验台上利用恒压预冷法研究了甲烷水合物在冰粉($154\sim300\mu\mathrm{m}$)、石英砂($154\sim300\mu\mathrm{m}$)混合物中的生成过程。结果表明冰粉的转化率 α 随温度的降低而降低,进而深入分析了混合物中甲烷水合物的生成机理,并建立了定量的动力学模型[94];展静等采用 6 种不同粒径的冰颗粒开展了冰点以下甲烷水合物的形成实验,发现在相同的实验条件下,冰颗粒粒径和甲烷水合物形成存在一定的关系,冰颗粒粒径越小,甲烷水合物越容易形成,水合反应时间也较短[95]。

刘义兴[96]研究了含水合物沉积物层,在水合物分解过程中储层电阻率的变化规律,认为储层电阻率先降低再上升,最后下降趋于一个恒定值。王彩程等[97]在获得 3.5% NaCl 溶液-海砂-甲烷水合物体系阻抗谱参数的基础上,通过计算得到了该体系的复电阻率数据,结果表明:在 $0.1\sim1\mathrm{MHz}$ 测试频率范围内,含甲烷水合物多孔介质的复电阻率存在明显频散现象;甲烷水合物饱和度与复电阻率频散特征参数密切相关,饱和度越小,复电阻率频散特性越显著。金学彬等[98]在多孔介质中添加质量分数为 3.5%NaCl 溶液的条件下进行了甲烷水合物形成实验,测试了水合物在多孔介质内合成与分解过程中研究体系的阻抗谱,结果表明阻抗幅值的频散特性与水合物饱和度之间存在着明显的对应关系。张学民等[99]利用 1.8L 的高压水合反应釜分别研究了粒径为 24 目、32 目和 40 目的石英砂孔隙介质中 CO_2 水合物的生成过程。结果表明:粒径为 40 目的石英砂中,CO_2 水合物的平均生成速率最大,在实验范围内石英砂粒径越小,水合物生长速率越高,储气量越大。苏向东等[100]在玻璃砂-THF①-TBAB②混合体系中开展了低浓度瓦斯水合物形成实验,获取了混合体系对瓦斯水合形成热力学和动力学参数的影响。李文涛等[101]利用沸石分子筛与促进剂进行混合,填充管线式反应器进行了煤层气水合

---

① THF:四氢呋喃。

② TBAB:四丁基溴化铵。

实验，并分析了该系统对水合速率及水合物储气密度的影响。Dong 等[102]在温度为 275.15K、压力为 1.4MPa 的条件下，利用介孔碳材料(CMK-3)与浓度为 5mol/g THF 溶液的混合体系，开展了瓦斯气体的水合分离实验，结果显示水合物相中的 CH_4 浓度较原料气提高了 20%，钟栋梁分别在石英砂-SDS①体系[103]中和煤粒体系[104]中开展了水合分离回收瓦斯中 CH_4 的实验，分析了石英砂-SDS 和煤粒的影响规律。此外，有部分学者开展了 THF[105-107]、TBAB[108-112]、TBAF②[113-117]、TBAC③[118]、CP④[119-121]等热力学促进剂对水合物形成动力学的影响研究，系统地阐明了不同促进剂、在不同实验体系中、在不同热力学条件下的促进机理，获取了大量的动力学数据和相应的作用规律。

1.5.3　水合物法分离技术研究

Happel 等[122]应用自主设计的分离装置，研究了 N_2-CH_4 混合气体水合分离过程。对实验的反应产物-水合物进行了分析测试，并获得了水合物生成速率等动力学数据，根据实验得到的结论对相平衡模型进行了修正；马昌峰等改进了水合物分离装置，开展了含氢气体混合物(CH_4-H_2 混合气、CO_2-H_2 混合气)提纯实验，并分析提出气液比是影响水合物反应速率的重要因素[123]；Englezos 等将水合分离技术应用于废水回收的领域，他们利用丙烷与废水进行水合分离实验研究，其目的是浓缩造纸废水。研究结果表明：水合物的形成速度并不影响回收水的质量，通过利用丙烷在废水中进行水合分离的过程，从而提高了回收水的纯度，使废物浓度降低了 26%。在此项研究的基础上，相关学者将水合物分离法应用于烟气中 CO_2 气体分离回收领域，经实验研究水合物法分离气体混合物与传统的分离方法相比，水合物分离技术具有分离条件温和、原料损失小和工艺流程简单等优点；表面活性剂在一定的程度上能缩短气体水合物生成的诱导时间，提高气体水合分离速率，并针对该项结论进行了多种表面活性剂的分离效果对比实验研究；后续研究表明双添加剂体系在水合物法 CO_2 分离技术的分离效果及节能方面存在潜力，能够有效地改善水合分离热力学条件。迄今，动力学促进剂(SDS、SDBS 等)和热力学促进剂(TBAB、THF 等)已较为广泛地应用于相关分离工艺中，但分离对象的不同使得促进剂的效果不一，且浓度和复配体系的变化也会使分离效果产生巨大的差异。

烯烃与烷烃混合体系的水合分离研究也有部分报道，丁艳明和陈光进在 4 个

---

① SDS：十二烷基硫酸钙。

② TBAF：四丁基氟化铵。

③ TBAC：四丁基氯化铵。

④ CP：环戊烷。

电导率大小不相同的水样中进行甲烷和乙烯混合气体的分离对比实验研究。研究表明，水合分离速率随水溶液的电导率的升高而加快，乙烯在气相和水合物相中的分配系数越大，水合物的晶体更加稳定[124]；孙强等利用水合物法分离丙烷和丙烯，结果表明水合物分离法能够有效回收弛放气中的丙烷和丙烯组分[125]。

利用水合物法分离提纯低浓度煤矿瓦斯气体[126]，针对典型瓦斯气体，在实验室中模拟矿井温、压条件，成功合成了瓦斯水合物[127]。结果表明：分离一级水合分离产物中 CH_4 浓度比原料气提高了 12.40%～20.61%，CH_4 提纯浓度最高可达 58.41%，达到了将低浓度煤矿瓦斯气体分离提纯的目的。在此基础上该课题组以温和的分离条件、较快的分离速率和高产量的分离产物为研究目的开展了一系列的实验与机理研究工作。针对不同浓度/组分瓦斯混合气体筛选了一部分对应的促进剂[128,129]，通过研究发现表面活性剂只有在达到或超过临界胶束浓度时，对水合物的形成才有较好的促进作用，同时指出热力学条件对水合物形成的影响中，温度因素占主导地位；近年来研究了海绵等分离载体对瓦斯水合物生长过程的影响[130]。研究表明：在单位空间体积内最大限度地增加气-水接触面积，可缩短水合物形成诱导时间，提高水合分离速率。随后进行了天然黏土、高吸水性聚合物等对水合物生长过程的影响研究，分析发现，天然黏土[131]、高吸水性聚合物能在微观上提供瓦斯水合物生长所需的反应平台，加快了物质间的传质与传热，促进了瓦斯水合物的生成，缩短了水合物生成过程的耗时，为瓦斯水合物工业化生产提供了基础数据支持。

1.5.4　传统气体分离技术研究

鉴于煤矿瓦斯巨大的资源前景和环境效应，国内外许多科技工作者对瓦斯分离提纯做了大量研究，现就变压吸附法、低温分离法、膜分离法、水合物法等分离技术研究现状概述如下。

1. 变压吸附法

变压吸附(PSA)是因压力不同、吸附剂吸附性能的差异来选择性吸附进行气体分离的过程。根据混合气体中各组分物理特性不同，采用合适的吸附剂和合适的压力可以达到提纯瓦斯的目的。理论上，煤矿瓦斯等气体在研究中可看成是 CH_4/空气体系[132]，基于平衡分离，O_2 与 N_2 的平衡吸附量又相近，因而 CH_4/空气常看成 CH_4/N_2 体系；杂质气中的 O_2 动力学半径小、分子扩散速率快，较容易去除；N_2 与 CH_4 的临界温度都很低，二者物理性质相近，因此 N_2 最难分离，即 CH_4 气体浓缩的核心技术在于 CH_4 与 N_2 之间的分离。影响 PSA 效果的关键因素之一是吸附剂，目前所采用的吸附剂一般较难满足 CH_4/N_2 的吸附选择性分离要求，CH_4 浓缩效果不理想，CH_4/N_2 体系分离一直是吸附分离领域面临的难点[133]。

　　国外对 PSA-CH$_4$/N$_2$ 体系的研究主要是针对油田气,对煤层气和垃圾填埋气的研究相对较少。吸附剂最早是采用斜发沸石分子筛[134],其分离效果较好;近年来也有采用沸石分子筛对 CH$_4$/N$_2$ 分离的报道[135]。但由于沸石分子筛亲水性强,价格高于碳质吸附剂,用于变压吸附适用性不理想。活性炭(或改性活性炭)与碳分子筛(CMS)因价格便宜、使用简单、分离效果好,在 CH$_4$ 浓缩中占主导地位。二者分离机理因孔径分布不同而有所区别:活性炭是基于平衡原理,而 CMS 主要是基于动力学原理,但也是平衡分离。

　　研究结果表明,CMS 作为 CH$_4$ 浓缩的主要吸附剂,在实验室取得了较好效果,主要针对高浓度 CH$_4$ 的油田气(CH$_4$ 体积分数一般都高于 70%,常在 80% 以上),经浓缩可高于 90%;对于中等浓度 CH$_4$ 的垃圾填埋气(CH$_4$ 体积分数在 60% 左右)也有较好的效果,并有商业化实例。油田气与垃圾填埋气具有的相同特征是:CH$_4$ 含量高且 CO$_2$ 含量高于 N$_2$,CH$_4$ 可被提浓主要是由于 CO$_2$ 容易被去除,其次是 N$_2$ 的部分去除。对于分离低浓度 CH$_4$(体积分数 20%～50%)的煤矿瓦斯气体的相关报道则较少。已有研究结果表明,体积比为 1∶1 的 CH$_4$-N$_2$ 模拟煤层气,以 CMS 为吸附剂,采用平衡分离原理,CH$_4$ 体积分数可浓缩到 95% 以上;采用动力学分离原理,CH$_4$ 体积分数也可浓缩到 80%。结果还发现,对于原料气的初始 CH$_4$ 浓度也有要求,如果初始 CH$_4$ 体积分数低于 15%,则分离比较困难,经济效果不明显,这说明初始 CH$_4$ 浓度越高越易分离;对于 CMS 吸附剂,N 型比 W 型更适合用于 CH$_4$/N$_2$ 气体分离,其中小于 0.44nm 的微孔是影响 CH$_4$ 吸附的关键;对于吸附传质模型,LDF 模型比孔扩散模型、浓度决定的扩散模型更适合用于理论计算。为了能使 CH$_4$/N$_2$ 的分离技术工程应用化,亟须制备出分离效果更优异的 CMS,以及对 PSA 工艺模型的进一步优化[136]。

　　国内对 CH$_4$/N$_2$ 的分离研究主要是采用基于平衡分离原理的活性炭。1986 年,西南化工研究院[137]首次报道了煤层 CH$_4$ 浓缩的 PSA 工艺专利,以硅胶为预处理剂、活性炭为吸附剂,CH$_4$ 浓缩后体积分数可达 95% 以上,但至今没有应用推广。天津大学周理制备了一种高表面活性炭,比表面积在 1700m^2/g 以上,该活性炭增大了甲烷与氮吸附能力的差异,达到了 PSA 所需的分离系数,可实现 CH$_4$/N$_2$ 的分离[138];此分离技术可在常温和低于 1.0MPa 压力下操作,能耗与成本低廉,可用于煤层气的应用开发,但目前还未见此专利用于工程实践的报道。有关抽采煤层气中 CH$_4$ 的 PSA 浓缩研究主要来自重庆大学辜敏和杨明莉[139,140]以 T103 活性炭为吸附剂,采用单柱 PSA 技术对模拟煤层气 CH$_4$/N$_2$ 进行了分离研究;用正二十四烷对活性炭进行了表面亲烃改性,减少了其表面的酸性基团量,提高了对 CH$_4$ 的亲和性,在更宽的压力范围内提高了活性炭对 CH$_4$/N$_2$ 的分离效果。

　　值得注意的是,虽然 PSA 分离气体工艺日趋完善,但要想分离出产品纯度很高的组分仍然只能限于弱吸附组分,如 H$_2$,其 PSA 分离纯度可以达到 99.999%[141]。

以强吸附组分为产品的工业化 PSA 过程却很少，其原因主要有两方面：一是强吸附组分的解吸困难；二是强吸附组分与其他组分在吸附剂上的分离系数不够大。已工业化的大多数 PSA 过程是基于平衡吸附来完成分离的，这要求各分离气体之间在吸附剂上的分离系数(相对吸附率)$\alpha_{ij} \geqslant 2$，α_{ij} 偏离 1 越大，分离的效果越好。目前运用最广、最为成功的是 H_2 的 PSA 分离提纯，其原因之一就在于 H_2 的吸附惰性而导致与其他气体之间的分离系数 α_i/H_2(i 为其他吸附气体)远偏离 1，如 CH_4/H_2 在活性炭上、纳丝光泡沸石的分离系数$>10^{[142]}$；而对于一些强吸附组分为目标产品的气体的分离，如从瓦斯中提纯 CH_4，其分离系数在常用的吸附剂上均小于 3，大多数甚至低于 2，由此可见其分离难度远比 CH_4/H_2 大，难以得到高浓度的 CH_4 产品。目前，国内外对煤层气中 CH_4/N_2 分离的相关报道较少，在 PSA 浓缩 CH_4 方面国内外正处于实验室基础研究阶段，类似吸附力相近的 CH_4/N_2 主体分离还难以实现工业化推广应用。

2. 低温分离法

低温分离法是利用瓦斯气体中 CH_4 与 N_2 的沸点差(在 101.3kPa 下，N_2 的沸点是 77.35K，而 CH_4 的沸点是 111.7K，两者相差 34.35K)，采用低温精馏的方法将两者分离。由于是低温分离，为了防止在低温下有些组分的凝固而堵塞管道、阀门等，在进入低温装置之前，必须对气体进行净化，煤层气经脱硫、除氧，再加压脱除除氧过程中生成的 CO_2，进入干燥装置脱水。一般要求 $H_2S<5mg/m^3$，$CO_2<50\times10^{-6}$，水分$<1\times10^{-6}$。对于 N_2-CH_4 系统的分离需要一定的回流比，一般回流比 $R=1.3R_{min}$(R_{min} 为最小回流比)，故需要一定的蒸发量和冷凝量。对于甲烷含量较高的煤层气(如含 CH_4 80%以上)，通过塔釜液冷却由于会产生冷凝作用，故蒸发量较大，就可能满足回流比所需要的蒸发量。反之，对于甲烷含量较低的煤层气(如 50%)来讲，通过塔釜液冷却，产生不了冷凝或冷凝量太小，产生蒸发量就显得相当不够，满足不了分离所需的回流比，使分离达不到要求。

2000 年以来，随着低温深冷技术的成熟和发展，美国等针对煤层气的特点也相继研发了小型液化系统，综合开发和利用煤矿瓦斯。美国 GTI 针对煤层气液化开发了混合制冷剂低温液化循环；澳洲科廷大学 Robert Amin 教授的小型液化制冷装置整合低温酸性气体脱离工艺和天然气液化循环工艺，使得液化装置的成本降低 25%；美国 Idaho Laboratory 实验室的针对管道调峰用的带膨胀机的液化天然气循环，该设备充分利用天然气管网压力进行液化调峰；Hamworthy 小型低温设备，模块化设计，采用混合制冷剂循环，可靠性好，燃气动力引擎，产量 5～50t/d；挪威 NTNU 也研究开发了混合制冷循环；美国 LosAlamos 国家实验室建立多个热声液化天然气装置。混合制冷剂循环是主流，同时将净化脱水过程和脱酸过程整合到液化过程中，使得液化装置的成本降低。

国内，在液化煤层气低温循环机理方面做了一定的研究工作。哈尔滨工业大学建立了煤层气液化工业系统实验研究平台，该系统包括煤层气净化、液化、储存三个部分，全部采用可移动的撬装式模块化结构，可在不同气源地重复安装使用；该系统移植了现代大科学工程中使用的远程全自动监控与测试技术，液化流程和工艺过程经大型计算机数值模拟，可针对具体气源条件进行快速优化设计。但是，该套实验系统要求煤矿瓦斯气源甲烷浓度必须达到 60%以上，不符合大多数煤矿抽采瓦斯的具体浓度条件，这大大限制了其应用范围；中国科学院理化技术研究所的杨克剑基于天然气液化技术(LNG)，研制的瓦斯液化工艺分离 40% CH_4 浓度瓦斯混合气体的操作温度是–190～–140℃[143]。其操作主要包括两部分，首先是煤矿瓦斯原料气进行压缩净化，然后经过低温液化分离得到液态甲烷。该方案操作过程需要制冷系统提供大量冷量，制冷成本高昂，基础投资较大。

3. 膜分离法

膜分离法是以膜两侧气体的分压差为推动力，通过溶解、扩散、吸附等步骤产生组分间传递速率的差异来实现分离的一种技术。

膜分离技术的核心是膜，分离膜的制备技术直接决定了膜分离技术的发展前景。膜的类型有聚合物膜、无机膜(如沸石膜)[144]、纳孔炭膜[145]、陶瓷膜[146]，还有各种液膜[147-150]。在膜分离方面，欲分离的目标气体混合物中涉及甲烷的有关新型功能膜研究有不少文献，但大规模的膜基分离仍处于开发阶段。Rao 和 Sircar 发表的两篇文章[151,152]提供了用一种新型纳米多孔膜——SSF(选择性表面流膜)有关氢/烃分离的数据。这种膜利用强吸附组分的选择性吸附及随后的表面扩散进行分离。因此，对氢/烃混合物，烃被优先吸附并进行跨膜传输，而在原料入口一侧得到富集的氢。SSF 膜的优越性在于目的产品氢在入口压力下产生，避免了重新压缩。SSF 膜的分离机理不同于分子筛膜，后者基于分子尺寸效应。英国 Edinburgh 大学的 Vieira-Linhares 和 Seaton[147]分析了微孔碳膜的 SSF 特性，并对烃与氮气的膜分离进行了非平衡分子力学模拟。Bos 等[148]以聚醚为原料制备了二氧化碳/甲烷选择性分离膜。Arruebo 等[149]利用烃在 silicalite 膜(支撑膜)上的优先吸附对甲烷吸附的阻碍作用提高选择性，达到从天然气中分离出高碳烃的目的。Mohammadi 等[150]用聚硅酮涂覆的聚芳醚膜(用相转换技术制备、干燥后涂覆聚硅酮)分离了二氧化碳/甲烷。混合物实际分离因子为 64～166，为文献报道的最高值。Bhide 等[151]则认为，在天然气净化过程中，膜分离过程有三方面的限制：①甲烷损耗一般来说高于气体吸附过程；②目前仅靠膜分离还不能将 H_2S 减少至管道运输许可的 4ppm[①]以下；③规模化成本高于吸附过程。为此他们采用了的膜/

---

① 1ppm=10^{-6}。

吸收集成过程，将膜分离和传统的吸收分离结合起来，先用膜分离除掉大部分的二氧化碳，再用二乙胺(DEA)气体吸收分离除去二氧化碳和 H_2S 组分。这样可将 40%的二氧化碳和 1%的 H_2S 从天然气中除去。

膜分离法具有渗透速率高、选择性强、能耗低、污染小等优点。但膜分离效果对制膜技术依赖性强的特点决定了其易淤塞、易损伤、寿命短等缺陷。且对于矿井瓦斯气体，CH_4 浓度变化范围大、组分复杂，加之目前膜分离技术在 N_2 和 CH_4 分离膜制备方面存在的难点，因此，膜分离法在低浓度瓦斯气体分离方面难度较大。

4. 水合物法

水合物法(分离技术)作为一种新型的分离手段，与传统分离方法相比，有其独特的优点：①与变压吸附相比，水合物法具有压力损失小、分离效率高等优点，且变压吸附受吸附介质的影响。②与低温法相比，水合物法可以在 0℃以上的温度下进行，可以节省大量制冷所需的能量，且水合物法对气体预处理要求低。低温液化要求原料气甲烷浓度必须达到 40%～60%，且必须经过预处理(脱硫、脱水、脱 CO_2、压缩增压)后才能深冷液化。水合物法可处理烷烃成分浓度 30%甚至更低的瓦斯气体，且原料气不需要脱硫脱水即可固化，节省了预处理成本，扩大了应用范围。③与膜分离法相比，水合物法可以简化工艺流程，节省设备投资。④分离产物储存容易，安全性好。水合化分离产物——固体甲烷，通常采取常压方式储存，温度在 –18～–1℃时，几乎不分解。瓦斯水合物的热导率为 18.7W/(m·K)，比一般的隔热材料还低，与液化技术相比其储存容器不需要特别的绝热措施，可在简易的绝热货舱或冷藏车中储存，运输成本相对来说也就更低一些。液化技术采用常压、超低温(–162℃)储存方式，储存材料需要特殊钢材(Ni 钢)，储罐一般做成内外两层，对设备性能要求高。

综上所述，开展瓦斯水合化分离研究可促进水合化分离工艺的产生，扩大低浓度瓦斯的使用范围。低浓度瓦斯利用产生的经济效益，将充分调动煤炭企业防治瓦斯灾害的积极性，促进国家瓦斯治理方针的贯彻执行，从而减少瓦斯事故导致的大量人员伤亡和低浓度瓦斯直接排放造成的环境损失。此外，研究成果将促进一种新的化石能源储存与运输方式的产生，即瓦斯固化储运。这种储运方式可使"偏、散、远"矿井的抽放瓦斯气体得到有效利用，缓解能源紧张，有利于国民经济可持续发展。虽然对瓦斯水合化分离技术的研究仍处于探索阶段，但是目前的研究结果中有两个取得共识的观点：一是瓦斯水合化热力学条件温和；二是低浓度瓦斯气体水合化分离提纯效果显著。因此，应加强水合物法分离储运煤矿瓦斯的基础研究与应用研究。

参 考 文 献

[1] 张德江. 大力推进煤矿瓦斯抽采利用[J]. 煤炭科学技术, 2010, 38 (1): 1-3.

[2] 叶建平, 秦勇, 林大扬. 中国煤层气资源[M]. 徐州: 中国矿业大学出版社, 1998.

[3] 程远平, 付建华, 俞启香. 中国煤矿瓦斯抽采技术的发展[J]. 采矿与安全工程学报, 2009, 26 (2): 127-139.

[4] Gomes V G, Hassan M M. Coalseam methane recovery by vacuum swing adsorption[J]. Separation and Purification Technology, 2001, 24: 189-196.

[5] Olajossy A, Gawdzik A, Budner Z, et al. Methane separation from coal mine methane gas by vacuum pressure swing adsorption[J]. Chemical Engineering Research & Design, 2003, 81 (4): 474-482.

[6] 辜敏, 鲜学福. 矿井抽放煤层气中甲烷的变压吸附提浓[J]. 重庆大学学报, 2007, 30 (4): 29-33.

[7] 李永玲, 刘应书, 杨雄, 等. 等比例变压吸附法富集低浓度煤层气的安全性分析[J]. 煤炭学报, 2012, 37 (5): 804-809.

[8] 杨克剑. 含氧煤层气的分离与液化[J]. 中国煤层气, 2007, 4 (4): 20-22.

[9] 吴剑峰, 孙兆虎, 公茂琼. 从含氧煤层气中安全分离提纯甲烷的工艺方法[J]. 天然气工业, 2009, 29 (2): 1-4.

[10] 李秋英, 王莉, 巨永林. 含氧煤层气液化流程爆炸极限分析[J]. 化工学报, 2011, 62 (5): 1471-1477.

[11] Richard W B. Future directions of membrane gas separation technology[J]. Industrial & Engineering Chemistry Research, 2002, 41: 1393-1411.

[12] 吴强, 李成林, 江传力. 瓦斯水合物生成控制因素探讨[J]. 煤炭学报, 2005, 30 (3): 283-287.

[13] 吴强, 张保勇, 孙登林, 等. 利用水合原理分离矿井瓦斯实验[J]. 煤炭学报, 2009, 3: 361-365.

[14] 裘俊红, 贺亚. 水合物研究与应用现状[J]. 河南化工, 2005, 22 (4): 1-4.

[15] 陈光进. 气体水合物科学与技术[M]. 北京: 化学工业出版社, 2008.

[16] Mao W L, Mao H K, et al. Hydrogen clustersin clathrate hydrat[J]. Science, 2002, 29: 2247-2249.

[17] Sloan E D, Koh C A. Clathrate Hydrates of Natural Gases[M]. 3rd ed. New York: CRC Press, 2007.

[18] Holder G D, Manganiello D J. Hydrate dissociation pressure minima multicomponent systems[J]. Chemical Engineering Science, 1982, 7 (1): 9-16.

[19] Collins M J, Ratcliffe C I, Ripmeester J A. Line-shape anisotropies chemical shift and the determination of cage occupancy ratios and hydration number[J]. Journal of Physical Chemistry, 1990, 94 (1): 157.

[20] Englezos P. Clathrate hydrates[J]. Industrial & Engineering Chemistry Research, 1993, 32: 1251.

[21] Cady G H. Composition of gas hydrates[J]. Journal of Chemical Education, 1983, 60 (11): 915.

[22] 郑艳红. 甲烷水合物在盐、醇类介质中相平衡研究[D]. 兰州: 中国科学院研究生院(兰州地质研究所), 2002.

[23] Dharma-Wardana M W C. Thermal conductivity of the ice polymorphs and the ice clathrates[J]. Journal of Physical Chemistry, 1983, 87: 4185.

[24] Stoll R D, Bryan G M. Physical properties of the sediments containing gas hydrates[J]. Journal of Geophysical Research-Atmospheres, 1979, 84(B4): 1629-1634.

[25] 陈光进, 马庆兰, 郭天民. 水合物模型的建立及在含盐体系中的应用[J]. 石油学报, 2002, 21(1): 64-69.

[26] 樊栓狮, 郭天民. 天然气水合物资源利用和环境危害与保护[J]. 石油与天然气化工, 1995, 24(2): 101-106.

[27] Kvenvolden K A. A review of geochemistry of methane in nature gas hydrate[J]. Organic Geochemistry, 1995, 23(11/12): 997-1008.

[28] Ershov E D, Yakushev V S. Experimental research on gas hydrate decomposition in frozen rocks. Cold Regions Science and Technology, 1992, 20: 147-156.

[29] Sloan E D. Clathrate Hydrate of Natural Gases [M]. New York: Marrcel Deker, 1997: 75-89.

[30] Sloan E D, Fleyfel F. A molecular mechanism for gas hydrate nucleation fromice[J]. AIChE Journal, 1991, 37(9): 1281-1292.

[31] Lekvam K, Ruoff P. A reaction kinetic mechanism for methane hydrate formationin liquid water[J]. American Chemical Society, 1993, 115(19): 8565-8569.

[32] Chen G J, Guo T M. Thermolynamic modeling of hydrate formation based on new concepts[J]. Fluid Phase Equilibria, 1996, 122(2): 43-65.

[33] Long J P. Gas hydrate formation mechanism and kinetic inhibition[D]. Colorado: Colorado School of Mines, 1994.

[34] Christiansen R L, Sloan E D. Mechanisms and kinetics of hydrate formation[A]// International conference on natural gas hydrates[C]. Annals of New York Academy of Sciences, 1994, 715: 283-305.

[35] 孙长宇, 陈光进, 郭天民. 水合物成核动力学研究现状[J]. 石油学报, 2001, 22(4): 82-86.

[36] 耿昌全. 结合水合物生成机理研究甲烷在水中的溶解度[D]. 杭州: 浙江工业大学, 2002.

[37] Swaminathan S, Harrison S W, Beveridge D L. Monte Carlo studies on the structure of a dilute aqueous solution of methane[J]. Journal of the American Chemical Society, 1978, 100(18): 5705-5712.

[38] Handa Y P, Stupin D Y. Thermodynamic properties and dissociation characteristics of methane and propane hydrates in 70-ANG-radius silica gel pores[J]. Journal of Physical Chemistry, 1992, 96(21): 8599-8603.

[39] Elwell D, Scheel H J. Crystal Growth from High Temperature Solution[M]. New York: Academic Press, 1975.

[40] Sloan E D. Clathrate Hydrate of Natural Gases [M]. New York: Marrcel Deker, 1997: 122-126.

[41] 王胜杰, 沈建东, 郝妙丽, 等. 气体水合物增长动力学的研究现状[J]. 石油化工, 2004, 33(4): 382-388.

[42] Sloan E D. Clathrate Hydrate of Natural Gases[M]. New York: Marrcel Deker, 1997: 98-101.

[43] 孙长宇, 陈光进, 郭天民, 等. 甲烷水合物分解动力学[J]. 化工学报, 2002, 53(9): 901-904.

[44] 林微, 陈光进. 气体水合物分解动力学研究现状[J]. 过程工程学报, 2004, 4(1): 69-75.

[45] Matthew A C, Bishnoi P R. Measuring and modelling the rate of decomposition of gas hydrates formed from mixtures of methane and ethane[J]. Chemical Engineering Science, 2001, 56(16): 4715-4724.

[46] 孙志高, 樊栓狮, 郭开华, 等. 天然气水合物分解热的确定[J]. 分析测试学报, 2002, 21(3): 7-9.

[47] 樊栓狮, 程宏远, 陈光进, 等. 水合物法分离技术研究[J]. 现代化工, 1999, 19(2): 11-14.

[48] 祁影霞, 张华. 添加水合物促进二氧化碳水合物生成的实验研究[J]. 高校化学工程学报, 2010, 24(5): 842-846.

[49] 赵省民. 天然气水合物研究的新进展[J]. 海洋地质与第四纪地质, 1999, 19(4): 39-45.

[50] 胡春, 裴俊红. 天然气水合物的结构性质及应用[J]. 天然气化工, 2000, 25(4): 48-52.

[51] Hester K C, Dunk R M, Walz P M, et al. Direct measurements of multi-component hydrates on the seafloor: pathways to growth[J]. Fluid Phase Equilibria, 2007, 261: 396-406.

[52] Van der Waals J H, Platteeuw J C. Clathrate solutions[J]. Advances in Chemical Physics, 1959, 2: 1-57.

[53] Parrish W R, Prausnitz J M. Dissociation pressure of gas hydrates formed by gas mixtures[J]. Industrial & Engineering Chemistry Process Design and Dvelopment, 1972, 11(1): 26-34.

[54] 廖健, 梅东海, 杨继涛, 等. 天然气水合物相平衡研究的进展[J]. 天然气工业, 1998, 18(3): 75-82.

[55] 杜亚和, 郭天民. 天然气水合物生成条件的预测 I. 不含抑制剂的体系[J]. 石油学报(石油加工), 1988, 4(3): 82.

[56] 安青, 许维秀. 国内天然气水合物相平衡研究进展[J]. 安徽化工, 2008, 34(4): 4-8.

[57] 孙志高, 石磊, 樊栓狮, 等. 气体水合物相平衡测定方法研究[J]. 石油与天然气化工, 2001, 30(4): 164-166.

[58] 马荣生, 孙志高, 樊栓狮, 等. 气体水合物生成条件研究[J]. 扬州大学学报(自然科学版), 2002, 5(2): 49-52.

[59] 顾峰, 赵会军, 王树立. 盐类体系中天然气水合物相平衡条件的研究[J]. 石油与天然气化工, 2008, 37(2): 149-151.

[60] 廖健, 梅东海, 杨继涛, 等. 含盐和甲醇体系中气体水合物的相平衡研究 II. 理论模型预测[J]. 石油学报(石油加工), 1998, 14(4): 64-68.

[61] 曾志勇, 李小森. 基于 PC-SAFT 方程研究多孔介质中水合物相平衡的预测模型[J]. 高等学校化学学报, 2011, 32(4): 908-914.

[62] Gross J, Sadowski G P. Modeling polymer systems using the perturbed-chain statistical associating fluid theory equation of state[J]. Industrial & Engineering Chemistry Research, 2001, 40(4): 1244-1260.

[63] Chen G J, Sun C Y, Ma Q L. Science and Technology of Gas Hydrates[M]. Benjing: Chemical Industry Press, 2008.

[64] 赵建忠. 煤层气水合物储运与提纯的基础研究[D]. 太原: 太原理工大学, 2008.

[65] 张伟, 王赵, 李文强, 等. CO$_2$乳化液强化置换水合物中CH$_4$的作用研究进展[J]. 天然气化工(C1化学与化工), 2009, (1): 59-63.

[66] 颜荣涛, 魏厚振, 吴二林, 等. 一个考虑沉积物孔径分布特征的水合物相平衡模型[J]. 物理化学学报, 2011, 27(2): 295-301.

[67] 孙建业, 业渝光, 刘昌岭, 等. 沉积物中天然气水合物减压分解实验[J]. 现代地质, 2010, (3): 614-621.

[68] 张旭辉, 王淑云, 李清平, 等. 天然气水合物沉积物力学性质的试验研究[J]. 岩土力学, 2010, (10): 3069-3074.

[69] 武文志, 关进安, 梁德青. H型水合物生成过程的实验研究[J]. 工程热物理学报, 2018, 39(1): 44-48.

[70] 肖钢, 白玉湖, 董锦. 天然气水合物综论[M]. 北京: 高等教育出版社, 2012.

[71] 刘昌岭, 业渝光, 张剑, 等. 天然气水合物相平衡研究的实验技术与方法[J]. 中国海洋大学学报, 2004, 34(1): 153-158.

[72] 孙志高, 刘成刚, 周波, 等. 四丁基溴化铵-二氧化碳-水体系半笼水合物相平衡数据的测定[J]. 化学工程, 2011, 39(12): 52-54.

[73] Tohidi B, Anderson R, Ben Clennell M, et al. Visual observation of gas-hydrate formation and dissociation in synthetic porous media by means of glass micromodels[J]. Geology, 2001, 29(9): 867-870.

[74] 裘俊红, 郭天民. 水合物生成和分解动力学研究现状[J]. 化工学报, 1995, 46(6): 741-753.

[75] 孙长宇, 马昌峰, 陈光进, 等. 二氧化碳水合物分解动力学研究[J]. 石油大学学报(自然科学版), 2001, 25(3): 8-11.

[76] 郑志, 王树立. 基于水合物的混空煤层气分离技术[J]. 过滤与分离, 2008, 18(4): 5-9.

[77] Vysniauskas A, Bishnoi P R. A kinetics study of methane hydrate formation[J]. Chemical Engineering Science, 1983, 38(7): 1061-1072.

[78] Vysniauskas A, Bishnoi P R. Kinetics of ethane hydrate formation[J]. Chemical Engineering Science, 1985, 40: 299-303.

[79] Englezos P, Kalogerakis N, Dholabhai P D, et al. Kinetics of gas hydrate formation from mixtures of methane and ethane[J]. Chemical Engineering Science, 1987, 42(11): 2647-2658.

[80] Englezos P, Kalogerakis N, Dholabhai P D, et al. Kinetics of formation of methane and ethane gas hydrates[J]. Chemical Engineering Science, 1987, 42: 2659-2666.

[81] Skovborg P, Rasmussen P. A mass transport limited model for the growth of methane and ethane[J]. Chemical Engineering Science, 1994, 49: 1131-1143.

[82] 张文玲, 李海国, 王胜杰, 等. 水合物储运天然气技术的研究进展[J]. 天然气工业, 2000, 20(3): 95-98.

[83] Ruoff P, Lekvam K. Kinetics and mechanism of methane hydrate formation and decomposition in liquid water description of hysteresis[J]. Journal of Crystal Growth, 1997, 179(3): 618-624.

[84] 郝妙莉, 王胜杰, 沈建东, 等. 水-气体系生成水合物的缩泡动力学模型[J]. 西安交通大学学报, 2004, 38(7): 706-708.

[85] 孙志高, 王如竹, 樊栓狮, 等. 天然气水合物研究进展[J]. 天然气化工, 2001, 21(1): 93-96.

[86] 盖姗姗. 苏里格气田气井井筒水合物形成机理及预测研究[D]. 西安: 西安石油大学, 2008.

[87] Parent J S. Investigations into the nucleation behavior of the clathrate hydrates of natural gas components [D]. Calgary: University of Calgary, 1993 .

[88] Monfrt J P, Nzihou A. Light scattering kinetics study of cyclopropane hydrate growth[J]. Journal of Crystal Growth, 1993, 128(1-4): 1182-1186.

[89] Nerheim A R. Investigation of gas hydrate formation kinertics by laser light scattering[D]. Trondheim: Norwegian Institure of Technology, 1993.

[90] Yousif M H, Dorshow R B, Young D B. Testing of hydrate kinetics inhibitors using laser light scattering technique[A]. Annals of New York Academy of Sciences, 2006, 715(1): 330-340.

[91] 陈强, 业渝光, 刘昌岭, 等. 多孔介质体系中甲烷水合物生成动力学的模拟实验[J]. 海洋地质与第四纪地质, 2007, 27(1): 111-116.

[92] 张强, 吴强, 张保勇, 等.干水对水合物法分离瓦斯中 CH_4 的影响[J].中国矿业大学学报, 2016, 45(5): 907-914.

[93] 陈思维. 天然气固化工艺技术研究[D]. 成都: 西南石油学院, 2003.

[94] 黄雯, 樊栓狮, 彭浩, 等. 甲烷水合物在冰粉石英砂混合物中生成的动力学[J]. 化工学报, 2007, 58(6): 1439-1444.

[95] 展静, 吴青柏, 万英梅. 冰点以下不同粒径冰颗粒形成甲烷水合物的实验[J]. 天然气工业, 2009, 29(6): 126-129.

[96] 刘义兴. 天然气水合物开采机理试验研究[D]. 青岛: 中国石油大学(华东), 2009.

[97] 王彩程, 邢兰昌, 陈强, 等. 含甲烷水合物多孔介质的复电阻率频散特性与模型[J]. 科学技术与工程, 2017, 17(18): 46-54.

[98] 金学彬, 陈强, 邢兰昌, 等. 多孔介质中甲烷水合物聚散过程的交流阻抗谱响应特征[J]. 天然气工业, 2016, 36(3): 120-127.

[99] 张学民, 李金平, 吴青柏, 等. 孔隙介质中二氧化碳水合物生成过程实验研究[J]. 应用基础与工程科学学报, 2016(1): 168-175.

[100] 苏向东, 梁海峰, 郭迎, 等. 多孔介质+THF+TBAB 体系低浓度煤层气水合物合成正交实验[J]. 天然气化工(C1 化学与化工), 2016, 41(4): 29-32.

[101] 李文涛, 郭博婷, 赵建忠. 煤层气在多孔介质填充管线反应器中的水合实验研究[J]. 煤炭学报, 2016, 41(4): 871-875.

[102] Dong Q, Su W, Liu X, et al. Separation of the N_2/CH_4 mixture through hydrate formation in ordered mesoporous carbon[J]. Adsorption Science & Technology, 2015, 32(10): 821-832.

[103] Zhong D L, Daraboina N, Englezos P. Coal mine methane gas recovery by hydrate formation in a fixed bed of silica sand particles[J]. Energy & Fuels, 2013, 27(8): 4581-4588.

[104] Zhong D L, Sun D J, Lu Y Y, et al. Adsorption-hydrate hybrid process for methane separation from a $CH_4/N_2/O_2$ gas mixture using pulverized coal particles[J]. Industrial & Engineering Chemistry Research, 2014, 50(40): 15738-15746.

[105] Sun S, Peng X, Zhang Y, et al. Stochastic nature of nucleation and growth kinetics of THF hydrate[J]. Journal of Chemical Thermodynamics, 2017, 107: 141-152.

[106] Douïeb S, Archambault S, Fradette L, et al. Effect of the fluid shear rate on the induction time

of CO$_2$-THF hydrate formation[J]. Canadian Journal of Chemical Engineering, 2017, 95(1):
187-198.

[107]　Park Y, Koh D Y, Dho J, et al. Tuning magnetism via selective injection into ice-like clathrate hydrates[J]. Korean Journal of Chemical Engineering, 2016, 33(5): 1706-1711.

[108]　Wilson P W, Haymet A D J. The effect of stirring on the heterogeneous nucleation of water and of clathrates of tetrahydrofuran/water mixtures[J]. Condensed Matter Physics, 2016, 19(2): 23602.

[109]　Daraboina N, Pachitsas S, Solms N V. Experimental validation of kinetic inhibitor strength on natural gas hydrate nucleation[J]. Fuel, 2015, 139(1): 554-560.

[110]　Youssef Z, Kappels T, Delahaye A, et al. Experimental study of single CO$_2$ and mixed CO$_2$+TBAB hydrate formation and dissociation in oil-in-water emulsion[J]. International Journal of Refrigeration, 2014, 46: 207-218.

[111]　Babaee S, Hashemi H, Mohammadi A H, et al. Kinetic study of hydrate formation for argon+TBAB+SDS aqueous solution system[J]. Journal of Chemical Thermodynamics, 2018, 116: 121-129.

[112]　Oshima M, Kida M, Jin Y, et al. Dissociation behaviour of (tetra-n-butylammonium bromide+tetra-n-butylammonium chloride) mixed semiclathrate hydrate systems[J]. Journal of Chemical Thermodynamics, 2015, 90: 277-281.

[113]　Ye N, Zhang P, Liu Q S. Kinetics of hydrate formation in the CO$_2$+TBAB+H$_2$O system at low mass fractions[J]. Industrial & Engineering Chemistry Research, 2014, 53(24): 10249-10255.

[114]　Zhong D, Englezos P. Methane separation from coal mine methane gas by tetra-n-butyl ammonium bromide semiclathrate hydrate formation[J]. Energy & Fuels, 2012, 26(4): 2098-2106.

[115]　Fukumoto A, Silva L P S, Paricaud P, et al. Modeling of the dissociation conditions of H$_2$+CO$_2$, semiclathrate hydrate formed with TBAB, TBAC, TBAF, TBPB, and TBNO$_3$, salts. Application to CO$_2$, capture from syngas[J]. International Journal of Hydrogen Energy, 2015, 40(30): 9254-9266.

[116]　Sfaxi I B A, Durand I, Lugo R, et al. Hydrate phase equilibria of CO$_2$+N$_2$+aqueous solution of THF, TBAB or TBAF system[J]. International Journal of Greenhouse Gas Control, 2014, 26(7): 185-192.

[117]　Kamran-pirzaman A, Pahlavanzadeh H, Mohammadi A H. Hydrate phase equilibria of furan, acetone, 1, 4-dioxane, TBAC and TBAF[J]. Journal of Chemical Thermodynamics, 2013, 64(9): 151-158.

[118]　Mohammadi A, Manteghian M, Mohammadi A H. Phase equilibria of semiclathrate hydrates for methane+tetra n-butylammonium chloride (TBAC), carbon dioxide+TBAC, and nitrogen+TBAC aqueous solution systems[J]. Fluid Phase Equilibria, 2014, 381: 102-107.

[119]　Du J, Liang D, Li D, et al. Experimental determination of the equilibrium conditions of binary gas hydrates of cyclopentane + oxygen, cyclopentane + nitrogen, and cyclopentane + hydrogen[J]. Industrial & Engineering Chemistry Research, 2010, 49(22): 11797-11800.

[120]　Galfré A, Kwaterski M, Brântuas P, et al. Clathrate hydrate equilibrium data for the gas

mixture of carbon dioxide and nitrogen in the presence of an emulsion of cyclopentane in water[J]. Journal of Chemical & Engineering Data, 2014, 59(59): 592-602.

[121] Mazumdar A, Peketi A, Joao H M, et al. Pore-water chemistry of sediment cores off mahanadi basin, bay of bengal: possible link to deep seated methane hydrate deposit[J]. Marine & Petroleum Geology, 2014, 49(1): 162-175.

[122] Happel J, Hnatow M A, Meyer H. The study of separation of nitrogen from methane by hydrate formation using a novel apparatus[J]. Annals of the New York Academy of Sciences, 1994, 715: 412-424.

[123] 马昌峰, 王峰, 孙长宇, 等. 水合物氢气分离技术及相关动力学研究[J]. 石油大学学报 (自然科学版), 2002, 26(2): 76-78.

[124] 丁艳明, 陈光进. 水的电导率对甲烷-乙烯体系气-水合物相平衡的影响[J]. 天然气化工, 2005, 30(4): 36-38.

[125] 孙强, 郭绪强, 刘爱贤, 等. 水合物法分离丁辛醇驰放气中的丙烷丙烯[J]. 高校化学工程 学报, 2011, 25(1): 18-23.

[126] 张强, 吴强, 张保勇, 等. NaCl-SDS 复合溶液中多组分瓦斯水合物成核动力学机理[J].煤 炭学报, 2015, 40(10): 2430-2436.

[127] 江传力, 张国宏, 吴强, 等. 在井下温度合成瓦斯水合物的实验[J]. 黑龙江科技学院学报, 2004, 14(4): 203-205.

[128] 吴强, 徐涛涛, 张保勇, 等. 甲烷浓度对瓦斯水合物生长速率的影响[J]. 黑龙江科技学院 学报, 2010, 20(6): 411-414.

[129] 张保勇, 吴强. 十二烷基硫酸钠对瓦斯水合物生长速率的影响[J]. 煤炭学报, 2010, 35(1): 89-92.

[130] Zhang B Y, Cheng Y P, Wu Q. Sponge effect on coal mine methane separation based on clathrate hydrate method[J]. Chinese Journal of Chemical, 2011, 19(4): 610-614.

[131] 张保勇, 张强, 吴强, 等. 高吸水性聚合物对矿井瓦斯水合物分离速率影响研究[J]. 中国 矿业大学学报, 2013, 5, 42(3): 383-387.

[132] 辜敏, 鲜学福. 提高煤矿抽放煤层气甲烷浓度的变压吸附技术的理论研究[J]. 天然气化 工, 2006, 31(6): 6-10.

[133] Ruthven D M. Pastprogress and future challenges in adsorption research[J]. Industrial & Engineering Chemistry Research, 2000, 39: 2127-2131.

[134] Frankiewicz T C. Methane/nitrogen gas separationover the clinoptilolite by the selective adsorption of mitrogen[R]. ACS Symposium Series, 1983: 213-233.

[135] Yang R T, Chinn D. Tailored clinoptilolitesfor nitrogen/methane sepa-ration[J]. Industrial and Engineering Chemistry Research, 2005, 44(16): 5184-5192.

[136] 刘克万, 辜敏, 鲜学福. 变压吸附浓缩甲烷/氮气中甲烷的研究进展[J]. 现代化工, 2007, 27(12): 15-20.

[137] 西南化工研究院. 变压吸附法富集煤矿瓦斯气中甲烷: 中国, 85103557[P]. 1986-10-29.

[138] Zhou L, Guo W C, Zhou Y P. A feasibility study of separating CH_4/N_2 by adsorption[J]. Chinese Journal of Chemical Engineering, 2002 , 10(5) : 558-561.

[139] 辜敏. 提高抽放煤层气中甲烷浓度的变压吸附基础研究[D]. 重庆: 重庆大学, 2000.

[140] 杨明莉. 煤层甲烷变压吸附浓缩的研究[D]. 重庆: 重庆大学, 2004.

[141] 陈健, 古共伟, 郜豫川. 变压吸附技术的工业应用现状及展望[J]. 化工进展, 1998, 1: 14-17.

[142] 袁伟. 变压吸附法简介[J]. 石油化工, 1973, 2(4): 359-362.

[143] 杨克剑. 含空气煤层气液化分离工艺及设备: 中国, 1908559[P]. 2007-02-07.

[144] Ito A, Duan S, Ikenori Y, et al. Permeation of wet CO_2/CH_4 mixed gas through a liquid membrane supported on surface of a hydrophobicmicroporous membrane[J]. Separation and Purification Technology, 2001, 24: 235-242.

[145] Rao M B, Sircar S. Nanoporous carbon membrane for gas separation[J]. Gas Separation and Purification, 1993, 7(4): 279-284.

[146] Rao M B, Sircar S. Nanoporous carbon membranes for separation of gas mixtures by selective surface flow[J]. Journal Membrane Science, 1993, 85(3): 253-264.

[147] Vieira-Linhares A M, Seaton N A. Non-equilibrium molecular dynamics simulation of gas separation in a microporous carbon membrane[J]. Chemical Engineering Science, 2003, 58: 4129-4136.

[148] Bos A, Punt G M I, Wessling M, et al. Plasticization-resistant glassy polyimide membranes for CO_2/CH_4 separations[J]. Separation and Purification Technology, 1998, 14: 27-39.

[149] Arruebo M, Coronas J, Menendez M, et al. Separation of hydrocarbons from natural gas using silicalite membranes[J]. Separation and Purification Technology, 2001, 25: 275-286.

[150] Mohammadi A T, Matsuura T, Sourirajan S. Gas separation by silicone-coated dry asymmetric aromatic polyamide membranes[J]. Gas Separation & Purification, 1993, 9(3): 181-187.

[151] Bhide B D, Voskericyan A, Stern S A. Hybrid processes for the removal of acid gases from natural gas[J]. Journal of Membrane Science, 1998, 140: 27-49.

[152] Thomas W J, Lombardi J L. Binary adsorption of benzene-toluene mixtures[J]. Transactions of the Institution of Chemical Engineers, 1971, (49): 240-250.

第2章 瓦斯气体水合物相平衡条件实验研究

近年来，国内外学者对天然气水合物的相平衡研究越来越重视，实验测定技术和理论模型不断发展。气体水合物相平衡热力学条件是水合分离研究的基础[1-5]，为水合分离技术应用提供基本物性数据。瓦斯水合物相平衡热力学条件的确立和改善是瓦斯水合分离与储运技术法实现工业化的关键[6]，通过快捷、方便和有效的实验方法测定水合物相平衡条件，为相关领域的深入研究奠定坚实基础[7]。因此，研究气体水合物的相平衡热力学条件具有重要的实际意义。

水合物热力学方向主要研究水合物相平衡条件。相平衡[8]是两相或多相进行直接接触时，相间进行物质与能量的相互交换，直至各项的压力、温度、组成等性质不再发生变化为止时的状态。从热力学角度，是整个物系自由能量最小的状态，从传质角度，表现为传递速率为零的状态。瓦斯水合物形成是瓦斯气体与水络合反应过程，水首先形成笼[图 2-1(a)]，气体被吸附到水笼中，形成亚稳态团簇[图 2-1(b)]，亚稳态团簇聚集凝结成晶核[图 2-1(c)]，当晶核尺寸达到水合物生成临界值时晶体开始生长，生长成稳定的水合物晶体[图 2-1(d)][9]。水合物相平衡条件的测定是将该微观变化往复实验，寻找水合物临界相平衡条件。

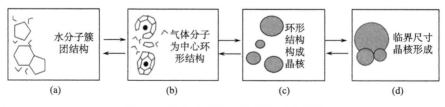

图 2-1 气体水合物成核过程示意图[9]

2.1 气体水合物形成热力学研究现状

气体水合物生成过程是一个水合物-溶液-气体三相平衡变化的过程，任何能够影响相平衡的因素都能影响水合物的生成-分解过程[10]。水合物相平衡可从承载介质、溶液及气体组分三个途径进行改变：①承载介质中多孔介质较为常用，如玻璃砂[11,12]、煤体[13]、海绵[14]及高吸水性聚合物(SAP)[15]等；②溶液试剂方面研究较为广泛，如十二烷基硫酸钠(SDS)[16]、四氢呋喃(THF)[17,18]、四丁基溴化铵(TBAB)和四丁基氟化铵(TBAF)[19]、Tween[20]、醇类[21]等；③不同气体组分对水合物相平衡有一定的影响，如重烃、CO_2、H_2S 等[22-24]。近年水合物相平衡热力学已经取得了一定成果，特别是测定了较多反应体系中水合物热力学参数，建立了较复杂的水合物热力学相平衡模型。

黄强等[25]测定了纯水体系中，（CH_4+CO_2+H_2S）三元气体水合物生成相平衡压力和温度数据，并利用 Chen-Guo 水合物模型验证水合物实验数据，计算得到三元气体中随 H_2S 浓度增加，计算所得与实验数据偏差相对增大，而对于 H_2S 浓度高于 10%的混合气体，Chen-Guo 水合物模型有待进一步改进。赵建忠等[26]研究了 SDS 和 THF 对水合物法提纯低甲烷浓度煤层气的影响。张保勇等研究了 SDS 和高岭土对瓦斯气（39.8% CH_4+ 50.1% N_2+10.1% O_2）水合过程的影响，并报道了 CH_4+N_2+O_2+THF+H_2O 体系水合相平衡数据[27,28]。

钟栋梁等[29]学者采用等温压力搜索法测定了低浓度甲烷（30% CH_4+70% N_2）在环戊烷（CP）-水体系的水合相平衡数据，认为环戊烷对低甲烷浓度煤层气生成气体水合物的相平衡条件具有显著的促进作用，且促进作用优于 TBAB。孙国庆[30]学者采用正交试验测定了九组不同浓度 THF 与 TBAB 的混合体系下煤层气（30% CH_4+65% N_2+5% O_2）水合物的相平衡数据，发现两者混合后仅较小的浓度就能达到单一组分 10 倍的浓度效果，各因素对相平衡影响的主次顺序为：THF＞THF+TBAB＞TBAB；认为两种添加剂混合后 THF 的 II 型水合物与 TBAB 的半笼形水合物晶格类型应同时存在，两种类型晶格的主次关系与二者混合的浓度有关。赵伟龙[31]分别对纯水/纯水+TBAB、纯水+CP/环己烷（CH）、乳化油三种体系下的纯气体（CH_4、N_2、CO_2）/混合气体组分（CH_4+N_2、CO_2+N_2、低浓度煤层气）生成水合物过程进行了热力学模拟研究。齐俊丽[32]学者建立了满足计算精度的 TBAB/TBAF 与纯气体（CH_4、N_2、CO_2）以及不同比例的混合气体（CH_4+N_2）、（CH_4+CO_2）、（N_2+CO_2）形成的半笼形水合物相平衡热力学模型，与体系中水合物生成温度实验数据相比，计算温度平均误差为 0.43℃。

Ng 和 Robinson[33,34]报道了 CH_4-C_2H_6-C_3H_8-CO_2 四元体系在甲醇水溶液中水合物相平衡的实验测定数据。Song 和 Kobayashi[35]实验测定了甲醇、乙二醇对二元 CH_4 和 C_2H_6 混合气水合物生成条件的抑制作用。廖健等[36-38]于实验室分别测定了 CH_4、CO_2 及一种合成的天然气同时在温度为 262.6～285.2K 时于纯水、电解质溶液体系、甲醇溶液体系中生成气体水合物所需要的相平衡压力，分别对 36 个纯电解质溶液体系和 41 个混合电解质溶液体系中的气体水合物生成相平衡条件进行实验预测，从中得到相关结果：模型对二元以上的混合电解质溶液体系中水合物生成条件预测精度还有待进一步提高和改进；温压条件分别为 260.8～281.5K，0.78～11.18MPa 时，含盐体系及含盐和甲醇水溶液体系中，水合物生成相平衡条件，实验结果表明，不管是单盐溶液体系，或是多盐复杂溶液体系，甲醇对水合物生成抑制作用效果较为显著。

2.2　气体水合物相平衡判定方法

利用水合物热力学特性，可判定水合物是否达到相平衡条件，经常使用的判定水合物相平衡方法大致可分为四种：直接观察法、图解法（曲线交点法）、质量分析法和压力搜索法，其中图解法与直接观察法的使用较为广泛，若实验装置为带视窗的高压釜，则可采用直接观察法对水合物相平衡过程进行测定，若实验装置为不可视的高压盲釜，则应采用图解法进行判定[7]。研究者可根据自身的实验条件选择合适的水合物相平衡判定方法。

其中，直接观察法[10]是透过视窗直接观察高压反应釜内水合物的生成与分解过程，该方法是目前较为成熟的相平衡判定方法，其优点是可直接观察釜内的相变，通过实验现象直接判定。若当温度条件一定时，注入气体压力高于此温度下的相平衡压力，水合物生成，水合物一旦完全生成，开始缓慢升温，至釜内水合物溶解至仅有微量水合物痕时停止，体系稳定 4～8h 后，若温度和压力不变，釜内仍有微量水合物痕存在，则此时的温度和压力即为水合物生成的相平衡条件。

图解法[39]即曲线交点法，可分为恒压、恒温和恒容三种方法。该方法主要是保持三个参数（p、V、T）中的某一参数不变，改变其他两个参数中的一个，使水合物生成或分解。降、升温过程的 $p\text{-}T$ 曲线交点的温度与压力值即为该气体水合物生成的相平衡条件，如图 2-2 所示。

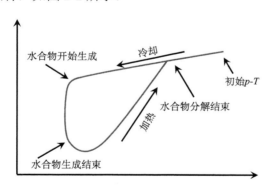

图 2-2　图解法示意图

（1）恒压法是指在相平衡实验过程中保持反应体系的压力不变，通过降低或升高体系内的温度实现水合物的生成与分解过程。根据实验条件的限制，恒压法的实现可分为两种方式：一是恒压变容方式，即在实验过程中改变体系容积来保持压力的恒定；二是恒压变换气方式，即在通过改变实验体系中的气体的量来保持压力的恒定，但该方式不能应用于多组分气系统。

(2)恒温法是在水合物相平衡实验过程中保持反应体系温度不变,水合物的生成与分解通过改变反应体系内压力实现,也可称为恒温压力搜索法。同样根据实验条件的限制,压力的改变有变容与变换气两种方式,但改变气体量的方式同样不适用于多组分气系统。

(3)恒容法是在实验过程中体系容积保持恒定,实现水合物的生成/分解过程,依靠反应体系内温度或压力的改变。恒容变压法是釜内容积一定,通过改变气体在反应器中体积来实现水合物的生成与分解,恒容变温法也称恒容温度搜索法,即反应釜中的温度低于相平衡温度,生成水合物,釜内压力随着水合物的生成而降低;接着缓慢升高釜内温度直至水合物完全分解,则 p-T 图中水合物结束交叉点即为水合物的相平衡点。

质量分析法[40]是将实验系统温度调至指定温度,然后将指定气样按初始压力大小充入实验釜,经过足够长的反应时间,根据样品质量变化来判断水合物是否生成。水合物生成后,按照特定步长缓慢升高温度使水合物逐渐融化分解,样品质量会随之逐渐减少,当质量减少停止时,停止升温,釜内温度和压力不再发生改变,该温、压值即为相平衡值。

压力搜索法[41]是指温度条件恒定,搜索可生成水合物时的压力。按指定步长的时间间隔记录压力,并在釜中取出少量气样进行色谱分析,并记录压力变化的气体组分值,直至气体各组分浓度不再发生变化,说明达到平衡。

综合以上 4 种方法,针对现有实验设备及 4 种方法的优缺点,进行了 4 种相平衡实验测定方法对比(表 2-1)。

表 2-1　4 种相平衡实验测定方法对比[7]

方法名称	实验周期/h	经济	可靠性	温压测定范围	其他
直接观察法	>48	视窗昂贵	误差较小	测冰点以上	难以区分冰相和水合物相
图解法	>48	经济	反复实验	可测高压高温	操作简单
质量分析法	>12	—	—	需实时监控	样品质量增益
压力搜索法	>24	—	误差较小	可测定多组分	色谱分析

2.3　气体水合物相平衡经典理论模型

判断在某条件下水合物能否生成,可用气体水合物的相平衡计算为依据,对水合物的起始平衡数据与直接计算起始平衡数据方法的研究是气体水合物相平衡的主要研究。

在 20 世纪 50 年代初，水合物晶体结构确定以后，在其微观特性的基础上，宏观特性平衡理论的产生成为可能。随着对可识别的晶体空腔(每个空腔至多可包含一个客体粒子)的认识的增加，人们有能力利用统计学来描述其分布状况，产生了更加精确的计算方法。Van der Waals 和 Platteeuw 根据统计热力学，并对气体水合物做了一些假设，提出了一个基于经典吸附理论的预测水合物生成的热力学模型。

目前，预测气体水合物生成条件的热力学模型大多是以相平衡理论为基础。而现有大部分预测水合物生成条件的热力学模型都是以 Van der Waals-Platteeum 模型为基础，针对模型中的参数 C_{ij} 做了各种改进，进而得到了各种不同的模型[41-44]。

Van der Waals-Platteeuw 模型的基本思路是：在水合物生成的相平衡体系中，平衡状态下，水在水合物相(h 相)中的化学势 μ_w^h 和水在富水相(W 相)中的化学势相等 μ_w^W，见式(2-1)。根据分子热力学理论，生成天然气水合物的条件为

$$\mu_w^h = \mu_w^W \tag{2-1}$$

若以水在完全空的水合物相 β 的化学势 μ_w^β 为基准，则见式(2-2)：

$$\mu_w^\beta - \mu_w^h = \mu_w^\beta - \mu_w^W \tag{2-2}$$

因此可以得到式(2-3)：

$$\Delta\mu_w^h = \Delta\mu_w^W \tag{2-3}$$

式中，$\Delta\mu_w^h$ 为水合物相中水的化学势与空水合物晶格中水的化学势之差；$\Delta\mu_w^W$ 为富水相中水的化学位与空水合物晶格中水的化学位之差。

2.3.1　Van der Waals-Platteeuw 模型

Van der Waals 和 Platteeuw 在 1959 年根据水合物晶体结构的特点，做出了如下假定：

(1)水分子(主体)对水合物自由能的贡献与孔穴被填充的状况无关，这一假设意味着填充在孔穴中的客体分子不会使水合物晶格变形；

(2)每个孔穴最多只能容纳一个客体分子，客体分子不能在孔穴之间交换位置；

(3)客体分子之间不存在相互作用，气体分子只与紧邻的水分子存在相互作用；

(4)不需要考虑量子效应，经典统计力学可以适用；

(5)客体分子的内运动配分函数与理想气体分子一样；

(6)客体分子在孔穴中的位能可用球形引力势来表示，这相当于把孔穴壁上

的水分子均匀分散在球形化的孔穴壁上。

应用经典统计热力学的处理方法，结合 Langmuir 气体吸附理论，假设：

(1)气体分子的吸附发生在表面未被占据的空位上；

(2)分子表面吸附能与周围其余被吸附的分子无关；

(3)最大吸附量取决于单分子吸附层的面积及单位面积上的空位数，一个空位只能容纳一个分子；

(4)吸附是由气体分子与空位碰撞引起的；

(5)解吸速率只取决于表面被吸附物质的量。

最终推导出式(2-4)、式(2-5)和式(2-6)：

$$\Delta\mu_w^h = -RT\sum_{i=1}^{2}v_i\ln\left(1-\sum_{j=1}^{N_c}\theta_{ij}\right) \tag{2-4}$$

$$\frac{\Delta\mu_w}{RT} = \ln\left(\frac{f_w}{f_w^0}\right)-\sum_{i=1}^{2}v_i\ln\left(1-\sum_{j=1}^{N_c}\theta_{ij}\right) \tag{2-5}$$

$$\theta_{ij} = C_{ij}f_j\left/\left(1+\sum_{j=1}^{N_c}C_{ij}f_j\right)\right. \tag{2-6}$$

式中，T 为体系温度；i 为水合物晶格空腔的类型(i=1, 2)；v_i 为水合物单元晶格空腔中 i 型空腔数与该单元晶体空腔的水分子数的比值，对 I 型结构水合物，v_1=1/23，v_2=3/23，对 II 型结构水合物，v_1=16/136，v_2=8/136；θ_{ij} 为客体分子 j 在 i 型空腔中的占有率；f_j 为客体分子 j 在平衡各项中的逸度，可由状态方程计算；f_w^0 为体系温度和压力条件下纯水的逸度；f_w 为水溶液相中水的逸度；N_c 为混合物中可生成水合物的组分数目；C_{ij} 反映了水合物空腔中气体分子与形成空腔的周围水分子间的相互作用力，对某确定体系中 j 组分在 i 型空腔中的 Langmuir 常数仅为温度的函数，故 C_{ij} 可表示为式(2-7)：

$$C_{ij} = (A_{ij}/T)\exp(B_{ij}/T+D_{ij}/T^2) \tag{2-7}$$

式中，T 为体系温度；A_{ij}、B_{ij} 和 D_{ij} 为作用系数，可由实验数据拟合得出。

2.3.2　Chen-Guo 模型[45]

Chen 和 Guo 在 1996 年建立了一个与 Van der Waals-Platteeuw 模型截然不同的新水合物模型，用较简单的正则系综理论进行推导，并给出以下物理假设：

(1)水分子(主体)对水合物自由能的贡献与孔穴被填充的状况无关，这一假设意味着裹在孔穴中的客体分子不影响孔穴壁上的水分子的运动状态；

(2)大孔为络合孔，每个络合孔中含有一个客体分子，联结孔为小孔，每个小孔中最多只能含有一个客体分子，相同的客体分子在每个小孔中出现的概率相同；

　　(3)客体分子之间不存在相互作用；

　　(4)不需要考虑量子效应，经典统计可以适用；

　　(5)客体分子的内部运动配分函数与理想气体分子一样；

　　(6)客体分子在孔穴中的位能可用球形引力势来表示，这相当于把孔穴壁上的水分子均匀分散在球形化的空穴壁上。

　　除了第 2 条假设外，其余的 4 条假设与 Van der Waals-Platteeum 理论基本一致。基于水合物生成动力学机理，Chen-Guo 模型采用经典统计热力学的方法推导求出水合物相中客体分子 j 的逸度公式为式(2-8)，其中 θ_1 见式(2-9)：

$$f_i = \exp\left(\frac{\Delta \mu_{\mathrm{w}}^{\beta-\alpha}}{RT\lambda_2}\right) \cdot \frac{1}{C_2} \cdot (1-\theta_1)^{\lambda_1/\lambda_2} \tag{2-8}$$

$$\theta_1 = \frac{C_1 f_i}{1 + C_1 f_i} \tag{2-9}$$

式中，λ_1 为基本水合物中形成的小空腔数目；λ_2 为基本水合物中每个水分子中包含的气体分子数；C_1、C_2 为实验拟合参数。

　　采用 Chen-Guo 模型对纯水中气体水合物生成条件的预测取得了令人满意的结果。在该模型的基础上，他们又提出了一个经过简化改进的非常规水合物模型，该模型不仅在预测精度上有所改进，并且对一些水合物生成过程中以往难以解释的物理现象做出了合理的解释，见式(2-10)、式(2-11)和式(2-12)。具体模型如下：

$$f_i = x_i f_i^0 \left(1 - \sum_j \theta_j\right)^a \tag{2-10}$$

$$\sum_j \theta_j = \frac{\sum_j f_j C_j}{1 + \sum_j f_j C_j} \tag{2-11}$$

$$\sum_j x_i = 1.0 \tag{2-12}$$

式中，f_i 为组分 i 的逸度，可以由状态方程求得；f_i^0 为基本水合物 i 平衡时气相的逸度；θ_j 为气体分子 j 在基本水合物联结孔中的填充率；a 为结构参数，对于 Ⅰ 型水合物，$a=1/3$；对于 Ⅰ 型水合物，$a=2$；f_j 为气体组分 j 的逸度；C_j 为气体组分 j 的 Langmuir 常数；x_i 为基本水合物 i 的摩尔分数。

2.4　纯水体系瓦斯水合物相平衡实验

2.4.1　瓦斯气体水合物相平衡实验装置

多元瓦斯气体水合物相平衡条件实验基于煤层气水合固化热力学变体积实验装置及可视化瓦斯水合物相平衡测定实验系统开展实验。实验装置的核心部件是安放在恒温控制箱内的可视化高压反应釜，按要求使用 150mL 全透明反应釜。该釜为少量气体或需要多样品对比实验时使用，釜体采用的是高强度复合透明材料，可以直观观测水合生成生长的过程，并同步采集压力、温度数据。釜体极限承压 20MPa，有效容积 150mL，使用温度范围–10～50℃，釜体与金属端盖采用拉杆螺纹固定相连，采用氟胶 O 形圈密封，如图 2-3 所示。

(a) 全透明高压反应釜　　　　　　　(b) 卡套式可视化高压反应釜

图 2-3　可视化高压反应釜

实验装置Ⅰ：煤层气水合固化热力学变体积实验装置。

装置组成：变体积反应釜、气体增压控制系统、温度控制系统、数据采集系统及相关辅助系统，如图 2-4 所示。核心设备：①变体积反应釜，压力适用范围 0～20MPa，温度适用范围–15～20℃，可变体积范围 5～200mL，内置有机透明管，承压部分采用 316 不锈钢材质，上堵头设置温度传感器、压力传感器及进气管阀，采用压帽固定承压筒体，方便拆卸，筒体于支架上固定，活塞采用 DBR 公司新型环式组合密封结构；②气体增压控制系统，主要功能是将预增气压增压至所需气压；③温度控制系统，采用水浴循环，可精准控制釜内温度；④数据采集系统，可实现煤层气水合过程中温度与压力的精准测量并实时采集；⑤软件系统，可调整控制参数，并实时显示、记录和储存相关数据。该设备可采用恒温压力搜索法对瓦斯水合物进行相平衡实验。

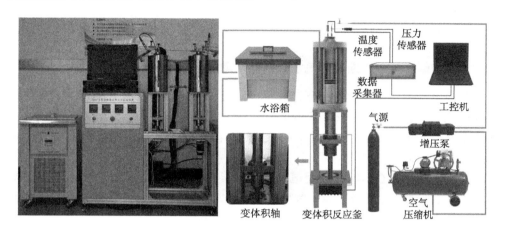

图 2-4　煤层气水合固化相平衡热力学变体积实验装置

实验装置Ⅱ：可视化瓦斯水合物相平衡测定实验系统。

可视化瓦斯水合物相平衡测定实验系统如图 2-5 所示，该装置主要由透明高压水合反应釜、精密恒温液浴槽、增压系统(增压泵、真空泵、空气压缩机、减压

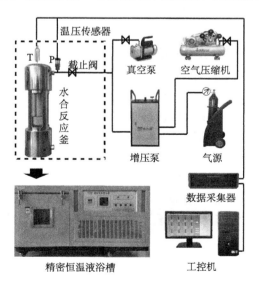

图 2-5　瓦斯水合物相平衡实验装置

表)、数据采集系统(温压传感器、数据采集器、工控机)等组成。核心装置是水合
反应釜,容积150mL,最高承压20MPa;Pt1000温度传感器测量范围–30～50℃,
测量精度±0.01℃;瑞士Huba高精度压力传感器测量范围0～10MPa,测量精
度±0.01MPa;釜内温压信息由数据采集系统实时记录存储;实验使用防冻液作为
恒温浴液,实验过程中反应釜置于恒温液浴槽内。该设备可采用恒容温度搜索法
对瓦斯水合物进行相平衡实验。

2.4.2　典型煤矿抽采瓦斯混合气水合物相平衡热力学条件

利用全透明水合物相平衡测定装置,研究了4种不同浓度CH_4-N_2-O_2瓦斯混
合气在纯水体系中水合分离相平衡条件参数。气样组分G1:90% CH_4,8% N_2,
2% O_2;G2:80% CH_4,16% N_2,4% O_2;G3:70% CH_4,24% N_2,6% O_2;G4:
60% CH_4,32% N_2,8% O_2。

其中气样组分G1与G4采用恒温压力搜索法与观察法相结合的判定方法开展
实验,以实验体系2中实验2^{nd}为例,实验初始温度为4.0℃,实验过程温度、压
力随时间变化曲线如图2-6所示。首先,使釜内温度达到0.5℃进行首次快速生成
水合物,使水合物产生记忆效应缩短后续诱导时间。780min后釜内产生大量水合
物,如图2-6(a)所示;其次,令釜内温度达到4℃并进行降压分解,通过逐步降
压及升压进行水合物生成与分解过程,1540min后水合物分解完全,1600min时
水合物开始由液面向下生成,2260min后釜内水合物再次完全分解,此时釜内压
力为5.28MPa,釜内温度为4℃,如图2-6(b)所示;再次,釜内逐步升压,3950min
时,釜内有透明雪片式类冰状水合物生成,釜内压力为6.34MPa,釜内温度为
4.1℃,如图2-6(c)所示;最后,多次进行逐步降压及升压过程使水合物不断分解
与生成,缩小水合物生成与分解时临界压力,9568min后釜内左侧后壁有水合物,
此时釜内压力为6.02MPa,釜内温度为3.9℃;继续降压至5.95MPa分解实验,
10273min时釜内液表面出现一层气泡膜状水合物,此刻釜内压力为6.01MPa,温
度为4.1℃,如图2-6(d)所示;微调温度,往复此分解生成过程1次,并持续该
压力3h无变化,最后在4.1℃下该气样水合物相平衡压力测定值为5.95～6.01MPa。
G1与G4瓦斯气体水合物相平衡具体实验结果见表2-2,并采用Chen-Guo预测模型
进行计算,计算结果列于表2-2中。

气样G1、G4相平衡曲线如图2-7所示,图中气样G1、G4相平衡实验结果
与Chen-Guo预测模型计算结果重合度较高,表明恒温压力搜索法与预测模型间
误差较小。

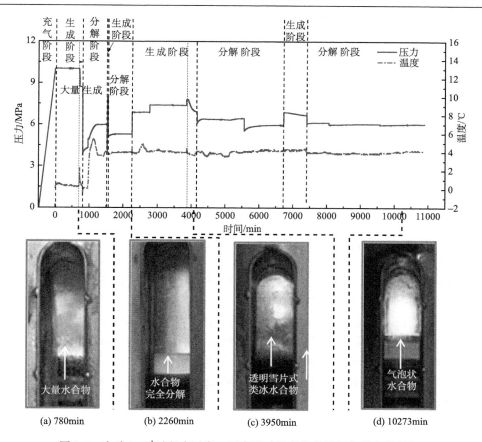

图 2-6 实验 2-2nd 过程中温度、压力随时间变化曲线与典型实验现象

表 2-2 G1 与 G4 瓦斯气体水合物相平衡实验条件

实验体系	瓦斯气样	实验序号	Chen-Guo 模型预测结果		相平衡实验结果	
			温度/℃	压力/MPa	温度/℃	压力/MPa
1	G1	1st	2.0	3.41	2.2	2.95
		2nd	4.0	4.20	4.1	4.32
		3rd	8.0	6.44	7.6	5.99
		4th	10.0	7.99	10.5	8.71
2	G4	1st	2.0	4.78	1.8	4.90
		2nd	4.0	5.87	4.1	6.01
		3rd	6.0	7.25	5.6	7.18
		4th	8.0	8.99	8.0	9.07

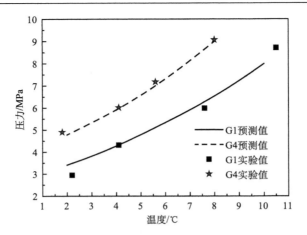

图 2-7　瓦斯气样 G1、G4 水合物热力学相平衡预测曲线与实验结果

G2、G3 瓦斯气体采用恒容温度搜索测量法与直接观察法相结合的判定方法开展水合物相平衡实验，具体实验过程如下。

(1) 实验准备：首先，准备好实验所需的气样瓶、实验釜、管线、试剂等；其次，清洗反应釜，先用清水反复清洗反应釜，再用实验所用溶液清洗反应釜 2～3 次；再次，将实验系统所用装置设备用管线连接好，并检查妥当；最后，打开数据采集系统和计算机，运行瓦斯水合物模拟实验系统软件，并对温度、压力传感器进行校正。

(2) 实验釜气密性检查：实验准备工作完成后，在氮气瓶及减压表各阀门处涂抹泡沫，打开气瓶阀门，然后调节减压阀至 5MPa，并观察压力传感器的数据显示为 5MPa 时，关闭氮气气瓶阀门，使整个系统静置 20min 左右，如果压力值未发生变化，证明气密性良好，如果压力不断下降或压力值降低说明实验系统气密性出现问题，需打开放空阀，将系统内的气体释放，至压力传感器的数据显示为 0，然后逐步排查检修，直至气密性检测良好，并用相同方法检验其余实验釜。

(3) 抽真空处理：将进气阀门通过管道和真空泵相接，对反应釜进行真空处理，打开真空泵开关使实验釜内真空度达到-0.1MPa，直至水中基本无气泡，且釜内压力不再下降时，抽真空结束，气体置换过程也可用于实现抽真空处理。

(4) 打气：将进气阀及气源阀打开，由于水合物生成的相平衡压力大于环境压力，因此需要通过增压泵将瓦斯气体压入反应釜内，当反应釜内压力达到所需压力后停止供气，依次关掉空压机输出阀、增压泵开关和气瓶阀，释放出管线中的压力后拆掉相应管线，将反应釜放入水浴中；同时启动数据采集系统对实验过程中数据进行采集，并启动图像摄录系统对实验中的宏观现象进行记录并编号。

(5) 开始实验：首先降低液浴槽温度，使反应釜中温度降至相平衡温度以下，使釜内完全生成水合物；待水合物完全生成后，静置 3～5h，如实验体系内温度、压力值不再发生变化，按一定步长缓慢升高反应釜中温度，直至釜内水合物有部分开始分解，并在该温度下等待 3～5h，保证体系内压力不再降低。

（6）每次升高体系温度 0.5℃，并在该温度下等待 3～5h 保持体系内压力不再降低，微升温度直至釜中水合物分解并只剩余微量水合物晶体。

（7）微升实验体系温度（ΔT≤0.5℃），待温度、压力恒定后保持 3～5h，若微量水合物晶体消失，水合物完全分解，则微降体系温度，直到水合物晶体再次出现，此时体系的温度与压力即为该气体水合物的相平衡参数，重复此步骤 2～3次，对测定结果进行校正，相平衡实验测定结束。

（8）若微量水合物晶体仍有残留，则继续升高温度，直至水合物晶体完全消失，然后重复上一步骤。

以实验体系 3 中 3-4th 实验为例，初始温度为 18.23℃，初始压力为 6.50MPa；设定水浴温度为-1.0℃，开始降温，当釜内温度为 0.30℃，压力为 5.96MPa 时，釜内液面表层有棉絮状水合物生成，如图 2-8(a) 所示；随后，反应继续进行，釜内压力急剧下降，伴有大量水合物生成；当实验釜内温度为-0.10℃，压力为 5.66MPa 时，釜内充满冰晶状水合物，且 4h 内釜内压力无变化，此时水合物已完全生成，如图 2-8(b) 所示。此后，实验系统逐渐开始升温，当水浴温度设置为 6.0℃时，釜内水合物开始融化，底部部分水合物融化为液体，釜体上部存有块状水合物，如图 2-8(c) 所示，此刻釜内温度为 6.74℃，压力为 5.85MPa；继续升温，直至釜内水合物完全融化为液体，此时实验釜内温度为 8.33℃，压力为 6.18MPa，如图 2-8(d) 所示。根据实验釜内温度和压力值变化，并结合图解法测定水合物相平衡理论，绘制实验体系 3-4th 相平衡曲线，如图 2-9 所示，结果表明，压力为 6.18MPa，温度为 8.33℃时，相平衡曲线有交点，此交点即为此温度条件下水合物相平衡点。

柳絮状水合物　　　冰晶状水合物　　　部分水合物融化　　　水合物全部融化

(a) 307min　　　　(b) 1237min　　　　(c) 1807min　　　　(d) 2770min

图 2-8　体系 3-4th 水合物生成分解典型照片

图 2-9 中 A→B 过程为制冷阶段，温度降至点 B，水合物开始生成；B→C 过程为快速生成并放热阶段，体系内温度升高，压力急剧下降；C→D 过程为缓慢

生长过程，体系温度回降，压力降低幅度变小直至体系内温度压力值不再变化；D→E 过程为水合物开始分解过程，由于水合物分解，吸收大量的热，使体系内温度降低，压力逐步升高；E→A 过程为水合物受热缓慢分解过程，直至压力曲线与 AB 相交，交点对应的温度、压力即为该体系水合物相平衡条件。

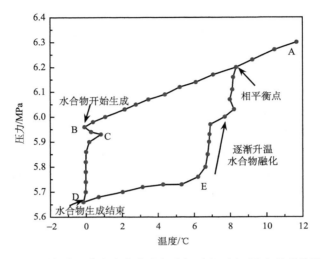

图 2-9　体系 3-4ᵗʰ 水合物生成与分解过程压力-温度关系曲线

　　通过 Chen-Guo 预测模型对不同温度下气样 G2、G3 水合物相平衡压力进行计算，计算结果与相平衡实验测定结果具体实验结果见表 2-3，G2、G3 瓦斯气体水合物相平衡曲线如图 2-10 所示。

表 2-3　典型煤矿抽采瓦斯混合气水合物相平衡实验结果

实验体系	瓦斯气样	实验序号	Chen-Guo 模型预测结果		相平衡实验结果	
			温度/℃	压力/MPa	温度/℃	压力/MPa
3	G2	1ˢᵗ	2.0	3.79	6.95	5.25
		2ⁿᵈ	4.0	5.75	7.46	5.84
		3ʳᵈ	6.0	5.75	8.00	5.90
		4ᵗʰ	8.0	7.12	8.33	6.18
		5ᵗʰ	10.0	8.87	8.89	6.70
4	G3	1ˢᵗ	2.0	4.22	5.73	5.11
		2ⁿᵈ	4.0	5.20	6.94	5.69
		3ʳᵈ	6.0	6.42	6.97	5.73
		4ᵗʰ	8.0	7.97	7.49	6.17
		5ᵗʰ	10.0	9.87	8.40	6.77

图 2-10 中对气样 G2、G3 相平衡实验结果进行拟合，其相关系数分别为 0.89、0.99，由于相平衡测定方法或实验装置限制，拟合结果与预测结果发生相对偏离，但两者曲线斜率相似，变化趋势相同。由此可见，恒容温度搜索法误差大于恒温压力搜索法。

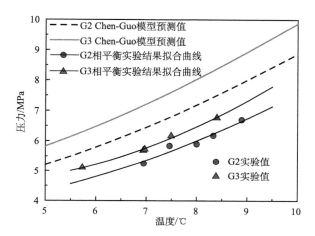

图 2-10　瓦斯气样 G2、G3 水合物热力学相平衡预测曲线与实验结果

生成瓦斯水合物的气体可分为烃类和非烃类两类气体，烃类气体如 CH_4 等，非烃类气体如 N_2、O_2 等。气体组分浓度的改变会引起水合物相平衡条件改变。图 2-11 为气样 G1～G4 通过不同相平衡实验方法获取的相平衡实验数据及其 Chen-Guo 模型计算结果曲线图，图中 4 种瓦斯气样的预测曲线与实验结果压力均随温度的升高而上升，瓦斯混合气中 CH_4 含量升高，水合物相平衡压力降低，水

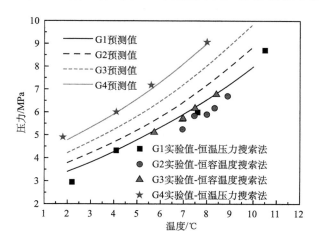

图 2-11　气样 G1～G4 相平衡实验数据及 Chen-Guo 模型计算结果曲线图

合物更易生成，热力学条件趋于温和。由于 CH_4 水合物相平衡压力远小于 N_2 与 O_2，因此相同条件下 CH_4 更易生成水合物，且 CH_4 含量的提高促进了气体溶解，保证了参加水合反应的客体分子的充分供给，有利于水合物成核与生长。因此，在 4 种典型瓦斯气样中（CH_4-N_2-O_2），CH_4 气体是影响其相平衡条件的主要影响因素，CH_4 含量越高，气体水合物热力学条件越趋于温和。

2.4.3 高 CO_2 浓度瓦斯混合气水合物相平衡热力学条件

利用全透明水合物相平衡测定装置，采用恒容温度搜索法与直接观察法和图解法相结合的判定方法研究了 3 种不同浓度 CO_2-CH_4-N_2 瓦斯混合气在纯水体系中水合分离相平衡条件参数。气样组分 G5：80% CO_2，6% CH_4，14% N_2；气样组分 G6：75% CO_2，11% CH_4，14% N_2；气样组分 G7：70% CO_2，16% CH_4，14% N_2。采用恒容温度搜索法与图解法互相修正，结合水合物相平衡实验过程中温度、压力变化及水合物生成分解过程照片等，测得三种体系在不同初始压力下相平衡参数，见表 2-4。

表 2-4 CO_2-CH_4-N_2-H_2O 瓦斯体系水合物生成热力学条件

实验体系	气样	实验序号	实验环境热力学条件		相平衡实验结果	
			温度/℃	压力/MPa	温度/℃	压力/MPa
1	G5	1-1	0.92～8.84	1.73～3.31	1.47	1.72
		1-2	1.31～8.58	2.08～3.27	2.80	2.04
		1-3	1.71～8.07	2.58～3.49	4.94	2.80
		1-4	2.16～9.45	2.53～3.07	5.32	2.95
		1-5	1.85～22.70	3.33～5.40	7.80	4.02
2	G6	2-1	0.44～16.33	1.52～3.21	0.44	1.58
		2-2	2.45～10.09	1.96～3.34	2.45	1.96
		2-3	2.47～9.62	2.45～3.48	3.45	2.45
		2-4	1.71～17.70	2.84～4.01	5.50	3.00
		2-5	7.44～18.17	3.92～5.07	7.44	3.92
3	G7	3-1	1.47～10.28	1.66～3.46	0.92	1.73
		3-2	1.42～9.12	2.02～3.02	2.56	2.08
		3-3	0.64～8.62	2.44～4.00	3.81	2.57
		3-4	1.05～23.25	2.95～4.46	4.52	2.58
		3-5	2.84～21.32	3.98～5.39	6.29	3.33

水合物实验体系 3 中实验 3-2，溶液为自制蒸馏水，实验初始温度为 5.6℃。设定水浴温度为 1.0℃开始降温，当釜内压力为 2.18MPa 时，釜内液体被冰晶状

水合物充满，此时釜内温度为 1.31℃，如图 2-12(a)所示；此后，系统开始逐步升温，当水浴温度升至 2.6℃时，釜内底部水合物开始融化为液体，釜体上部仍为块状水合物，如图 2-12(b)所示，此刻釜内温度为 2.8℃，压力为 1.96MPa；继续升温，直至釜内水合物完全融化为液体，此时釜内温度为 3.55℃，压力为 2.09MPa，如图 2-12(c)所示；待釜内水合物全部融化，设置水浴开始逐步降温，直至水浴温度降至 2.4℃时，釜内液面表面出现一薄层片状水合物，此刻釜内温度为 2.56℃，压力为 2.08MPa，微调温度，往复此生成分解过程 1 次，并持续该温度 3h 无变化，则在 2.56℃时该气样水合物相平衡压力测定值为 2.08MPa，如图 2-12(d)所示。

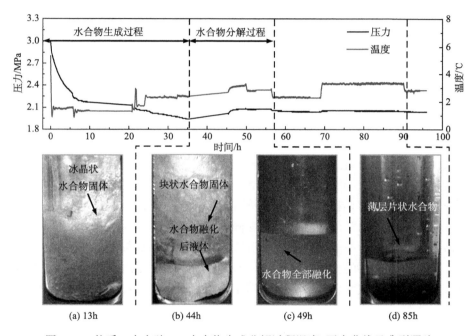

图 2-12　体系 3 中实验 3-2 水合物生成分解过程温度-压力曲线及典型照片

图 2-13 为体系 1、2、3 水合物热力学相平衡实验值曲线，图中气样 G7 的温度曲线水平高于气样 G5。在压力为 3.4MPa 的条件下，气样 G5 的相平衡温度为 6.55℃，气样 G7 的相平衡温度为 6.45℃。可见，在相同压力下，气样 G5 的相平衡温度小于气样 G7 的相平衡温度，即在瓦斯混合气中，随着 CO_2 含量增加，CH_4 含量降低，水合物相平衡温度逐步升高。

该实验体系的环境为静止蒸馏水环境，在瓦斯混合气相平衡测定实验过程中，小部分实验 30h 左右内无水合物生成或仅在液面形成一薄层水合物后水合物生成，阻碍相平衡条件的实验测定继续进行，且该现象表现为随机性。如实验体

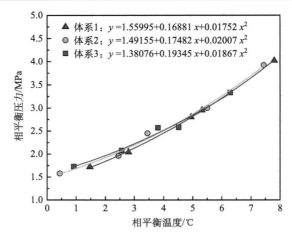

图 2-13　体系 1、2、3 水合物热力学相平衡实验值曲线

系 3-3 实验，在设定恒温水浴开始降温后，釜内一直为液相，无水合物相生成，该现象在此温压条件下持续稳定 29.5h 无变化，实验重新进行。实验体系 3-5 实验，在实验开始 3h 后液面上出现一层半透明雾状薄膜，釜内仍为液体，经晃动静止 30min 后釜内生成大量水合物，实验继续进行。分析认为，水合物在液面生成时为膜生长阶段，之后则进入缓慢生长阶段。在膜生长区域，瓦斯混合气水合物生成较快，主要是液相和气相之间的界面反应导致水合物的形成。由于水合物从液面开始形成，最初存在众多表面成核位置，气相对于液相是过量的，假定可以忽略气相传质对动力学的限制，气体在固体界面的不可逆反应为：①气体向表面的扩散；②气体吸附在表面；③化学反应形成产物。随后较慢的水合物生长可能是由于表面水合物层的出现，阻止了进一步反应所需的瓦斯混合气向液相的输送，随着液相表面完全被水合物层覆盖，堵塞了气液之间的接触，表面反应完成的同时水合物生成结束。而对实验釜进行晃动，促进了釜内气相与液相接触，进而进行快速反应，使得水合物继续生成。

2.4.4　含 C_2H_6 瓦斯混合气水合物相平衡热力学条件

利用全透明反应釜相平衡实验装置，对气样 G8：$\varphi(CH_4)$=67.5%，$\varphi(C_2H_6)$=22.5%，$\varphi(N_2)$=10%，进行相平衡实验，利用 Sloan 相平衡预测值，设计相平衡实验方案，具体实验参数与结果如表 2-5 所示。

根据气样 G8 的 5 个相平衡实验，获取 5 个不同温度条件下的相平衡点，对其进行二项式拟合，获取气样 G4 的相平衡实验拟合曲线：$y = 0.032x^2 - 0.380x + 3.212$。对相同温度下的相平衡预测点进行拟合后得到预测拟合曲线 $y = 0.036x^2 - 0.353x + 3.181$。两者曲线相比，在相同压力下两曲线对应温度差值较大，但拟合出的曲线斜率等较为相似,如图 2-14 所示。

表 2-5　气样 G8 瓦斯水合物相平衡实验方案

气样	实验序号	初始热力学条件		温度/℃	预测压力/MPa	实验压力/MPa	Δp/MPa
		温度/℃	压力/MPa				
	1	9	2.63	8.57	2.8	2.29	0.51
	2	10	2.94	11.06	3.71	2.95	0.76
G8	3	11	3.29	12.35	4.32	3.36	0.96
	4	12	3.68	13.87	5.2	4.07	1.13
	5	13	4.14	15.09	6.083	4.76	1.323
拟合公式		$y = 0.036x^2 - 0.353x + 3.181$			$y = 0.032x^2 - 0.380x + 3.212$		

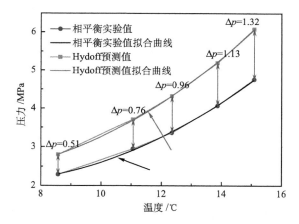

图 2-14　气样 G4 预测及实验相平衡曲线

2.4.5　含 C_3H_8 瓦斯混合气水合物相平衡热力学条件

利用全透明水合物相平衡测定装置,采用恒容温度搜索法测定了两种浓度 CH_4-C_3H_8-C_2H_6 瓦斯混合气(气样 G9:77%CH_4-5%C_2H_6-18%C_3H_8;气样 G10:67%CH_4-5%C_2H_6-28%C_3H_8)水合物相平衡条件,具体实验条件见表 2-6。结合理论对比分析了丙烷的添加影响。结果表明:由于丙烷的加入改变了水合物结构类型,在 14.1~19.4℃温度范围内,CH_4-C_3H_8-C_2H_6 混合气水合物相平衡压力较 CH_4-C_2H_6 大幅度降低,压差最大至 11.78MPa;随着温度升高,丙烷对瓦斯水合物相平衡压力影响逐步增大;相同压力下,水合物相平衡温度随着丙烷含量的增大而升高。

表 2-6　瓦斯气体水合物生成实验条件参数

实验体系	气样	实验序号	初始压力/MPa	实验环境热力学参数	
				温度/℃	压力/MPa
A	G9	1	4.0	14.7~22.6	2.94~3.82
		2	3.5	13.0~19.6	2.41~3.46
		3	3.0	11.6~18.7	2.13~3.02
		4	2.5	9.2~17.1	1.86~2.58
B	G10	5	4.0	17.9~26.6	3.18~3.84
		6	3.5	15.7~24.3	2.77~3.44
		7	3.0	13.9~21.8	2.25~3.04
		8	2.5	10.5~19.7	1.96~2.53

以实验体系 A 中 1 号相平衡测定实验为典型对象,实验中溶液为自制蒸馏水,实验初始压力为 4.0MPa,初始温度为 16.0℃。当釜内温度为 16.5℃,压力为 3.54MPa 时,釜内有大量白色半透明固体生成并沿釜壁向上方生成,溶液中也有大量白色固体生成,如图 2-15(a)所示。当釜内温度为 16.8℃,压力为 3.14MPa 时,釜内白色半透明固体沿釜壁继续向上生长,底部透明液体完全被水合物充满。当釜内压力降至 2.928MPa 后再无压力变化,此时温度为 15.97℃,水合物完全生成,如图 2-15(b)所示。此后,系统开始升温逐步分解至釜内基本完全变为透明液体,仅液体表面有零星半透明薄纱冰痕漂浮,如图 2-15(c)所示,此时釜内压力为 3.70MPa;待釜内完全变为透明液体时,设定 18.0℃开始降温,贴釜壁上部有少量半透明窗花冰状固体生成,如图 2-15(d)所示,此时釜内温度为 18.1℃,压力为 3.41MPa。微调温度,往复此分解生成过程 2 次,在釜内温度为 18.5℃,

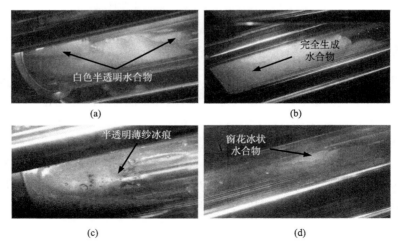

图 2-15　体系 A 中 1 号实验水合物生成分解典型照片

压力为 3.42MPa 时，釜内液面表面再次有微量冰痕水合物出现，并持续该温度 3h 无变化，则在 18.5℃时该气样水合物相平衡压力测定值为 3.42MPa。

利用图解法对体系 A-1 实验热力学参数进行绘制，如图 2-16 所示，体系 A 中四组实验图解法测定值如图 2-17 所示。体系 B 各组相平衡点测定同体系 A。采用恒容温度搜索法与图解法互相修正，并结合水合物相平衡实验过程中温度、压力及水合物生成分解过程照片等，测得两体系在不同初始压力下相平衡参数，见表 2-7。

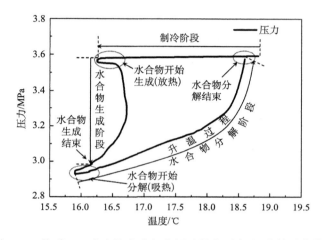

图 2-16　体系 A-1 水合物生成与分解过程中压力-温度关系曲线图

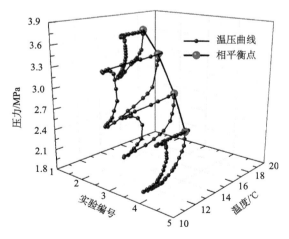

图 2-17　体系 A 四组水合物相平衡测定曲线

表 2-7　瓦斯气体水合物相平衡实验测定参数与计算结果

初始压力/MPa	体系 A			体系 B			气样 G11 计算值	
	实验序号	实验相平衡参数		实验序号	实验相平衡参数		温度/℃	压力/MPa
		温度/℃	压力/MPa		温度/℃	压力/MPa		
4.0	1	18.5	3.62	5	19.4	3.69	18.5	14.93
3.5	2	17.4	3.33	6	18.5	3.15	17.4	12.94
3.0	3	15.5	2.72	7	16.6	2.53	15.5	10.19
2.5	4	14.1	2.32	8	15.1	2.18	14.1	8.61

　　利用 Sloan 相平衡预测软件计算未添加丙烷气样 G11 95%CH$_4$-5%C$_2$H$_6$ 在上述测定温度条件下对应相平衡压力值，计算结果见表 2-7。并与含丙烷气样相平衡测定曲线进行对比，如图 2-18 所示。

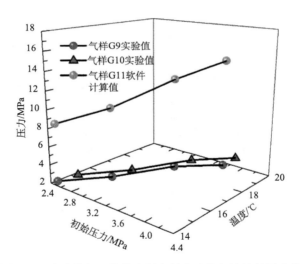

图 2-18　水合物相平衡热力学条件实验值与计算结果曲线

　　由表 2-7 与图 2-18 可以看出，气样 G11 在 18.5℃时相平衡压力为 14.93MPa，而气样 G9 在该温度的相平衡压力为 3.62MPa，与 G11 计算值相比降低了 11.31MPa。在 14～20℃范围内，两体系水合物相平衡压力均低于气样 G11 计算压力值，压力差最大值分别为 11.31MPa 与 11.78MPa，由此可见丙烷的存在大幅度降低了混合气水合物相平衡压力；同时，图 2-18 中随着温度的升高气样 G11 压力计算曲线斜率增大，与测定值相比，增幅分别从 6.29MPa 增至 11.31MPa，可见丙烷对水合物相平衡热力学条件的影响随着温度的升高而逐步增大。

由图 2-18 可以进一步看出，气样 G10 温度曲线水平方向高于气样 G9。如压力 2.32MPa 时，含有 28%丙烷浓度的气样 G10 相平衡温度为 15.5℃左右，而含有 18%丙烷浓度的气样 G9 相平衡温度为 14.1℃，气样 G10 较气样 G9 相平衡温度高 1.4℃。由此可得，相同压力下，气样 G10 相平衡温度高于气样 G9，即随着丙烷含量的增加，水合物相平衡温度逐步升高。

针对丙烷，设计四组对比实验体系，研究不同瓦斯混合气在表面活性剂 SDS 溶液中初始压力为 4.0～7.0MPa 的条件下水合物生成相平衡条件。实验条件为瓦斯混合气，SDS 溶液浓度 0.25mol/L，气体组分：气样Ⅰ（85% CH_4、3% O_2、7% N_2、5% CO_2）、气样Ⅱ（70% CH_4、3% O_2、22% N_2、5% CO_2）、气样Ⅲ（85% CH_4、5% C_3H_8、3% O_2、2% N_2、5% CO_2）、气样Ⅳ（70% CH_4、10% C_3H_8、3% O_2、12% N_2、5% CO_2）。结合直接观察法与图解法两种相平衡判定方法，确定每个实验体系的所有实验中水合物形成相平衡参数，测定结果如表 2-8 所示。

表 2-8　瓦斯混合气 SDS 溶液中相平衡实验参数与结果

实验体系	瓦斯气样	实验序号	初始压力/MPa	实验环境温压条件		相平衡条件	
				温度/℃	压力/MPa	温度/℃	压力/MPa
1	Ⅰ	1st	4	2.45～17.51	3.27～4.08	5.38	3.859
		2nd	5	2.34～16.75	3.51～5.18	6.76	4.561
		3rd	6	5.83～24.22	4.38～6.09	8.61	5.423
		4th	7	5.71～24.23	4.72～7.11	9.97	6.313
2	Ⅱ	1st	4	1.85～19.20	3.41～4.12	4.98	3.882
		2nd	5	1.46～18.87	3.81～5.12	6.49	4.848
		3rd	6	3.08～24.11	4.43～6.11	7.78	5.567
		4th	7	3.21～22.85	4.77～7.09	8.41	6.261
3	Ⅲ	1st	4	12.45～23.62	3.35～3.98	16.5	3.95
		2nd	5	12.11～20.03	4.25～5.08	18.6	4.99
		3rd	6	13.67～22.85	5.18～5.92	19.8	5.92
		4th	7	16.95～24.33	6.13～6.97	20.8	6.86
4	Ⅳ	1st	4	11.34～16.75	3.14～4.05	18.5	4.02
		2nd	5	11.96～19.57	3.88～4.91	20.2	4.88
		3rd	6	13.78～23.31	4.74～5.97	21.7	5.94
		4th	7	16.51～23.55	5.69～6.99	23.1	6.89

根据表 2-8 中四体系水合物生成相平衡实验测定值绘制水合物相平衡曲线图 2-19，可以看出同一压力范围内，体系 1、体系 2 水合物生成相平衡温度远低于体系 3、体系 4 相平衡温度；同一相平衡压力条件下，对应相平衡温度规律为

体系 4>体系 3>体系 1>体系 2。

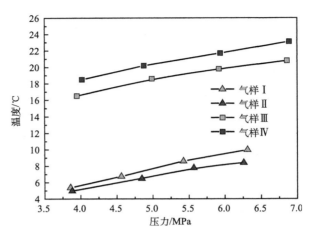

图 2-19　四实验体系水合物相平衡曲线比较

　　例如，通过曲线图与测定结果对照可以得出：对于体系 2-2rd 实验，压力为 4.8MPa 时，水合物相平衡温度为 6.5℃，而含有 10%丙烷的体系 4-2rd 实验中，水合物相平衡温度为 20.2℃，相平衡温度差值达到 13.7℃，10%丙烷的添加可以使相平衡温度升高 67.8%；对于体系 1-1st 实验，压力为 3.95MPa 时，水合物相平衡温度为 5.9℃，而含有丙烷的体系 3-1st 实验中，水合物相平衡温度为 16.5℃，相平衡温度差值达到 10.6℃；5%丙烷的添加可以使相平衡温度升高 64.2%。每个体系的其他同次实验比较结果规律相同。这表明丙烷的加入提高了瓦斯水合物生成相平衡温度，10%丙烷改善效果优于 5%丙烷。由此可见，丙烷的加入显著改善了水合物生成热力学条件，且丙烷含量越高，水合物相平衡条件改善效果越好。

　　研究认为，水合物生成热力学条件随着水合物构型不同而改变。Chen-Guo 水合物生成理论可对一些水合物生成过程中以往难以解释的现象做出合理的解释，其认为水合物形成分为两个步骤[第一步通过准化学反应生成化学计量型的基础水合物（basic hydrate）；第二步基础水合物存在空的胞腔，一些气体小分子被吸附于其中，导致水合物的非化学计量性]，具体表达式见 2.3.2 小节式(2-10)~式(2-12)。

　　在多元气体水合物中，水合物结构随组成不同而变化。由式(2-10)可看出，指数 a 仅与水合物类型有关，Ⅰ型水合物 $a=1/3$，Ⅱ型水合物 $a=2$，式(2-10)中 a 与 f_i 呈反比例关系，而 f_i 则与相平衡压力呈正比例关系，由此可得指数 a 与相平衡压力为反比例关系，即可宏观理解为指数 a 越大，相平衡压力越小。尤其是Ⅱ型水合物影响更为明显。这是由于Ⅱ型水合物中小孔数量为 16 个，大孔数量为 8 个，大小孔比例为 1:2，而Ⅰ型水合物中小孔数量为 2 个，大孔数量为 6 个，大小孔数量比例为 3 : 1(表 2-9)，Ⅱ型水合物中为大孔承受分压的小孔数量是Ⅰ型水合物的 6 倍，小分子气体在小孔中的溶解，起到降低大分子气体生成压力的作用，小孔数量越多，降低大分子气体生成压力作用越明显，因此生成Ⅱ型水合物的压力远小于Ⅰ型水合物。

表 2-9　Ⅰ型水合物、Ⅱ型水合物结构参数

性质	Ⅰ型水合物		Ⅱ型水合物	
孔穴	小	大	小	大
表述	5^{12}	$5^{12}6^2$	5^{12}	$5^{12}6^4$
孔穴数	2	6	16	8
孔穴直径/Å	3.95	4.33	3.91	4.73
配位数	20	24	20	28
理想表达式	$6X \cdot 2Y \cdot 46H_2O$		$8X \cdot 16Y \cdot 136H_2O$	

气样 G11 95% CH_4-5% C_2H_6 中，甲烷分子体积较小，由图 2-20 可以看出在无大分子支撑情况下，只能进入孔直径为 3.95Å 与 4.33Å 的Ⅰ型水合物的大、小孔中，乙烷由于本身体积较大，仅能进入Ⅰ型水合物的大孔中，因此甲烷和乙烷形成Ⅰ型水合物；而当有丙烷加入时，即气样 G8、G9 中，丙烷为大客体分子，只能进入孔穴直径为 4.73Å 的Ⅱ型水合物大孔中，形成Ⅱ型水合物。丙烷纯态时的生成压力较甲烷低得多，在 0℃、0.174MPa 下即可形成，故在混合气中丙烷只需较小分压即可形成Ⅱ型水合物；同时，如图 2-21 所示，在生成Ⅱ型水合物过程中，丙烷将水合物晶笼有效支撑起来使得甲烷小分子进入更多小孔中，分担大分子气体生成的压力，使大分子承压降低。因此瓦斯混合气中添加少量的丙烷即可将水合物结构从结构Ⅰ型转变为结构Ⅱ型，大幅度降低水合物相平衡压力。

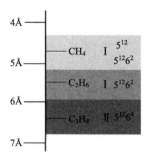

图 2-20　客体分子尺寸与水合物结构及孔穴类型之间的关系[9]

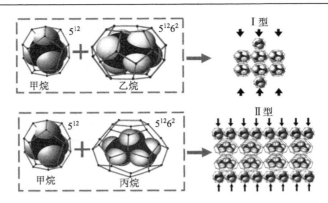

图 2-21　多元气体水合物相平衡原理示意图

　　综上，丙烷的加入改变了瓦斯生成水合物构型，降低了水合物生成压力，因此较为明显地改善了瓦斯水合物的相平衡热力学条件。

　　为使水合物能在更加温和的条件下快速生成，可使用物理手段或添加适当热力学促进剂来促使水合物快速生成，纯水静止环境下，两种瓦斯气样相平衡条件的测定为后续最大限度温和瓦斯水合固化热力学条件提供数据依据。

2.5　热力学促进剂体系瓦斯水合物相平衡实验

　　瓦斯水合物相平衡条件影响因素主要有气体组分[46]、盐度[47,48]、多孔介质[49,50]、添加剂(TBAB、THF)[51-54]等。研究人员开展了大量的相关研究工作，Zhong 等[55-57]研究了 TBAB 体系中低 CH_4 浓度煤层气水合物的相平衡条件，认为煤层气水合物在 TBAB 体系的相平衡压力明显低于纯水体系，且相平衡压力随着 TBAB 浓度的增加而降低；Sun 等[58]相平衡实验结果表明，3～5℃时煤层气在 TBAB 溶液中生成水合物的压力比纯水中低 5～10 MPa；吴强等[59]考察了丙烷对瓦斯水合物相平衡条件的影响，发现丙烷的加入大幅度降低了瓦斯水合物的相平衡压力；Sun 和 Sun[60]开展了 TBAB 溶液中 CH_4 水合物的相平衡实验，认为 TBAB 的加入降低了 CH_4 水合物的生成压力；鉴于此，利用全透明水合物相平衡测定装置，采用直接观察法研究了 2 种不同浓度 CH_4-N_2-O_2 瓦斯混合气在 3 种热力学促进剂溶液[四丁基溴化铵(TBAB)、四氢呋喃(THF)]体系中水合分离相平衡条件参数，具体实验参数见表 2-10。气样组分 G2：80% CH_4、16% N_2、4% O_2；气样组分 G3：70% CH_4、24% N_2、6% O_2；促进剂浓度均为 0.6mol/L。

表 2-10　含热力学促进剂典型煤矿抽采瓦斯混合气水合物相平衡实验条件

实验体系	促进剂溶液 0.6mol/L	瓦斯气样	实验序号	相平衡参数	
				温度/℃	压力/MPa
1	TBAB	G2	I-1	10.00	1.79
			I-2	12.00	2.56
			I-3	14.75	4.24
			I-4	13.54	3.49
			I-5	13.64	3.56
		G3	II-1	12.75	2.05
			II-2	13.84	2.48
			II-3	14.22	2.49
			II-4	14.95	3.01
			II-5	16.74	3.90
2	THF	G2	III-1	19.9	3.80
			III-2	20.5	2.18
			III-3	21.5	1.6
		G3	IV-1	21.2	2.56
			IV-2	22.3	3.45
			IV-3	23.1	3.72

对气样 TBAB 条件下 G2、G3 相平衡数据进行二项式拟合，并建立相平衡温度和压力的经验关系式，如图 2-22 所示。两种不同甲烷浓度瓦斯混合气样 G2、G3 在热力学添加剂 TBAB 溶液体系中，相平衡温压拟合曲线其相关系数分别为 1.00、0.98，证明实验拟合效果良好。由图中可知，温度在 8～18℃范围内，两种气样的拟合曲线均随温度的升高而上升，当温度为 1℃时，气样 G1 的相平衡压力为 2.27MPa，气样 G3 的相平衡压力为 2.92MPa，气样 G2 相平衡压力＞气样 G3 相平衡压力，由此说明，此温度条件下，TBAB 溶液体系中气样 G3 较 G2 更易生成水合物。在一定温度范围内，气样 G2 和 G3 在 TBAB 溶液体系中更易生成水合物，即实验体系中加入 0.2mol/L 浓度 TBAB 热力学添加剂，相平衡压力明显降低，温度则显著升高，瓦斯水合物可在较高的温度、较低的压力条件下快速生成。

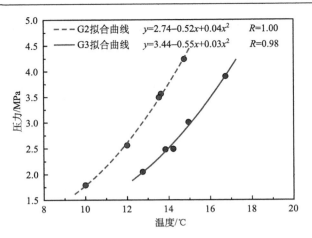

图 2-22　TBAB 体系 G2、G3 气体水合物热力学相平衡温度-压力曲线图

　　同时，利用 Sloan 相平衡预测软件，计算 G2 和 G3 气样分别在上述温度条件下纯水体系中所对应的相平衡压力值，计算结果见表 2-11，并与气样 G2 和气样 G3 在 TBAB 溶液体系中相平衡拟合曲线进行对比，如图 2-23 所示。从图中可看出，实验体系中添加 TBAB 热力学促进剂，设定相同的温度条件，实验所得气样 G2 和 G3 的相平衡压力远远低于软件预测压力，其中 G2 气样压力最大差值为 10.79MPa，气样 G3 压力最大差值为 18.27MPa，且两种气样随温度升高，相平衡压力差值也逐渐升高。因此，添加 TBAB 促进剂，可有效改善瓦斯水合热力学条件，使相平衡条件趋于温和。

表 2-11　水合物相平衡实验测定参数与计算结果

实验体系	气样	实验序号	TBAB 实验相平衡参数		软件预测相平衡值		Δp/MPa
			温度/℃	压力/MPa	温度/℃	压力/MPa	
I	G2	I -1	10.00	1.79	10.00	8.87	7.08
		I -2	12.00	2.56	12.00	11.01	8.45
		I -3	14.75	4.24	14.75	15.03	10.79
		I -4	13.64	3.56	13.64	13.23	9.67
		I -5	13.54	3.49	13.54	13.08	9.59
II	G3	II -1	12.75	2.05	12.75	13.92	11.87
		II -2	13.84	2.48	13.84	15.77	13.29
		II -3	14.22	2.49	14.22	16.48	13.99
		II -4	14.95	3.01	14.95	17.95	14.94
		II -5	16.74	3.90	16.74	22.17	18.27

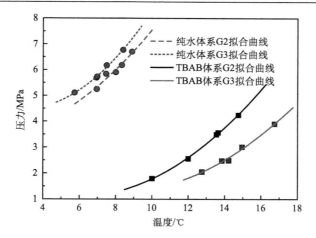

图 2-23　纯水和 TBAB 体系 I、体系 II 水合物热力学相平衡温度-压力曲线图

针对瓦斯气样 G2　$\varphi(CH_4)=80\%$、$\varphi(N_2)=16\%$、$\varphi(O_2)=4\%$，气样 G3 $\varphi(CH_4)=70\%$、$\varphi(N_2)=24\%$、$\varphi(O_2)=6\%$，探究瓦斯-纯水体系(2.4.2 小节表 2-3 中实验结果)、瓦斯-TBAB 添加剂体系的水合物相平衡条件，实验参数与结果见表 2-12。

表 2-12　瓦斯水合物相平衡数据及分解热计算结果

实验体系	实验编号	气样	溶液	实验相平衡温度/℃	实验相平衡压力/MPa
III	III-1	G2	TBAB (0.2mol/L)	10.00	1.79
	III-2			12.00	2.56
	III-3			13.54	3.49
	III-4			13.64	3.56
	III-5			14.75	4.24

水合物的生成和分解过程伴随着反应体系的相态转变，升温过程随着水合物的分解消失，反应体系从 H+L+G(水合物相+液相+气相)三相态转变为 L+G(液相+气相)两相态。以气样 G2 在 TBAB 添加剂体系的相平衡实验为例，同一浓度 TBAB 添加剂条件下，实验初始压力、温度不同得到的相平衡点不同，依据实验所得到的 5 个相平衡点，确定气样 G2 在 TBAB 添加剂体系的水合物相-气相边界，如图 2-24 所示。相边界左侧至 0℃ 区域为瓦斯水合物晶体存在的 H+L+G 三相区，相边界右侧区域为水合物晶体分解，TBAB 分子进入液相同时释放出气体分子，即 L+G 两相区域，0℃ 左侧区域为 I+H+G(冰相+水合物相+气相)区。依此方法可确定气样 G2、G3 在纯水体系的相边界。

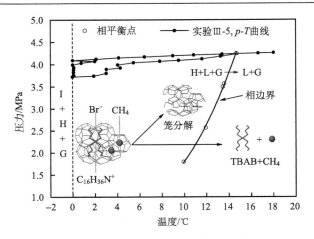

图 2-24　TBAB 体系瓦斯水合物相边界

　　实验比较了瓦斯气样 G2 在纯水体系和 TBAB 添加剂（0.2mol/L）体系生成水合物的相平衡数据，如图 2-25 所示。从图中可以看出：纯水体系下瓦斯气样 G2 在温度为 6.95～8.89℃时对应的水合物相平衡压力为 5.25～6.70MPa，而 TBAB 添加剂体系中，瓦斯气样 G2 在温度为 10.0～14.75℃时对应的水合物相平衡压力为 1.79～4.24MPa。相同 CH₄ 浓度瓦斯气样在 TBAB 添加剂体系的水合物相-气相边界范围明显优于纯水体系水合物相-气相边界范围，添加 TBAB 后瓦斯水合物能在较高的温度和较低的压力条件下形成。TBAB 的添加大幅度降低了瓦斯水合物相平衡压力，显著改善了瓦斯水合物相平衡条件，有益于瓦斯水合物的形成，表明 TBAB 是一种有效的瓦斯水合物热力学促进剂，此结果与文献[55]～[57]的研究结果一致。

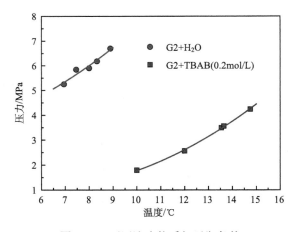

图 2-25　不同溶液体系相平衡条件

　　分析认为，TBAB 水合物可以在常压、室温条件下形成并稳定存在，TBAB 溶于水后阴离子 (Br^-) 与 H_2O 分子中的 H 形成氢键，生成具有 2 种大尺寸孔穴 ($5^{12}6^2$、$5^{12}6^3$) 和 1 种小尺寸孔穴 (5^{12}) 的笼形结构，同时阳离子 ($C_{16}H_{36}N^+$) 作为客体分子占据大孔穴形成 TBAB 半笼形水合物[61] (图 2-26)。TBAB 水合物有 A 型和 B 型两种构型，水合指数分别为 26、38，TBAB 溶于水后先形成构型为 $C_{16}H_{36}NBr \cdot 26H_2O$ 的 A 型水合物再转变成构型为 $C_{16}H_{36}NBr \cdot 38H_2O$ 的 B 型水合物，B 型 TBAB 水合物因含有较大的水合指数，其稳定性优于 A 型 TBAB 水合物，可以在溶液中稳定存在，被捕获于 5^{12} 联结孔的气体分子不会因水合物晶笼的破裂而被释放[62]。

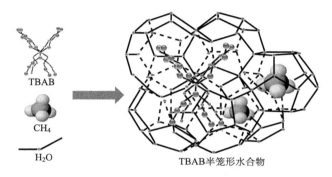

图 2-26　TBAB 半笼形水合物示意图

　　由此，在瓦斯-TBAB 添加剂体系的水合物相平衡实验中，由于 TBAB 的添加，在一定的温压条件下，首先生成的是 TBAB 半笼形水合物，TBAB 阴离子参与水分子笼的构建，TBAB 阳离子占据大孔穴对水合物晶笼起到有效的支撑作用，并为气体分子搭建小孔穴 (联结孔)，促进瓦斯水合物的形成，CH_4 分子被捕捉至小孔穴中，水合物相大小孔穴皆被客体分子占据，使得形成的水合物结构更具稳定性，促进瓦斯水合物生成效果更佳。而相同条件下纯水体系瓦斯水合物是难以形成的，所以 TBAB 的加入有效改善了瓦斯水合物相平衡学条件，使水合物相-气相边界向右下方偏移，有益于提高瓦斯固化储运的稳定性。

参 考 文 献

[1] 高宇明, 柳东, 张黎明, 等. 含表面活性剂 SDS 的水合物相平衡预测模型[J]. 天津化工, 2013, 27 (3): 16-18.

[2] 张志军, 刘炳天, 冯莉, 等. 基于 Langmuir 理论的平衡吸附量预测模型[J]. 东北大学学报 (自然科学版), 2011, 32 (5): 749-756.

[3] 胡振琪, 杨秀红, 高爱林. 黏土矿物中重金属离子的吸附研究[J]. 金属矿山, 2004, (6): 53-55.

[4] Xi Y J. The absorption model of single-aperture and multi-aperture material[J]. Journal of Qinghai University, 2001, 19(6): 30-35.

[5] 郗怡佳. 单孔/多孔材料的分子吸附模型[J]. 青海大学学报（自然科学版）, 2001, 19(6): 30-35.

[6] 吴强. 煤矿瓦斯水合化分离试验研究进展[J]. 煤炭科学技术, 2014, 42(6): 81-85.

[7] 唐建峰, 邱珏文, 陈玉亮, 等. 一种纯气体水合物相平衡的判定方法[J]. 煤气与热力, 2011, 31(4): 38-42.

[8] 李群生, 郭凡. 化工分离中相平衡研究进展[J]. 北京化工大学学报, 2014, 41(6): 1-10.

[9] Sloan E D. Clathrate Hydrate of Natural Gases [M]. New York: Taylor & Francis Group LLC, 2008.

[10] 刘昌岭, 业渝光, 张剑, 等. 天然气水合物相平衡研究的实验技术与方法[J]. 中国海洋大学学报, 2004, 34(1): 153-158.

[11] 陈强, 业渝光, 刘昌岭, 等. 多孔介质中甲烷水合物相变过程模拟实验研究[J]. 现代地质, 2010, 24(5): 972-978.

[12] 杨明军, 宋永臣, 刘瑜. 多孔介质及盐度对甲烷水合物相平衡影响[J]. 大连理工大学学报, 2011, 51(1): 31-35.

[13] 吴强, 张保勇. 瓦斯水合物在含煤表面活性剂溶液中生成影响因素[J]. 北京科技大学学报, 2007, 29(8): 756-758.

[14] Zhang B Y, Cheng Y P, Wu Q. Sponge effect on coal mine methane separation based on clathrate hydrate method[J]. Chinese Journal of Chemical Engineering, 2011, 19(4): 610-614.

[15] Wu Q, Zhang Q, Zhang B Y. Influence of super-absorbent polymer on the growth rate of gas hydrate [J]. Safety Science, 2012, 50: 865-868.

[16] 丁艳明, 陈光进, 孙长宇, 等. 水合物法分离甲烷-乙烷体系相关相平衡的研究[J]. 石油学报, 2005, 21(6): 75-79.

[17] 吴强, 张保勇. THF-SDS 对矿井瓦斯水合分离影响研究[J]. 中国矿业大学学报, 2010, 39(4): 484-489.

[18] 张保勇, 吴强, 朱玉梅. THF 对低浓度瓦斯水合化分离热力学条件促进作用[J]. 中国矿业大学学报, 2009, 38(2): 203-208.

[19] 李栋梁, 梁德青, 樊栓狮, 等. CH_4-TBAB 二元水合物的分解热测定[J]. 工程热物理学报, 2008, 29(7): 1092-1094.

[20] Zhang B Y, Wu Q, Sun D L. Effect of surfactant Tween on induction time of gas hydrate formation [J]. Journal of China University of Mining and Technology, 2008, 18(1): 18-21.

[21] Maekawa T. Equilibrium conditions for clathrate hydrate formed from methane and aqueous propanol solutions[J]. Fluid Phase Equilibria, 2008, 267(1): 1-5.

[22] 卢振权, Sultan N, 金春爽, 等. 天然气水合物形成条件与含量影响因素的半定量分析[J]. 地球物理学报, 2008, 51(1): 125-132.

[23] 孙志高, 樊栓狮, 郭开华, 等. 天然气水合物形成条件的实验研究与理论预测[J]. 西安交通大学学报, 2002, 36(1): 16-19.

[24] 陈祖安, 白武明, 徐文跃. 多组分天然气水合物在海底沉积层中稳定区及存在区的预测[J]. 地球物理学报, 2005, 48(4): 870-875.

[25] 黄强, 孙长宇, 陈光进, 等. 含(CH_4+CO_2+H_2S) 酸性天然气水合物形成条件实验与计算[J]. 化工学报, 2005, 56(7): 1159-1163.

[26] 赵建忠, 赵阳升, 石定贤. THF 溶液水合物技术提纯含氧煤层气的实验[J]. 煤炭学报, 2008, 33(12): 1419-1424.

[27] 吴强, 朱玉梅, 张保勇. 低浓度瓦斯气体水合分离过程中十二烷基硫酸钠和高岭土的影响[J]. 化工学报, 2009, 60(5): 1193-1198.

[28] Zhang B, Wu Q. Thermodynamic promotion of tetrahydrofuran on methane separation from low-concentration coal mine methane based on hydrate[J]. Energy & Fuels, 2010, 24(4): 2530-2535.

[29] 钟栋梁, 何双毅, 严瑾, 等. 低甲烷浓度煤层气的水合物法提纯实验[J]. 天然气工业, 2014, 34(8): 123-128.

[30] 孙国庆. THF 和 TBAB 对煤层气水合物相平衡影响的实验及理论研究[D]. 太原: 太原理工大学, 2015.

[31] 赵伟龙. 热力学添加剂复杂体系中气体水合物的相平衡理论预测和动力学特性研究[D]. 重庆: 重庆大学, 2016.

[32] 齐俊丽. 四丁基卤族铵盐体系半笼形水合物的相平衡热力学模型研究[D]. 北京: 中国石油大学, 2016.

[33] Ng H J, Robinson D B. Hydrate formation in systems containing methane, ethane, propane, carbon dioxide or hydrogen sulfide in the presence of methanol [J]. Fluid Phase Equilibria, 1985, 21: 145-155.

[34] Robinson D B, Ng H J. Hydrate formation and inhibition in gas or gas condensate streams [J]. Journal of Canada Petroleum Technology, 1986, 25 (4): 26-30.

[35] Song K Y, Kobayashi R. Final hydrate stability conditions of a methane and propane mixture in the presence of pure water and aqueous solutions of methanol and ethylene glycol [J]. Fluid Phase Equilibria, 1989, 47: 295-308.

[36] 梅东海, 廖健, 王璐馄, 等. 气体水合物平衡生成条件的测定及预测[J]. 高校化学工程学报, 1997, 11(3): 225-230.

[37] 梅东海, 廖健, 杨继涛, 等. 电解质水溶液体系中气体水合物生成条件的预测[J]. 石油学报 (石油加工), 1998, 14(2): 86-93.

[38] 廖健, 梅东海, 杨继涛, 等. 含盐和甲醇体系中气体水合物的相平衡研究、理论模型预测、平衡研究[J]. 石油学报(石油加工), 1998, 14(4): 64-68.

[39] Holder G D, Godbole S P. Measurement and prediction of dissociation pressures of isobutane and propane hydrates below the ice point[J]. AIChE Journal, 1982, 28(6): 930-934.

[40] Holder G D, John V T. Thermodynamics of multicomponent hydrate forming mixture [J]. Fluid Phase Equilibria, 1983(14): 353-361.

[41] John L, 考克斯. 天然气水合物性质、资源与开采[M]. 北京: 石油工业出版社, 1988.

[42] 樊友宏, 蒲春生. 天然气水合物堵塞预测技术[J]. 石油与天然气化工, 2001, 30(1): 9-11.

[43] 李玉星, 冯叔初. 管道内天然气水合物形成的判断方法[J]. 天然气工业, 1999, 19(2): 99-102.

[44] 李明川, 樊栓狮. 天然气水合物形成过程 3 阶段分析[J]. 可再生能源, 2010, 28(5): 80-83.

[45] 陈光进. 气体水合物科学与技术[M]. 北京: 化学工业出版社, 2008.

[46] Yang M J, Song Y C, Liu Y, et al. Influence of pore size salinity and gas composition upon the hydrate formation conditions[J]. Chinese Journal of Chemical Engineering, 2010, 18(2): 292-296.

[47] 刘妮, 由龙涛, 余宏毅. 含盐体系二氧化碳水合物的生成与分解特性[J]. 中国电机工程学报, 2014, 34(2): 295-299.

[48] 张保勇, 于跃, 吴强, 等. NaCl 对瓦斯水合物相平衡的影响[J]. 煤炭学报, 2014, 39(12): 2425-2430.

[49] 张郁, 吴慧杰, 李小森, 等. 多孔介质中甲烷水合物的生成特性的实验研究[J]. 化学学报, 2011, 69(19): 2221-2227.

[50] 曾志勇, 李小森. 基于 PC-SAFT 方程研究多孔介质中水合物相平衡的预测模型[J]. 高等学校化学学报, 2011, 32(4): 908-914.

[51] Yang H J, Fan S S, Lang X M, et al. Hydrate dissociation conditions for mixtures of air+tetrahydrofuran, air+cyclopentane, and air+tetra-n-butyl ammonium bromide[J]. Journal of Chemical & Engineering Data, 2012, 57(4): 1226-1230.

[52] Du J W, Wang L G. Equilibrium conditions for semiclathrate hydrates formed with CO_2, N_2, or CH_4 in the presence of tri-n-butylphosphine oxide[J]. Industrial & Engineering Chemistry Research, 2014, 53(3): 1234-1241.

[53] Xia Z M, Chen Z Y, Li X S, et al. Thermodynamic equilibrium conditions for simulated landfill gas hydrate formation in aqueous solutions of additives[J]. Journal of Chemical & Engineering Data, 2012, 57(11): 3290-3295.

[54] Kumar A, Sakpal T, Linga P, et al. Impact of fly ash impurity on the hydrate-based gas separation process for carbon dioxide capture from a flue gas mixture[J]. Industrial & Engineering Chemistry Research, 2014, 34(53): 9849-9859.

[55] Zhong D L, Ye Y, Yang C. Equilibrium conditions for semiclathrate hydrates formed in the $CH_4+N_2+O_2$+tetra-n-butyl ammonium bromide systems[J]. Journal of Chemical & Engineering Data, 2011, 56(6): 2899-2903.

[56] Zhong D L, Ye Y, Yang C, et al. Experimental investigation of methane separation from low-concentration coal mine gas ($CH_4/N_2/O_2$) by tetra-n-butyl ammonium bromide semiclathrate hydrate crystallization[J]. Industrial & Engineering Chemistry Research, 2012, 51(45): 14806-14803.

[57] Zhong D L, Englezo P. Methane separation from coal mine methane gas by tetra-n-butyl ammonium bromide semiclathrate hydrate formation[J]. Energy & Fuels, 2012, 26(4): 2098-2106.

[58] Sun Q, Guo X Q, Liu A X. et al. Experimental study on the separation of CH_4 and N_2 via hydrate formation in TBAB solution[J]. Industrial & Engineering Chemistry Research, 2011, 50(4): 177-181.

[59] 吴琼, 吴强, 张保勇, 等. 丙烷对瓦斯混合气水合物相平衡的影响[J]. 煤炭学报, 2014, 39(7): 1283-1288.

[60] Sun Z G, Sun L. Equilibrium conditions of semi-clathrate hydrate dissociation for methane+

tetra-n-butyl ammonium bromide[J]. Journal of Chemical & Engineering Data, 2010, 55(9): 3538-3541.

[61] 颜克凤, 李小森, 孙丽华, 等. 储氢笼型水合物生成促进机理的分子动力学模拟研究[J]. 物理学报, 2011, 60(12): 1-8.

[62] 叶楠, 张鹏. TBAB 水合物晶体生长过程的实验研究[J]. 过程工程学报, 2011, 11(5): 823-827.

第3章 静态体系多元瓦斯水合分离动力学研究

3.1 水合物生成动力学理论

水合物生成动力学是气体水合物技术研究与应用的基础，对促进水合物成核、提高生长速率、增大储气密度及改善水合分离效果都起到至关重要的作用。气体水合物的生成过程是一个由流体相向固体相转变的动力学过程，该过程由成核动力学过程和生长动力学过程两部分组成。

气体水合物动力学主要研究水合物成核诱导时间、生长速率等变化规律。关于水合物动力学的研究相对于相平衡热力学研究较晚，直到 20 世纪 70 年代，科学家相继在海底及大陆冻土地带层发现了大量天然气水合物，这才引起人们对水合物的关注，进行开发以及以能源形式加以利用，水合物生成动力学的研究主要包括水合物成核过程和晶体生长过程两个方面。

Vysniauskas 和 Bishnoi[1,2]于 20 世纪 80 年代初在实验体系中添加不同来源的水，分别测定各体系水合物成核的诱导时间。结果发现，水合物成核的诱导时间受水源的影响，冰融化的水与热纯水相比较，冰融化的水体系水合物成核诱导时间比热纯水体系中短，同理，天然气水合物分解水体系水合物成核诱导时间也比热纯水体系短，这种现象称为记忆效应。

Englezos[3]开展了 CH_4 和 C_2H_6 生成水合物的动力学实验，研究发现，生成的水合物遍布整个液相区域，认为水合物晶体生长是两个连续的过程：①溶解气的扩散，即溶解气从液相主体→晶体周围停止扩散层→固-液界面；②界面反应，即气体分子在气液界面处与水发生反应生成水合物。之后 Englezos 等[4]还对 CH_4-C_2H_6 混合气水合物生成动力学进行相关实验研究，结果表明气体水合物生成速率受其组成成分影响。Christiansen 和 Sloan[5]研究认为形成水合物晶体结构所需要的不稳定水分子簇的丰度和竞争结构的存在是影响水合物成核诱期的主要因素，两种因素对水合物成核诱导时间均有影响。Freer 和 Sloan[6]提出了针对气体水合物成核过程的分子机制，假设气体和水分子簇先形成一种临时存在结构，这些临时结构通过碰撞聚集从而生长成较为稳定的水合物晶核；此外，他们利用化学动力学方程，针对机制中假设的每一种情况进行模拟，发现气-水分子簇是水合物成核过程中的关键，当液相处在过冷或过饱和的情况下，水合物成核过程较容易发生。马昌峰等[7]应用推动力来表征水合物的生成动力学，利用静态水中水合物覆盖单个悬浮气泡表面的速度测定了 CH_4 和 CO_2 的生长速率。认为水合物表面粗糙度受推动力的影响，随着时间的延长水合物表面会逐渐变得光滑。马应海等[8]研究了不同浓度 THF 溶液生成 THF 水合物的动力学特征，修正了传质结晶面积指数，建立了 THF 水合物生成动力学数学模型。陈强等[9]考察了多孔介质体系 CH_4 水合物生成动力学，研究认为，低温、高压实验条件下驱动力较大可促进 CH_4 水合物快速生成。展静等[10]研究了冰点以下 CH_4 在 6 种不同大小粒径的冰体系生成水合物实验，发现相同实验条件下，CH_4 水合物的形成和冰颗粒粒径有一定关系，冰粒粒径越小，CH_4 水合物相对越容易形成，水合反应的时间也越短。钟栋梁等[11]以过饱和度作为水合物生长的驱动力，在喷雾反应器中研究了二氧化碳水合物的生成实验，实验发现二氧化碳水合物的生成量与实验温度成反比、与驱动力成正比。徐纯刚等[12]实验研究了 TBAB 和 THF 添加剂体系中，CO_2 水合物生成过程，得出添加 TBAB 和 THF 能有效降低水合物生成压力、提高生成速率。叶鹏等[13]研究了 CO_2 水合物的生成驱动力，认为低温、高压、较大驱动力实验条件下，CO_2 水合物较容易生成，且水合物生成量随着实验驱动力的增大而增多。钟栋梁等[14]研究了油包水乳液体系 CH_4 水合物生成的动力学规律，预测了油包水乳液体系中油-液两相区域 CH_4 的饱和溶解度，改进了乳化液滴水合反应的动力学模型。

3.1.1　水合物成核动力学

气体水合物结晶速度快慢可利用诱导时间来判断，诸多学者研究证实了诱导时间的存在及重要性。根据判断标准不同，气体水合物成核诱导时间可分为狭义诱导时间和广义诱导时间[15]。

1. 狭义诱导时间

Kashchiev 和 Firoozabadi 的单核理论将狭义诱导时间定义为：从系统平衡状态开始到系统内出现首个具有临界尺寸且性能稳定晶核的这一阶段的时间[16]。数学表达式为

$$t_i = \frac{1}{JV} \tag{3-1}$$

式中，t_i 为狭义诱导时间；J 为水合物的成核率；V 为反应体系体积。

2. 广义诱导时间

Kashchiev 的多核理论将广义诱导时间定义为：系统从反应开始到达临界状态后晶核继续生长成为可视晶体所经历的时间。Sohnel 和 Mullin 将广义诱导时间表示为[17]

$$t_i' = t_n + t_g \tag{3-2}$$

式中，t_i' 为广义诱导时间；t_n 为反应开始到形成临界尺寸晶核所经历的时间；t_g 为临界水合物晶核成长为可视水合物晶核所经历的时间。

之后，Kashchiev[18]把单核理论和多核理论相结合，将水合物成核诱导时间表示为

$$t_i = \frac{1}{JV} + \left(\frac{\beta}{a_n JG^{n-1}}\right)^n \tag{3-3}$$

式中，G 为水合物从临界晶核成长为宏观可视水合物过程的生长速率；a_n 为形状因子；β 为生成水合物的体积分数，$\beta = V_m/V$，V_m 为生成水合物的体积；$n = mv + 1$，m 为生长维数，$m = 1, 2, 3$，v 为生长常数，取 1/2 或 1。

无论是狭义诱导时间，还是广义诱导时间的确定，两者都是依据晶核尺寸大小判定的，但广义诱导时间的时间范围要大于狭义诱导时间的时间范围，狭义诱导时间不包括临界晶核生长到出现可视晶体这一段时间。

由于受实验仪器条件限制观察水合物成核过程较为困难，为使诱导时间的确定更具可行性和适用性，本书中将广义诱导时间作为判断水合物成核诱导时间的依据，并绘制了水合反应开始至结束的阶段示意图，如图 3-1 所示。AB 段为狭义诱导时间，即反应开始至体系出现首个临界稳定晶核的时间过程；AC 段为广义诱导时间，即反应开始至体系出现第一个可视晶核所需要的时间。

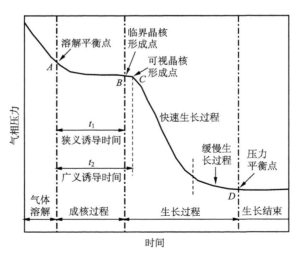

图 3-1　水合物生成过程典型阶段示意图

诱导时间为评估过饱和系统保持在亚稳平衡态下能力的含义，具有该状态下系统寿命的物理意义[19,20]。诱导时间不是系统的基本物性参数，但诱导时间数据

包含关于新相成核和生长动力学的有价值信息[21-23]，诱导时间在气体水合物结晶中的重要性已被许多学者证实。水合物的成核量化十分困难。首先，必须能够探测到水合物核的出现；其次，为了获得有意义的成核速率的统计平均值，需观测大量的成核事件；最后，还必须控制实验的热力学条件[24]。目前，在开发的可重复的水合物结晶诱导时间的测量技术方面已有很大进展。水合物诱导时间的观测方法主要有：压力变化法、直接观测法、遮光比观测法及温度变化法。

（1）压力变化法。Skovborg 等[25]曾采用此方法测得了 CH_4、C_2H_6 和其混合物在一磁力搅拌间歇反应器中生成水合物的诱导时间。该方法即向反应器中注入气体并保持一定压力，在温度恒定的情况下，记录压力随时间的变化，如图 3-2 所示。起始 t_0 时刻气体在液相中的溶解导致压力逐渐下降。当气体溶解趋于平衡，压力也就趋于稳定，$t_s \sim t_{ind}$ 逐渐有水合物晶核生成，这段时间即为诱导时间。

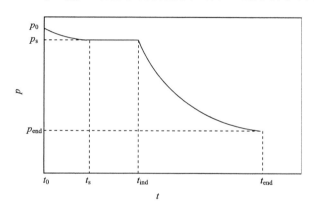

图 3-2 压力随时间变化的典型曲线

（2）直接观测法。Vysniauskas 和 Bishnoi、Natarajan 等采用了带有视窗并设有搅拌装置的反应器，通过视窗进行观测，当反应器内出现混浊时便判断水合物的成核已开始[1,26]。裘俊红和郭天民采用直接目测和观察压力变化相结合的方法测得了 CH_4 水合物的成核诱导时间。另外，一些先进仪器也引入至水合物成核的测定。Benmore 和 Soper 采用中子衍射测量了重水中的水合物成核情况。水合物成核测定的另一种方法是使用激光粒度仪。Nerheim 针对 94% CH_4+6% C_3H_8 的混合物，使用激光散射技术，确定了在搅拌容器中水合物生成时的临界半径。Yotlsif 等也利用光散射技术，测定水合物成核的起始时间。Parent 使用的光散射仪可以测量尺寸在 $10^3 \sim 10^6$Å 的粒子，但无法测得水合物成核时的粒子尺寸。

（3）遮光比观测法[27-30]。通过激光粒度仪可以测得流动体系的遮光比数据，根据遮光比发生突变的时间判断水合物的成核与生长。当光束穿过测量区时，其强度将不断减弱，从而使测量区后方透射光的强度 I 小于入射光的强度 I_0($I<I_0$)，二

者的比值 I/I_0 称为遮光比，实验直接观测到的 $(1–I/I_0)$ 值，称为遮光率。当有水合物生成后，透射光强度将会降低，遮光率值将大于零，遮光比数据将发生突变，由此即可判断水合物的成核诱导时间。

（4）温度变化法。Zeng[31]认为诱导时间为水合物开始形成所经历的时间与溶液到达实验设定的液浴温度所消耗时间的差值，图 3-3 为水合物形成的诱导时间典型曲线。t_0 为样品达到实验设定温度的时刻；t_n 为水合物成核开始的时刻（温度骤然上升）；t_p 为样品达到峰值温度(277.0K)时刻；t_{ce} 为结晶结束样品温度下降到水浴温度的时刻。诱导时间 t_i 表示为

$$t_i = t_n - t_0$$

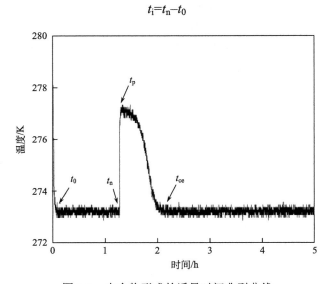

图 3-3　水合物形成的诱导时间典型曲线

3.1.2　水合物生长动力学

水合物生长过程是稳定晶核不断成长的过程，水合物临界尺寸晶核继续生长形成可视水合物膜，过冷度和压力决定了水合物膜的厚度，进而影响了径向的生长速率。水合物膜的形成阻隔了气体与液体的充分接触，若形成水合物的分子到达结晶吸附表面时需穿过水合物膜，吸附表面一般存在于晶体的自由表面和生长起点，因此水合物晶体具有须状、块状和凝胶状 3 种形态[32]。

1. 双膜理论

Englezos[33]基于结晶理论和双膜理论提出了 Englezos-Bishnoi 水合物生长动力学模型，该模型把水合物的形成过程分为两个阶段，第一个阶段为气体溶解后

扩散至晶体和水界面处的液膜层,第二阶段为水分子与气体分子结合络合成水合物晶体的过程,该阶段称为吸附过程。为模拟水合物生长过程,需做如下假设:①假设水合物晶粒是球形的,且液膜层的内外表面积相等;②扩散层内没有气体积累。则单个水合物晶体颗粒的生长速率可以表示为

$$\left(\frac{\mathrm{d}n}{\mathrm{d}t}\right)_{\mathrm{p}} = k^* A_{\mathrm{p}}\left(f - f_{\mathrm{eq}}\right) \tag{3-4}$$

式中,k^* 为组合的传质系数;A_{p} 为水合物晶粒的表面积;f 为实际气体逸度;f_{eq} 为平衡时气体逸度。

则所有水合物晶粒的总反应速率为

$$R(t) = \int_0^\infty \left(\frac{\mathrm{d}n}{\mathrm{d}t}\right)_{\mathrm{p}} \varphi(r,t) \tag{3-5}$$

式中,$R(t)$ 为总体反应速率;$\varphi(r, t)$ 为 t 晶粒的粒径分布。气体在气液界面的吸附可以用双膜理论描述,晶体颗粒直径大小的瞬间状态分布可以用粒径分布函数来描述。两个相关联的微分方程联立可得数学求解结果:

$$\frac{\mathrm{d}n_{\mathrm{g}}}{\mathrm{d}t} = \left(\frac{D^* \gamma A_{\mathrm{g}\text{-}1}}{y_1}\right)\frac{\left(f_{\mathrm{g}} - f_{\mathrm{eq}}\right)\cos\gamma - \left(f_{\mathrm{h}} - f_{\mathrm{eq}}\right)}{\sin\gamma} \tag{3-6}$$

$$\frac{\mathrm{d}f_{\mathrm{h}}}{\mathrm{d}t} = \frac{HD^*\gamma a_{\mathrm{i}}}{c_{\mathrm{w}0}y_1\sin\gamma}\left[\left(f_{\mathrm{g}} - f_{\mathrm{eq}}\right) - \left(f_{\mathrm{h}} - f_{\mathrm{eq}}\right)\cos\gamma\right] - \frac{4\pi k^* \mu_2 H\left(f_{\mathrm{h}} - f_{\mathrm{eq}}\right)}{c_{\mathrm{w}0}} \tag{3-7}$$

式中,γ 为 Hatta 数;$D^* = Dc_{\mathrm{w}0}/H$,D^* 为气相到液相的扩散系数;n_{g} 为气体的消耗量,mol;t 为反应时间,s;A 为表面积,m^2;$c_{\mathrm{w}0}$ 为水的初始浓度,mol/m^3;H 为亨利常数,MPa;a_{i} 为气液界面的面积与液相体积之比,m^2/m^3;k^* 为组合传质系数,mol/(m$^2 \cdot$MPa·s);y_1 为液膜厚度,m;μ_2 为粒子尺寸分布的二次矩(总面积)。

2. 单膜理论

经过详细研究 Englezos 的双膜理论模型,Skovborg 和 Rasmussen[34]认为二次成核常数仅为 10^{-3},相对很小,因此可忽略二次成核的影响,而且总反应速率常数 k^* 太高,可能是由液膜层传质系数 k_{L} 计算的误差引起的。基于此,他们对 Englezos 模型进行了简化处理后提出了单膜理论:

$$\frac{\mathrm{d}n}{\mathrm{d}t} = k_{\mathrm{L}} A_{\mathrm{g}\text{-}1} c_{\mathrm{w}0}\left(x_{\mathrm{int}} - x_{\mathrm{b}}\right) \tag{3-8}$$

式中,k_{L} 为液相传质系数;x_{int} 为形成水合物的界面液相摩尔分数;x_b 为组分的主体液相摩尔分数;x 为摩尔分数。该模型推广到多组分气体水合物体系为

$$\frac{\mathrm{d}n_{\mathrm{tot}}}{\mathrm{d}t} = \sum_{i=1}^{N}\frac{\mathrm{d}n_i}{\mathrm{d}t} = c_{\mathrm{w0}}\sum_{i=1}^{N}k_{\mathrm{L}}A_{\mathrm{g\text{-}1}}(x_{\mathrm{int}} - x_{\mathrm{b}}) \tag{3-9}$$

式中，下标 tot 表示总的；$\dfrac{\mathrm{d}n_i}{\mathrm{d}t}$ 为每秒单个水合物粒子形成消耗的气体物质的量；$A_{\mathrm{g\text{-}1}}$ 为气液界面面积；x_{int} 为形成水合物的界面液相摩尔分数；x_{b} 为组分的主体液相摩尔分数。经过简化的 Skovbogr-Rasmussne 模型是最为合适的数学模型，但使用该模型计算时需要计算快速的工具，且该模型对驱动力误差很敏感。

3. 推导计算瓦斯水合物生长速率公式

利用气体状态方程，根据水合物生成时间差 τ 及水合物体积方程，计算出瓦斯水合物的生长速率：

$$\frac{\mathrm{d}V_{\mathrm{hyd}}}{\mathrm{d}t} = \left[V_{\mathrm{w}} + \left(\frac{1}{\rho_{\mathrm{H}}} - \frac{1}{\rho_{\mathrm{w}}}\right)m_{\mathrm{w}}\right]\times 10^{-6}\bigg/\frac{\tau}{60} \tag{3-10}$$

式中，V_{hyd} 为水合物体积，cm^3；V_{w} 为水合物生成过程中转化为晶腔的水的体积，cm^3；m_{w} 为反应过程中消耗水的质量，g；ρ_{w} 为水的密度，$\mathrm{g/cm}^3$；ρ_{H} 为水合物空腔的密度，Ⅰ型水合物取 $0.796\mathrm{g/cm}^3$，Ⅱ型水合物取 $0.786\ \mathrm{g/cm}^3$；τ 为开始降温到水合物完全生成的时间，min。

3.2　驱动力影响下纯水体系瓦斯水合分离实验

瓦斯水合物成核诱导时间、水合物生长速率等动力学参数及分离效果对于实现瓦斯水合物固化储运工业化应用具有重要价值。目前关于瓦斯水合物动力学研究方面，研究人员主要研究了化学添加剂、温度、压力等因素对水合物生成、分解的影响，并获取了大量相关研究数据。然而，关于高瓦斯气体水合物生长速率和分离效果的相关报道却不多见。本书作者结合 Chen-Guo 模型计算得到的瓦斯气样相平衡压力值，展开水合物法分离高瓦斯的动力学实验，利用过压度作为驱动力，考察过压度对瓦斯水合物生长速率、分离效果的影响，以期为水合物法分离提纯矿井瓦斯的工业化应用提供基础数据。

3.2.1　体系概述

实验所有高瓦斯气样分别为：G1=60% CH_4+32% N_2+8% O_2，G2=70% CH_4+24% N_2+6% O_2；经 Chen-Guo 模型计算 2℃时两种瓦斯气样在纯水体系的相平衡压力值分别为 4.78MPa、4.23MPa，给定驱动力 Δp 为 1～4MPa；给定搅拌转速为 120r/min，实验参数详见表 3-1。

表 3-1　驱动力影响下纯水体系瓦斯水合物分离实验条件

气样	实验编号	溶液	体积/mL	搅拌转速/(r/min)	实验温度/℃	相平衡压力/MPa	驱动力/MPa	初始压力/MPa
G1	I-1						1.0	5.78
	I-2					4.78	2.0	6.78
	I-3						3.0	7.78
	I-4	纯水	400	120	2		4.0	8.78
G2	II-1						1.0	5.23
	II-2					4.23	2.0	6.23
	II-3						3.0	7.23
	II-4						4.0	8.23

3.2.2　结果与分析

　　瓦斯气样 G1 体系水合物生长过程典型宏观现象以实验 I-2 为例，实验初始压力为 6.78MPa，温度为 3.37℃。当水合反应进行至 60min 时，反应釜视窗上出现两处薄冰片状水合物，釜内液面上生成油膜状水合物，如图 3-4(a) 所示；反应至 120min 时，反应釜视窗上冰片状水合物变厚、面积变大，且水合物由液面沿视窗向上生长，液面油膜状水合物变厚，如图 3-4(b) 所示；反应至 180min 时，反应釜视窗几乎全部被冰片状水合物覆盖，釜内搅拌棒上气液接触面处附着大量颗粒状水合物，如图 3-4(c) 所示；至 420min 时，反应釜视窗上水合物变得密集厚实，透光度降低，釜内气相压力不再发生明显变化，压力曲线趋于平衡，视为水合物生成结束，此时温度为 2.17℃，压力为 5.14MPa，如图 3-4(d) 所示。瓦斯水合分离过程釜内温度和压力随时间变化典型曲线以实验 I-2 为例，如图 3-5 所示。

(a) 60min　　　　　　(b) 120min　　　　　　(c) 180min　　　　　　(d) 420min

图 3-4　实验 I-2 瓦斯水合物典型照片

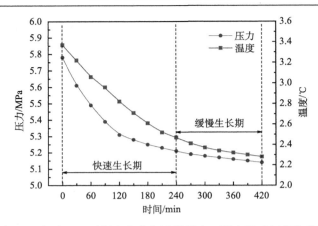

图 3-5　实验 I -2 瓦斯水合分离过程压力、温度随时间变化曲线

　　鉴于需要计算 CH_4 回收率及分离因子等目标参数，因此在水合分离过程中需对水合分离反应达到平衡时刻的气相和水合物完全分解时的气相进行色谱分析，以获得气相 CH_4 浓度。同样以实验 I -2 为例详述气样 G1 体系的色谱分析结果，实验 I -2 原料气相 CH_4 浓度为 60.0%，N_2、O_2 的浓度和为 40.0%，色谱分析谱图如图 3-6(a) 所示；反应达到平衡时气相压力为 5.14MPa、温度为 2.17℃，色谱分析结果表明 CH_4 浓度为 58.18%，N_2、O_2 的浓度和为 41.82%，色谱分析谱图如图 3-6(b) 所示；待釜内生成水合物全部融化分解后，釜内压力为 0.62MPa、温度为 15.0℃，色谱分析结果表明，水合物相 CH_4 浓度为 71.36%，N_2、O_2 的浓度和为 28.64%，色谱分析谱图如图 3-6(c) 所示。实验 I -2 色谱分析表明，CH_4 浓度为 60.0% 的瓦斯原料气经水合分离后 CH_4 浓度为 71.36%，水合分离后 CH_4 浓度提升了 11.36 个百分点。

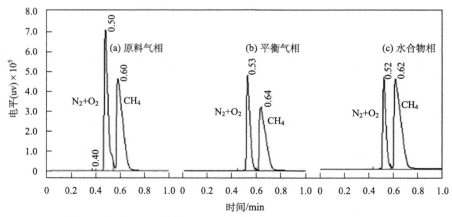

图 3-6　实验 I -2 原料气相、平衡气相、水合物相色谱分析结果

纵坐标是电信号强度，谱峰面积的积分比值是各组分气体的物质的量比，下同

瓦斯气样 G2 水合物生长过程宏观现象以实验 II-2 为例，实验初始压力为 6.22MPa，温度为 3.85℃。反应进行至 60min 时，反应釜视窗两侧生成大量冰霜状水合物，釜内液面上生成大量熔融雪状水合物，如图 3-7(a) 所示；至 120min 时，反应釜视窗上水合物生成量变大，几乎覆盖全部视窗，如图 3-7(b) 所示；反应进行至 180min 时，反应釜视窗上水合物变得密集，釜内水合物沿着搅拌棒和釜壁向上生长，如图 3-7(c) 所示；至 420min 时，釜内气相压力不再发生明显变化，采集器上温压曲线趋于平稳，视为水合物生长结束，反应釜视窗上水合物呈冰状且透光度降低，液面水合物同样变厚呈冰状，此时温度为 2.08℃，压力为 5.67MPa，如图 3-7(d) 所示。实验 II-2 瓦斯水合分离过程釜内温度和压力随时间变化曲线如图 3-8 所示。

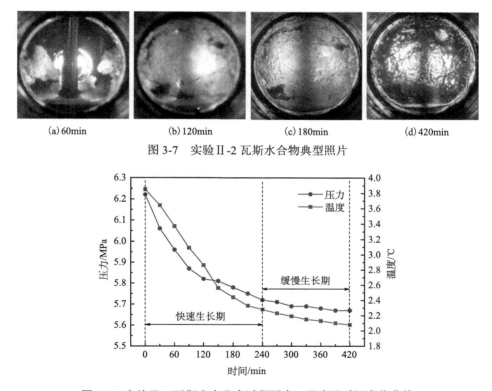

　(a) 60min　　　　　　　(b) 120min　　　　　　　(c) 180min　　　　　　　(d) 420min

图 3-7　实验 II-2 瓦斯水合物典型照片

图 3-8　实验 II-2 瓦斯水合分离过程压力、温度随时间变化曲线

以实验 II-2 为例详述纯水体系下气样 G2 的色谱分析结果。气样 G2 原料气相 CH_4 浓度为 70.0%，N_2、O_2 的浓度和为 30.0%，色谱分析谱图如图 3-9(a) 所示；水合分离反应达到平衡时气相压力为 5.67MPa、温度为 2.08℃，取釜内气相气样色谱分析结果表明 CH_4 浓度为 64.9%，N_2 和 O_2 的浓度和为 35.1%，如图 3-9(b)

所示；待釜内生成水合物全部融化分解后，釜内压力为 0.51MPa、温度为 15.0℃，水合物相气样色谱分析结果表明，水合物相 CH_4 浓度为 81.72%，N_2、O_2 的浓度和为 18.28%，如图 3-9(c) 所示。实验 II-2 色谱分析结果表明，CH_4 浓度为 70.0% 的瓦斯原料气经水合分离后，CH_4 浓度为 81.72%，经水合分离后 CH_4 浓度提升了 11.72 个百分点。

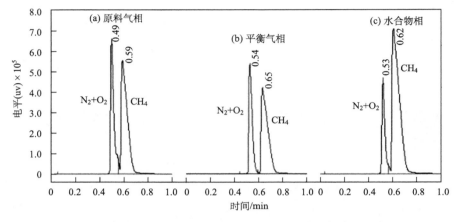

图 3-9　实验 II-2 原料气相、平衡气相、水合物相色谱分析结果

　　各实验体系瓦斯水合物生长结束达到平衡时的温度压力值、水合物相分解后的温度压力值，以及平衡气相 CH_4 浓度、水合物相 CH_4 浓度的色谱分析结果见表 3-2。

表 3-2　驱动力影响下纯水体系瓦斯气水合物分离实验结果

气样	实验编号	实验温度/℃	驱动力/MPa	初始压力/MPa	平衡气相			水合物相			分配系数
					压力/MPa	温度/℃	CH_4浓度%	压力/MPa	温度/℃	CH_4浓度%	
G1	I-1	2	1	5.78	5.14	2.27	58.18	0.51	15.0	71.36	1.23
	I-2		2	6.78	6.05	2.38	56.93	0.62	15.0	73.05	1.28
	I-3		3	7.78	6.91	2.15	56.44	0.72	15.0	74.61	1.32
	I-4		4	8.78	7.85	2.24	56.94	0.84	15.0	77.17	1.36
G2	II-1		1	5.23	4.75	2.10	66.0	0.36	15.0	77.15	1.17
	II-2		2	6.23	5.67	2.08	65.92	0.51	15.0	79.65	1.21
	II-3		3	7.23	6.33	2.13	65.04	0.71	15.0	81.67	1.26
	II-4		4	8.23	7.32	2.12	64.9	0.87	15.0	81.72	1.26

1. 纯水体系驱动力对水合物生长速率及诱导时间的影响

水合物生成动力学主要包括晶体成核与晶体生长两个阶段，水合物成核后便可在临界晶核母体上快速生成，其中晶体生长过程可以用生长速率衡量。生长速率是水合物动力学的重要指标，也是判断水合物生长快慢的有效标准，其重要性已被诸多学者证实。

根据数据采集系统获得实验过程中釜内水合反应前后的压力和温度值，结合气体状态方程，可推导出水合分离过程气体消耗量、水合物体积生成量，再结合水合分离过程持续时间 τ，依据式(3-10)，可进一步推导出瓦斯气水合物体积生长速率计算方程，如式(3-11)所示[35]：

$$\frac{\mathrm{d}V_{\mathrm{H}}}{\mathrm{d}\tau} = \left[2.75V_1 n_{\mathrm{H}} \left(\frac{p_1}{z_1 T_1} - \frac{p_2}{z_2 T_2} \right) \middle/ \left(1 - \frac{0.59 n_{\mathrm{H}} p_2}{z_2 T_2} \right) \right] \middle/ \tau \tag{3-11}$$

式中，V_1 为反应初始时刻气体体积，cm^3；p_1、p_2 分别为反应初始时刻和反应结束时刻釜内气相压力，MPa；T_1、T_2 分别为反应初始时刻和反应结束时刻釜内气相温度，℃；z_1、z_2 分别为反应初始时刻和反应结束时刻釜内气体压缩因子，由天然气压缩因子计算软件 Ver1.0 计算；n_{H} 为水合物指数，相平衡温压条件下气样 G1、G2 水合指数值分别取 6.341、6.352。

根据瓦斯气水合物体积生长速率计算方程结合水合物生长时间、溶液体积、气体体积计算纯水体系下气样 G1、G2 在实验给定不同驱动力条件下的水合物生长速率，计算结果见表 3-3。

表 3-3　纯水体系瓦斯水合物生长速率和诱导时间

气样	实验编号	溶液	体积/mL	搅拌转速/(r/min)	实验温度/℃	驱动力/MPa	初始压力/MPa	生长速率/(10^{-6}m³/min)	诱导时间/min
G1	Ⅰ-1					1.0	5.78	0.060	41
	Ⅰ-2					2.0	6.78	0.068	33
	Ⅰ-3					3.0	7.78	0.082	23
	Ⅰ-4	纯水	400	120	2	4.0	8.78	0.087	19
G2	Ⅱ-1					1.0	5.23	0.044	36
	Ⅱ-2					2.0	6.23	0.051	27
	Ⅱ-3					3.0	7.23	0.083	20
	Ⅱ-4					4.0	8.23	0.084	17

驱动力对瓦斯水合物生长速率的影响分析如图 3-10 所示，2℃时纯水体系气样 G1 相平衡压力值为 4.78MPa，给定驱动力分别为 1.0MPa、2.0MPa、3.0MPa、4.0MPa，相应驱动力条件下瓦斯水合物生长速率依次为 0.06×10^{-6}cm^3/min、0.068×10^{-6}cm^3/min、0.082×10^{-6}cm^3/min、0.087×10^{-6}cm^3/min；气样 G2 相平衡压力值为 4.23MPa，实验给定驱动力分别为 1.0 MPa、2.0MPa、3.0MPa、4.0MPa，所对应的瓦斯水合物平均生长速率分别为 0.044×10^{-6}cm^3/min、0.051×10^{-6}cm^3/min、0.083×10^{-6}cm^3/min、0.084×10^{-6}cm^3/min；在实验研究范围内实验体系Ⅰ和体系Ⅱ皆表现为瓦斯水合物生长速率随着驱动力的增大而增大。分析认为，恒温条件下驱动力增大时气相和水合物相瓦斯气体分子的逸度差随之增大，更多的瓦斯气体进入水合物物相生成水合物，单位时间内气体消耗量增大，所以实验驱动力增大时瓦斯水合物生长速率随之增大。

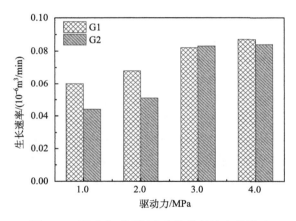

图 3-10　驱动力对瓦斯水合物生长速率的影响

瓦斯水合物成核诱导时间采用观察法确定，纯水体系驱动力对瓦斯水合物诱导时间的影响如图 3-11 所示。气样 G1、G2 在 2℃时相平衡压力分别为 5.78MPa、5.23MPa，实验给定驱动力分别为 1.0MPa、2.0MPa、3.0MPa、4.0MPa 时，气样 G1 水合物成核诱导时间分别为 41.0min、33.0min、23.0min、19.0min，气样 G2 水合物成核诱导时间分别为 36.0min、27.0min、20.0min、17.0min。表现为随着驱动力的逐渐增大，瓦斯水合物成核诱导时间减小，驱动力为 4.0MPa 时，气样 G1 体系诱导时间最短为 19min，气样 G2 体系诱导时间最短为 17min；此外，由图中还可以看出，在相平衡压力基础上给定相同驱动力时，气样 G2 体系生成水合物诱导时间小于 G1 体系，说明瓦斯混合气中 CH$_4$ 含量升高水合物成核诱导时间变短。

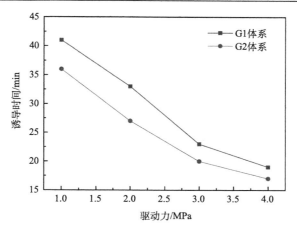

图 3-11　纯水体系驱动力对瓦斯水合物诱导时间的影响

2. 纯水体系驱动力对分离效果的影响

瓦斯水合分离效果可由 Linga 等提出的回收率(S.Fr.)和分离因子(S.F.)作为评价指标[36]，计算回收率用以衡量水合分离过程对原料气中 CH_4 的回收能力；分离因子能够界定瓦斯水合分离过程原料气中 CH_4 的净化程度，分离因子越大，说明原料气中 CH_4 的净化程度越高，计算公式见式(3-12)、式(3-13)。

$$S.Fr. = \frac{n_{CH_4}^{H}}{n_{CH_4}^{Feed}} \tag{3-12}$$

$$S.F. = \frac{n_{CH_4}^{H} \times (n_{N_2}^{gas} + n_{O_2}^{gas})}{n_{CH_4}^{gas} \times (n_{N_2}^{H} + n_{O_2}^{H})} \tag{3-13}$$

式中，$n_{CH_4}^{H}$、$n_{N_2}^{H}$、$n_{O_2}^{H}$ 分别为水合物相中 CH_4、N_2、O_2 的物质的量，mol；$n_{CH_4}^{Feed}$ 为原料气中 CH_4 的物质的量，mol；$n_{CH_4}^{gas}$、$n_{N_2}^{gas}$、$n_{O_2}^{gas}$ 分别为水合反应达到平衡时气相中 CH_4、N_2、O_2 的物质的量，mol。

3. 计算结果与分析

根据实验初始温度、压力值，水合物相温度、压力值及水合反应达到平衡时气相、水合物相的色谱分析结果，计算各实验体系 CH_4 回收率和分离因子，计算结果见表 3-4。

表 3-4　纯水体系 CH_4 回收率和分离因子计算结果

气样	实验编号	溶液	体积/mL	搅拌转速/(r/min)	实验温度/℃	驱动力/MPa	初始压力/MPa	回收率/%	分离因子
G1	I-1					1.0	5.78	10.02	1.79
	I-2					2.0	6.78	10.69	2.10
	I-3					3.0	7.78	10.98	2.27
	I-4	纯水	400	120	2	4.0	8.78	11.75	2.56
G2	II-1					1.0	5.23	7.24	1.74
	II-2					2.0	6.23	8.89	2.02
	II-3					3.0	7.23	10.95	2.39
	II-4					4.0	8.23	11.79	2.42

　　纯水体系驱动力对 CH_4 回收率和分离因子的影响如图 3-12 所示，2℃时气样 G1 的相平衡压力值为 4.78MPa，驱动力分别为 1.0MPa、2.0MPa、3.0MPa、4.0MPa，即实验初始压力分别为 5.78MPa、6.78MPa、7.78MPa、8.78MPa，所对应的 CH_4 回收率分别为 10.02%、10.69%、10.98%、11.75%，分离因子分别为 1.79、2.10、2.27、2.56；气样 G2 在 2℃时的相平衡压力值为 4.23MPa，给定驱动力分别为 1.0MPa、2.0MPa、3.0MPa、4.0MPa，即实验初始压力分别为 5.23MPa、6.23MPa、7.23MPa、8.23MPa，CH_4 回收率分别为 7.24%、8.89%、10.95%、11.79%，分离因子分别为 1.74、2.02、2.39、2.42。实验范围内瓦斯气样 G1、G2 的 CH_4 回收率和分离因子均随着驱动力的增大而增大，当驱动力为 4.0MPa 时，CH_4 回收率和分离因子达到最大值，可见在纯水体系实验驱动力越大，原料气中 CH_4 的水合分离效果越好、净化程度越高。

3.2.3　驱动力影响机理分析

　　目前，国内外关于水合物生成驱动力的报道较多，过饱和度 $\Delta\mu$、逸度差 Δf、过冷度 ΔT、摩尔吉布斯自由能变 ΔG_m 等都可以用来表征促进水合物生成的驱动力，其中摩尔吉布斯自由能变 ΔG_m 可较为全面地反映出反应体系压力、温度及物性等因素对水合物生成过程的影响，因此本书采用摩尔吉布斯自由能变 ΔG_m 分析驱动力瓦斯水合物成核、生长的影响。Sloan[32] 提出，当水合反应结束时，促进水合物生成的驱动力为偏摩尔吉布斯自由能，在一定的温度和容积条件下，驱动力增加时，系统压力升高，气相-液相体系的摩尔吉布斯自由能变减小，气体分子与液面水分子碰撞的次数也会随着系统压力的升高而增加，因此，水合物结晶成核的机会也随之增加、气体水合物生长速率随之加快，如图 3-13 所示。此外，相同温度下，CH_4、N_2、O_2 生成水合物时相平衡压力有明显差异，N_2 和 O_2 生成水

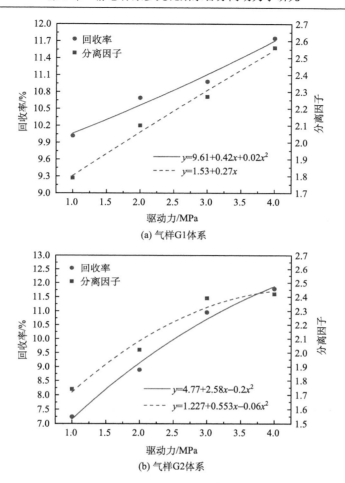

(a) 气样G1体系

(b) 气样G2体系

图 3-12　CH_4 回收率和分离因子随驱动力变化曲线

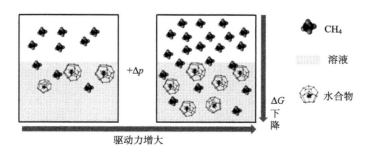

图 3-13　驱动力影响下瓦斯水合物成核

合物的相平衡压力值远大于 CH_4。例如，0℃时，N_2、O_2 水合物的相平衡压力分别为 14.3MPa、11.1MPa，而该温度下 CH_4 水合物的相平衡压力为 2.56MPa，因此，CH_4 气体会优于 N_2、O_2 生成水合物。综上所述，受吉布斯自由能和三种气体竞争孔穴的共同作用，瓦斯水合生长速率、CH_4 回收率和分离因子随着驱动力的升高而增大。

3.3　驱动力影响下 SDS 促进剂体系瓦斯水合分离实验

SDS（十二烷基硫酸钠）是水合物研究领域常用的反应促进剂，可促进水合物快速高效生成，Link 等在 2003 年研究认为 SDS 是最安全、经济的水合物促进剂之一。鉴于此，选用 SDS 作为促进剂，开展驱动力影响下 SDS 促进剂体系瓦斯水合分离实验研究，考察 SDS 促进剂体系驱动力对瓦斯水合物成核诱导时间、生长速率及分离效果等参数的影响。

3.3.1　体系概述

实验瓦斯气样分别为：G1=60% CH_4+32% N_2+8% O_2，G2=70% CH_4+24% N_2+6% O_2；SDS 浓度 100mg/L，2℃时纯水体系下气样 G1、G2 相平衡压力值分别为 4.78MPa、4.23MPa，给定驱动力 Δp 为 1～4MPa，搅拌转速为 120r/min，详细实验参数详见表 3-5。

表 3-5　驱动力影响下 SDS 促进剂体系瓦斯气水合物分离实验条件

气样	实验编号	SDS/(mg/L)	体积/mL	搅拌转速/(r/min)	实验温度/℃	相平衡压力/MPa	驱动力/MPa	初始压力/MPa
G1	Ⅰ-1						1.0	5.78
	Ⅰ-2					4.78	2.0	6.78
	Ⅰ-3						3.0	7.78
	Ⅰ-4						4.0	8.78
G2	Ⅱ-1	100	400	120	2		1.0	5.23
	Ⅱ-2					4.23	2.0	6.23
	Ⅱ-3						3.0	7.23
	Ⅱ-4						4.0	8.23

3.3.2　结果与分析

1. 实验结果

气样 G1 在 SDS 促进剂体系瓦斯水合分离过程的宏观现象以实验 Ⅰ-3 为例进行描述，实验初始压力为 7.78MPa、温度为 4.59℃。反应至 30min 时，反应釜视窗气液接触面处生成大量冰状瓦斯水合物，釜内液面上生成大量细小冰粒状水合物，如图 3-14(a)所示；至 60min 时，视窗几乎全部被薄冰片状水合物覆盖，如图 3-14(b)所示；反应至 120min 时，大量白色冰霜状水合物全部覆盖视窗，且水合物生成量较厚较密实，无法目视釜内水合物生成情况，如图 3-14(c)所示；进行至 360min 时，反应釜视窗上水合物生成量较 120min 时无明显变化但透光度降低，反应釜内温度、压力不再发生明显变化，水合分离反应结束，釜内压力为 5.06MPa、温度为 2.04℃，如图 3-14(d)所示。实验体系 I-3 瓦斯水合分离过程温度、压力随时间变化典型曲线如图 3-15 所示。

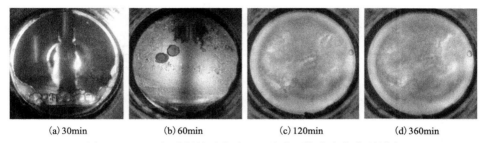

(a) 30min　　　(b) 60min　　　(c) 120min　　　(d) 360min

图 3-14　SDS 促进剂体系实验 I-3 生成瓦斯水合物典型照片

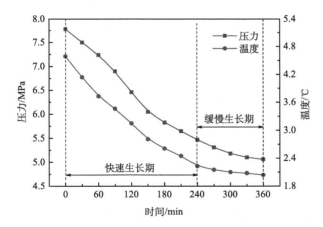

图 3-15　SDS 促进剂体系实验 I-3 水合分离过程压力、温度随时间变化曲线

SDS 促进剂体系瓦斯气样 G1 水合分离过程色谱分析结果以实验 I-3 为例进行描述，实验 I-3 原料气相 CH_4 浓度为 60.0%，N_2、O_2 的浓度和为 40.0%，色谱分析谱图如图 3-16(a)所示；水合分离反应进行至 360min 时反应达到平衡，色谱分析结果表明，CH_4 浓度为 53.25%，N_2、O_2 的浓度和为 46.75%，如图 3-16(b)所示；待釜内生成水合物全部分解后取釜内气样进行色谱分析，水合物相 CH_4 浓度为 81.13%，N_2、O_2 的浓度和为 18.87%，色谱分析谱图如图 3-16(c)所示。实验

Ⅰ-3 色谱分析结果表明，CH₄ 浓度为 60.0%的瓦斯原料气经水合分离后 CH₄ 浓度高达 81.13%，水合分离后 CH₄ 浓度提升了 21.13 个百分点。

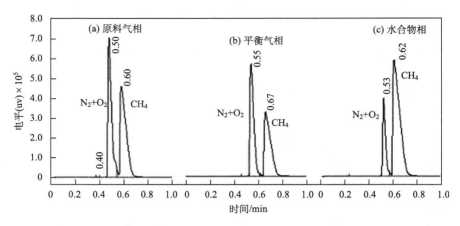

图 3-16　SDS 促进剂体系实验Ⅰ-3 原料气相、平衡气相、水合物相色谱分析结果

瓦斯气样 G2 在 SDS 促进剂体系水合物生长过程宏观现象以实验体系Ⅱ-4 为例进行描述，实验驱动力为 4MPa，初始压力为 8.22MPa、温度为 5.89℃。该实验条件下瓦斯水合反应进行得较快，当反应至 30min 时，视窗上生成大量薄冰片状水合物几乎覆盖视窗，釜内液面生成大量熔融雪状水合物，如图 3-17(a)所示；至 60min 时，薄冰片状瓦斯水合物全部覆盖反应釜视窗，如图 3-17(b)所示；反应进行至 120min 时，釜内生成大量白色雪状水合物，水合物较厚较密实，无法目视釜内水合物生成量，如图 3-17(c)所示；反应进行至 360min 时，反应釜视窗上水合物生成量继续增多，呈冰雪状，采集器显示釜内气相压力不再发生明显变化，水合反应趋于平衡，视为水合物生成结束，釜内压力为 5.33MPa、温度为 1.98℃，如图 3-17(d)所示。实验Ⅱ-3 瓦斯水合分离过程釜内温度和压力随时间变化曲线如图 3-18 所示。

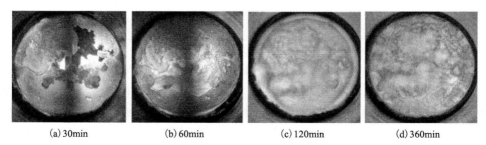

(a) 30min　　　　(b) 60min　　　　(c) 120min　　　　(d) 360min

图 3-17　SDS 促进剂体系实验Ⅱ-4 生成瓦斯水合物典型照片

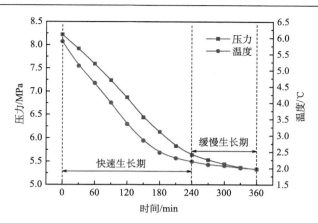

图 3-18　SDS 促进剂体系实验 II-4 水合分离过程压力、温度随时间变化曲线

SDS 促进剂体系瓦斯气样 G2 水合分离过程色谱分析结果以实验 II-4 为例进行描述，实验体系 II-4 原料气相 CH_4 浓度为 70.0%，N_2、O_2 的浓度和为 30.0%，谱图如图 3-19(a) 所示；水合分离反应进行至 360min 时反应达到平衡，取釜内气相气样经色谱分析后气相 CH_4 浓度为 63.29%，N_2、O_2 的浓度和为 36.71%，色谱分析谱图如图 3-19(b) 所示；待釜内水合物全部融化分解后取釜内气样进行色谱分析，水合物相 CH_4 浓度为 84.19%，N_2、O_2 的浓度和为 15.81%，谱图如图 3-19(c) 所示。实验 II-4 色谱分析结果表明，CH_4 浓度为 70.0% 的瓦斯原料气经水合分离后 CH_4 浓度高达 84.19%，水合分离后 CH_4 浓度提升了 14.19 个百分点。

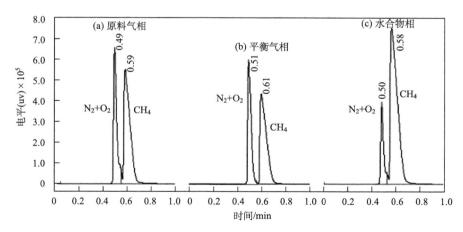

图 3-19　SDS 促进剂体系实验 II-4 原料气相、平衡气相、水合物相色谱分析结果

SDS 促进剂体系下瓦斯气样 G1、G2 水合物生长结束时平衡气相时温度压力值、气相 CH_4 浓度、水合物相的温度压力值及水合物相 CH_4 浓度的实验结果见表 3-6。

表 3-6　驱动力影响下 SDS 促进剂体系瓦斯气水合物分离实验结果

气样	实验编号	SDS /(mg/L)	实验温度 /℃	初始压力/MPa	平衡气相			水合物相			分配系数
					压力 p/MPa	温度 T/℃	CH_4浓度%	压力 p/MPa	温度 T/℃	CH_4浓度/%	
G1	Ⅰ-1	100	2	5.78	4.18	2.03	56.45	1.51	15.0	78.32	1.39
	Ⅰ-2			6.78	4.73	2.05	54.75	2.03	15.0	81.03	1.48
	Ⅰ-3			7.78	5.06	2.04	53.25	2.63	15.0	81.13	1.52
	Ⅰ-4			8.78	5.59	2.07	52.16	3.12	15.0	80.96	1.55
G2	Ⅱ-1	100	2	5.23	3.97	1.98	64.91	1.18	15.0	85.14	1.31
	Ⅱ-2			6.23	4.24	2.03	63.46	1.89	15.0	84.52	1.33
	Ⅱ-3			7.23	4.67	2.04	63.44	2.46	15.0	86.06	1.36
	Ⅱ-4			8.23	5.33	2.08	63.29	2.81	15.0	84.19	1.33

2. SDS 促进剂体系驱动力对水合物生长速率及诱导时间的影响

根据水合物体积生长速率计算方程结合水合物生长时间、溶液体积、气体体积计算 SDS 促进剂体系气样 G1、G2 在实验给定不同驱动力条件下的水合物生长速率，计算结果见表 3-7。

表 3-7　SDS 促进剂体系瓦斯水合物生长速率和诱导时间

气样	实验编号	SDS /(mg/L)	体积 /mL	搅拌转速 /(r/min)	实验温度 /℃	驱动力 /MPa	初始压力 /MPa	生长速率 /(10⁻⁶m³/min)	诱导时间/min
G1	Ⅰ-1	100	400	120	2	1.0	5.78	0.198	23
	Ⅰ-2					2.0	6.78	0.260	19
	Ⅰ-3					3.0	7.78	0.350	15
	Ⅰ-4					4.0	8.78	0.418	12
G2	Ⅱ-1	100	400	120	2	1.0	5.23	0.156	20
	Ⅱ-2					2.0	6.23	0.254	17
	Ⅱ-3					3.0	7.23	0.296	11
	Ⅱ-4					4.0	8.23	0.400	9

SDS 促进剂体系驱动力对瓦斯水合物生长速率的影响如图 3-20 所示，气样 G1 在 2℃时理论计算相平衡压力值为 4.78MPa，给定驱动力分别为 1.0MPa、2.0MPa、3.0MPa、4.0MPa，即实验初始压力分别为 5.78MPa、6.78MPa、7.78MPa、8.78MPa，所对应的瓦斯水合物平均生长速率分别为 $0.198×10^{-6}m^3/min$、

0.260×10^{-6}m^3/min、0.350×10^{-6}m^3/min、0.418×10^{-6}m^3/min；气样 G2 在 2℃时理论相平衡压力值为 4.23MPa，给定驱动力分别为 1.0MPa、2.0MPa、3.0MPa、4.0MPa，即实验初始压力分别为 5.23MPa、6.23MPa、7.23MPa、8.23MPa，所对应的瓦斯水合物平均生长速率分别为 0.156×10^{-6}m^3/min、0.254×10^{-6}m^3/min、0.296×10^{-6}m^3/min、0.400×10^{-6}m^3/min。实验研究范围内气样 G1、G2 瓦斯水合物生长速率皆表现为随着驱动力的增大而增大；此外，由图 3-20 可知，在理论计算相平衡压力值的基础上，相同驱动力的条件下气样 G1 体系水合物生长速率均大于气样 G2 体系，分析认为，当瓦斯混合气中 CH$_4$ 浓度升高时分离难度加大，因此，相同驱动力条件下气样中 CH$_4$ 浓度升高时瓦斯水合物生长速率降低。

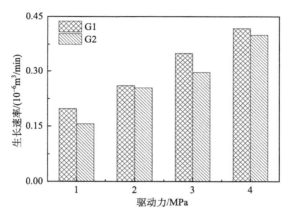

图 3-20 SDS 促进剂体系驱动力对瓦斯水合物生长速率的影响

图 3-21 为气样 G1、G2 在 SDS 体系和纯水体系水合物生长速率对比分析结果，当驱动力分别为 1.0MPa、2.0MPa、3.0MPa、4.0MPa 时，气样 G1 在 SDS 促进剂体系的水合物生长速率比纯水体系分别高 0.138×10^{-6}m^3/min、0.192×10^{-6}m^3/min、0.268×10^{-6}m^3/min、0.331×10^{-6}m^3/min；气样 G2 在 SDS 促进剂体系的水合物生长速率比纯水体系分别高 0.112×10^{-6}m^3/min、0.203×10^{-6}m^3/min、0.213×10^{-6}m^3/min、0.316×10^{-6}m^3/min；相同实验条件下，SDS 促进剂体系瓦斯水合物生长速率均大于纯水体系水合物生长速率，且随着驱动力的增大，瓦斯水合物生长速率增大越明显。可见 SDS 是一种有效的水合物动力学促进剂，溶液中添加 100mg/L 的 SDS 时可显著提高瓦斯水合物生长速率。

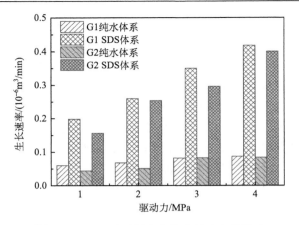

图 3-21　SDS 对瓦斯水合物生长速率的影响

SDS 体系驱动力对瓦斯水合物诱导时间的影响如图 3-22 所示。气样 G1、G2 在 2℃时相平衡压力分别为 5.78MPa、5.23MPa，SDS 浓度为 100mg/L，实验驱动力为 1.0MPa、2.0MPa、3.0MPa、4.0MPa，气样 G1 体系水合物成核诱导时间分别为 23min、19.0min、15.0min、12.0min，气样 G2 水合物成核诱导时间分别为 20.0min、17.0min、20.0min、11.0min、9.0min。可见在 SDS 促进剂体系，瓦斯水合物成核诱导时间随着驱动力的增大而减小，驱动力为 4.0MPa 时，气样 G1 体系诱导时间最短为 12min，气样 G2 体系诱导时间最短为 9min；驱动力相同时，SDS 促进剂溶液体系同样满足，气样 G2 体系生成水合物诱导时间小于 G1 体系。

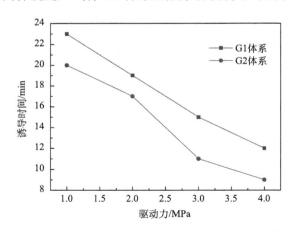

图 3-22　SDS 体系驱动力对瓦斯水合物诱导时间的影响

图 3-23 为气样 G1 和 G2 在 SDS 促进剂体系于纯水体系水合物成核诱导时间对比结果。实验驱动力分别为 1.0MPa、2.0MPa、3.0MPa、4.0MPa 时，气样 G1

在 SDS 促进剂体系水合物成核诱导时间比纯水体系分别小 18.0min、14.0min、8.0min、7.0min，气样 G2 在 SDS 促进剂体系水合物成核诱导时间比纯水体系分别小 16.0min、10.0min、9.0min、8.0min。由对比结果可见，实验瓦斯气样在 SDS 促进剂体系的水合物成核诱导时间均小于纯水体系，说明 SDS 是一种有效的水合物动力学促进剂，溶液中添加适当浓度的 SDS 可显著缩短瓦斯水合物成核诱导时间。

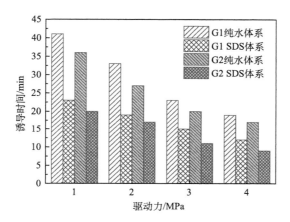

图 3-23　SDS 体系和纯水体系瓦斯水合物诱导时间对比

3. SDS 促进剂体系驱动力对分离效果的影响

根据实验初始温度、压力值，水合物相温度、压力值，以及水合反应达到平衡时的气相、水合物相的色谱分析结果，计算气样 G1、G2 在 SDS 促进剂体系 CH_4 回收率和分离因子，计算结果见表 3-8。

表 3-8　SDS 促进剂体系 CH_4 回收率和分离因子计算结果

气样	实验编号	SDS /(mg/L)	体积 /mL	搅拌转速 /(r/min)	实验温度 /℃	驱动力 /MPa	初始压力 /MPa	回收率/ %	分离因子
G1	Ⅰ-1	100	400	120	2	1.0	5.78	31.00	2.79
	Ⅰ-2					2.0	6.78	36.69	3.53
	Ⅰ-3					3.0	7.78	41.39	3.90
	Ⅰ-4					4.0	8.78	43.36	3.73
G2	Ⅱ-1	100	400	120	2	1.0	5.23	24.58	2.95
	Ⅱ-2					2.0	6.23	33.52	3.30
	Ⅱ-3					3.0	7.23	39.56	3.09
	Ⅱ-4					4.0	8.23	36.57	3.07

　　SDS 促进剂体系下驱动力对 CH_4 回收率和分离因子的影响如图 3-24 所示。气样 G1 体系在相平衡压力值的基础上给定驱动力分别为 1.0MPa、2.0MPa、3.0MPa、4.0MPa，即实验初始压力分别为 5.78MPa、6.78MPa、7.78MPa、8.78MPa，CH_4 回收率分别为 31.00%、36.69%、41.39%、43.36%，分离因子分别为 2.79、3.53、3.90、3.73；如图 3-24(a)拟合曲线所示，实验研究范围内 CH_4 回收率随着驱动力的增大而增大，当驱动力由 3MPa 升高到 4MPa 时，回收率上升率较小，而分离因子拟合曲线随着驱动力的增大先增大后减小，当驱动力由 3 MPa 升高到 4MPa 时分离因子拟合曲线开始逐渐下降。由综合气样 G1 回收率和分离因子拟合曲线可见，在实验研究范围内，随着驱动力的增大，瓦斯水合分离效果逐渐变好，当驱动力超过 3.0MPa 时，CH_4 净化程度降低。给定驱动力条件下，气样 G2 体系 CH_4

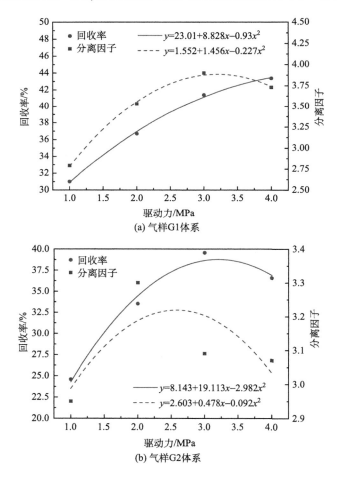

图 3-24　SDS 促进剂体系 CH_4 回收率和分离因子随驱动力变化曲线

回收率分别为 24.58%、33.52%、39.56%、36.57%，分离因子分别为 2.95、3.30、3.09、3.07；从图 3-24 拟合曲线可以看出实验研究范围内 CH_4 回收率和分离因子均随着驱动力的增大而先增大后减小，当驱动力分 3MPa 时 CH_4 回收率最大为39.56%，驱动力为 2MPa 时分离因子最大为 3.3，说明实验研究范围内气样 G2 体系存在最优的驱动力，使其对原料气中 CH_4 的分离能力最强、净化程度最高。

　　图 3-25 为瓦斯气样 G1、G2 在 SDS 促进剂体系和纯水体系 CH_4 回收率的对比分析。由图中可以看出，相同温度、驱动力、搅拌转速条件下，溶液中添加100mg/L 的 SDS 时，四种驱动力条件下，气样 G1 在 SDS 促进剂体系的 CH_4 回收率比纯水体系分别高 20.98%、26.0%、30.41%、31.61%，气样 G2 在 SDS 促进剂体系的 CH_4 回收率比纯水体系分别高 17.34%、24.63%、28.61%、24.78%。气样G1、G2 在 SDS 促进剂体系 CH_4 回收率均大于纯水体系，溶液中添加 100mg/L SDS时可显著改善瓦斯水合分离效果、增加分离体系对原料气中 CH_4 的回收能力、提高净化程度。

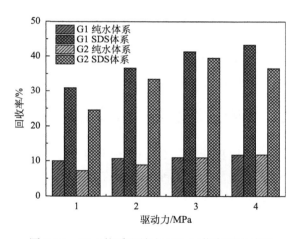

图 3-25　SDS 体系和纯水 CH_4 回收率对比结果

3.3.3　SDS 影响机理分析

　　SDS 是一种常见的阴离子表面活性剂，表面活性剂是指：稀浓度时表面张力随着溶液浓度的升高而快速下降，下降到一定程度后不再下降的一类活性物质[37]。

　　SDS 对瓦斯水合物形成过程的影响机理可以分为以下两个方面。一方面，SDS溶解于水中后，憎水基为了逃逸水分子的包围而被推出水面伸向空气，亲水基则留在水中，结果 SDS 分子在气液接触面上定向排列形成单分子表面膜，单分子膜降低了溶液的表面张力，使瓦斯气体分子易于溶解在水中，液相中气体分子浓度

· 98 · 煤矿瓦斯水合技术及其应用

升高，有利于加速水合物晶核的形成、减少诱导时间，从而提高了水合物生长速度，如图 3-26(a)所示。另一方面，溶液中 SDS 分子的非极性部分会自相结合，形成憎水基向里、亲水基向外的多分子聚合体，即在溶液中形成大量的球状胶束，并将瓦斯气体分子包裹于胶束的憎水基内，受胶束亲水基的作用，胶束可均匀分布在溶液中，瓦斯气体被胶束运移至液相各个部位，促进瓦斯气体分子的传质，如图 3-26(b)所示。可见，SDS 的添加改变了溶液的界面张力，同时增加了瓦斯气体分子在水中的运移和溶解，加快了气相到液相之间的气体分子的传质，这为瓦斯水合物的成核和生长创造了有利的条件。

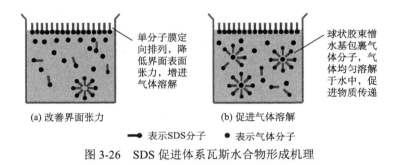

(a) 改善界面张力　　　　　　　(b) 促进气体溶解

━● 表示SDS分子　　● 表示气体分子

图 3-26　SDS 促进体系瓦斯水合物形成机理

3.4　驱动力影响下油水乳液体系瓦斯水合分离实验

本书分别对高浓度甲烷瓦斯气样 G1、G2 在纯水体系及 SDS 促进剂体系的瓦斯水合分离实验进行了研究，并对两种体系下的瓦斯水合物生长速率和分离效果做了对比分析。但无论纯水体系还是 SDS 促进剂体系，瓦斯水合分离反应达到平衡状态时釜内溶液都呈结晶固化状态，需要对水合物相冷冻后排出残气再对水合物相加热使其分解，无法实现连续分离，且固化水合物分解缓慢耗时，使得分离效率降低。为克服水合分离技术这一局限性，本节尝试在油水乳液中分离瓦斯混合气并对该体系下水合物生长速率和分离效果进行分析研究，该体系的优势在于生成的水合物以颗粒态分散到乳液中形成水合物浆液，水合物浆液具有良好的流动性和分散性。

3.4.1　体系概述

实验所用合成高瓦斯气样分别为：G1=60% CH_4+32% N_2+8% O_2，G2=70% CH_4+24% N_2+6% O_2；矿物油和水的体积比为 1:1，并在高速搅拌下制成乳液；乳化剂 Span80 添加量为乳液中水的质量的 1%；实验用水为自制去离子水；2℃时纯水体系下气样 G1、G2 相平衡压力值分别为 4.78MPa、4.23MPa，给定驱动力 Δp

分别为 1～4MPa；搅拌转速为 120r/min，实验参数详见表 3-9。

表 3-9　驱动力影响下油水乳液体系瓦斯气水合物分离实验条件

气样	实验编号	油水体积比	体积/mL	搅拌转速/(r/min)	实验温度/℃	相平衡压力/MPa	驱动力/MPa	初始压力/MPa
G1	Ⅰ-1						1.0	5.78
	Ⅰ-2					4.78	2.0	6.78
	Ⅰ-3						3.0	7.78
	Ⅰ-4	1:1	400	120	2		4.0	8.78
G2	Ⅱ-1						1.0	5.23
	Ⅱ-2					4.23	2.0	6.23
	Ⅱ-3						3.0	7.23
	Ⅱ-4						4.0	8.23

3.4.2　结果与分析

气样 G1 在油水乳液体系水合物生长过程宏观现象以实验体系 Ⅰ-4 为例描述，该体系反应开始至结束视窗上水合物生成量无明显变化，但压力明显下降。实验初始压力为 7.78MPa、温度为 4.47℃。反应至 30min 时，大量冰片状瓦斯水合物沿视窗向上生长，乳液中生成大量细小水合物颗粒，乳液颜色变暗，如图 3-27(a)所示；水合反应进行至 60min 时，视窗上水合物生成量略多于 30min 时，如图 3-27(b)所示，釜内压力值为 7.42MPa、温度为 4.22℃；至 120min 时，视窗上水合物生成量较 60min 时无明显变化，此时釜内压力值为 7.23MPa、温度为 4.09℃，透过视窗可见釜内浆液中水合物生成量增多，如图 3-27(c)所示；反应进行至 540min 时，釜内压力值为 6.45MPa、温度为 2.03℃且不再发生明显变化，视窗上水合物生成量无明显变化，水合物以流动浆液形态存在于釜内，如图 3-27(d)所示。实验体系 Ⅰ-4 瓦斯水合分离过程釜内温度和压力随时间变化曲线如图 3-28 所示。

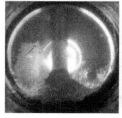 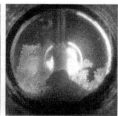 

(a) 30min　　　　(b) 60min　　　　(c) 120min　　　　(d) 540min

图 3-27　油水乳液体系实验 Ⅰ-4 典型水合物照片

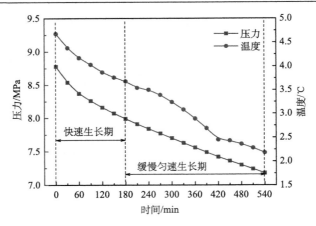

图 3-28　油水乳液体系实验 I -4 瓦斯水合分离过程压力、温度随时间变化曲线

　　气样 G1 在油水乳液体系水合分离过程色谱分析结果同样以实验 I -4 为例进行描述，实验体系 I -4 原料气相 CH$_4$ 浓度为 60.0%，N$_2$、O$_2$ 的浓度和为 40.0%，色谱分析谱图如图 3-29（a）所示；水合分离反应进行至 540min 时反应达到平衡，取釜内气相气样进行色谱分析，气相 CH$_4$ 浓度为 58.17%，N$_2$、O$_2$ 的浓度和为 41.83%，色谱分析谱图如图 3-29（b）所示；待釜内生成水合物全部融化分解后，釜内压力为 1.61MPa、温度为 15.0℃，取釜内水合物相气样进行色谱分析，水合物相 CH$_4$ 浓度为 82.29%，N$_2$、O$_2$ 的浓度和为 17.73%，色谱分析谱图如图 3-29（c）所示。实验 I -4 色谱分析表明，CH$_4$ 浓度为 60.0% 的瓦斯原料气经水合分离后 CH$_4$ 浓度高达 82.29%，水合分离后 CH$_4$ 浓度提升了 22.29 个百分点。

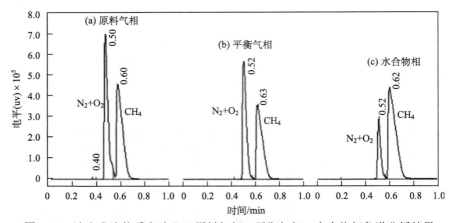

图 3-29　油水乳液体系实验 I -4 原料气相、平衡气相、水合物相色谱分析结果

　　瓦斯气样 G2 在油水乳液体系水合物生长过程宏观现象以实验体系 II-3 为例进行描述，实验驱动力为 3MPa，初始压力为 8.22MPa、温度为 5.89℃。反应至

30min 时，釜内温度、压力有明显下降，搅拌棒上附着有白色雪状瓦斯水合物，乳液中有水合物颗粒生成，浆液具有良好的流动性，如图 3-30(a)所示；至 60min 时，视窗下部生成一大片白色雪状水合物，釜内水合物浆液变得黏稠，如图 3-30(b)所示；水合反应进行至 120min 时，视窗上附着水合物继续增长呈白色雪状，如图 3-30(c)所示；至 540min 时，反应釜视窗仅有一小部分未被水合物覆盖，视窗上的白雪状水合物变厚，釜内气相压力不再发生明显变化，水合反应趋于平衡，视为水合分离结束，此时釜内压力为 5.72MPa、温度为 2.03℃，如图 3-30(d)所示。实验体系Ⅱ-3 瓦斯水合分离过程釜内温度和压力随时间变化典型曲线如图 3-31 所示。

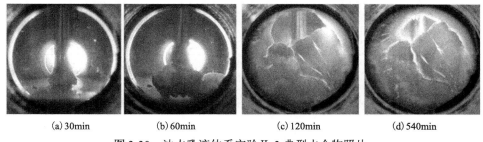

(a) 30min　　　　(b) 60min　　　　(c) 120min　　　　(d) 540min

图 3-30　油水乳液体系实验Ⅱ-3 典型水合物照片

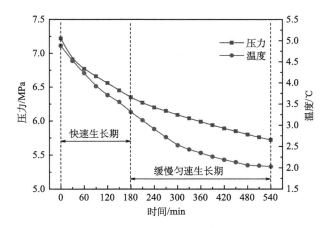

图 3-31　油水乳液体系实验Ⅱ-3 瓦斯水合分离过程压力、温度随时间变化曲线

　　瓦斯气样 G2 在油水乳液体系水合分离过程的色谱分析结果以实验Ⅱ-3 为例进行描述，实验Ⅱ-3 原料气相 CH_4 浓度为 70.0%，N_2、O_2 的浓度和为 30.0%，色谱分析结果如图 3-32(a)所示；水合分离反应进行至 540min 时反应达到平衡，取釜内气相气样经色谱分析后气相 CH_4 浓度为 64.1%，N_2、O_2 的浓度和为 35.9%，分析谱图如图 3-32(b)所示；待釜内生成水合物全部融化分解后取釜内水合物相

气样进行色谱分析，结果显示 CH₄ 浓度为 87.3%，N₂、O₂ 的浓度和为 12.7%，色谱分析谱图如图 3-32(c)所示。实验Ⅱ-3 分析结果表明，CH₄ 浓度为 70.0% 的原料气经分离后 CH₄ 浓度高达 87.3%，CH₄ 浓度提升了 17.3 个百分点。

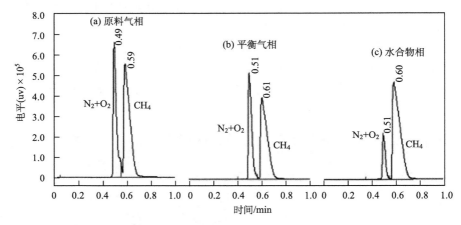

图 3-32　油水乳液体系实验Ⅱ-3 原料气相、平衡气相及水合物相 CH₄ 浓度色谱图

　　油水乳液体系下瓦斯气样 G1、G2 水合物生长结束达到平衡时温度压力值、气相 CH₄ 浓度、水合物相的温度压力值及水合物相 CH₄ 浓度的实验结果见表 3-10。

表 3-10　驱动力影响下油水乳液体系瓦斯气水合物分离实验结果

| 气样 | 实验编号 | 油水体积比 | 实验温度/℃ | 初始压力/MPa | 平衡气相 | | | 水合物相 | | | 分配系数 |
					压力 p/MPa	温度 T/℃	CH₄浓度/%	压力 p/MPa	温度 T/℃	CH₄浓度/%	
G1	Ⅰ-1	1:1	2	5.78	4.69	1.97	56.74	0.98	15.0	80.33	1.42
	Ⅰ-2			6.78	5.62	1.86	57.42	1.15	15.0	81.27	1.42
	Ⅰ-3			7.78	6.45	2.03	57.52	1.45	15.0	82.14	1.43
	Ⅰ-4			8.78	7.18	2.18	58.17	1.61	15.0	82.29	1.41
G2	Ⅱ-1	1:1	2	5.23	4.08	2.03	66.86	1.08	15.0	85.35	1.28
	Ⅱ-2			6.23	4.9	2.11	65.72	1.28	15.0	85.69	1.3
	Ⅱ-3			7.23	5.7	2.05	64.1	1.5	15.0	87.3	1.36
	Ⅱ-4			8.23	6.38	2.02	59.86	1.75	15.0	84.94	1.42

3.4.3　油水乳液体系驱动力对水合物生长速率的影响

　　由于油水乳液体系实验溶液呈乳白色，生成瓦斯水合物为白色呈颗粒状晶体分散在乳液中，实验过程中不便于观察釜内水合物生成情况，即很难准确判断釜内首个出现的具有宏观规模的水合物颗粒，因此，在本节研究中不讨论驱动力对诱导时间的影响。

根据瓦斯气水合物体积生长速率计算方程结合水合物生长时间、溶液体积、气体体积计算纯水体系下各实验体系水合物生长速率，计算结果见表 3-11。

表 3-11　油水乳液体系瓦斯水合物生长速率和诱导时间

气样	实验编号	油水体积比	体积/mL	搅拌转速/(r/min)	实验温度/℃	驱动力/MPa	初始压力/MPa	生长速率/(10⁻⁶m³/min)
G1	I-1	1∶1	400	120	2	1.0	5.78	0.096
	I-2					2.0	6.78	0.097
	I-3					3.0	7.78	0.100
	I-4					4.0	8.78	0.123
G2	II-1	1∶1	400	120	2	1.0	5.23	0.109
	II-2					2.0	6.23	0.126
	II-3					3.0	7.23	0.145
	II-4					4.0	8.23	0.178

油水乳液体系驱动力对瓦斯水合物生长速率的影响如图 3-33 所示，气样 G1 在 2℃时理论相平衡压力值为 4.78MPa，给定驱动力分别为 1.0MPa、2.0MPa、3.0MPa、4.0MPa，即实验初始压力分别为 5.78MPa、6.78MPa、7.78MPa、8.78MPa，所对应的瓦斯水合物平均生长速率分别为 $0.096\times10^{-6}\text{m}^3/\text{min}$、$0.097\times10^{-6}\text{m}^3/\text{min}$、$0.10\times10^{-6}\text{m}^3/\text{min}$、$0.123\times10^{-6}\text{m}^3/\text{min}$；气样 G2 在 2℃时理论相平衡压力值为 4.23MPa，实验给定驱动力分别为 1.0MPa、2.0MPa、3.0MPa、4.0MPa，即实验初

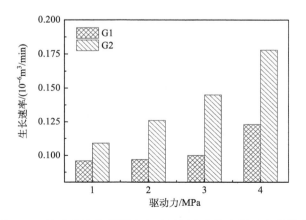

图 3-33　油水乳液体系驱动力对瓦斯水合物生长速率的影响

始压力分别为 5.23MPa、6.23MPa、7.23MPa、8.23MPa 所对应的瓦斯水合物平均生长速率分别为 $0.109\times10^{-6}m^3/min$、$0.126\times10^{-6}m^3/min$、$0.145\times10^{-6}m^3/min$、$0.178\times10^{-6}m^3/min$。气样 G1 和 G2 在油水乳液体系的瓦斯水合物生长速率皆表现为随着驱动力的增大而增大。

　　图 3-34 为相同驱动力条件下,瓦斯气样 G1、G2 在纯水体系、SDS 促进剂体系、油水乳液体系的水合物生长速率对比结果。由图中可以看出,相同实验条件下气样 G1 在 SDS 促进剂体系的水合物生长速率最大,在油水乳液体系生长速率次之,纯水体系水合物生长速率最小,即表现为如下关系:$v_{SDS}>v_{乳液}>v_{纯水}$;气样 G2 在三种实验体系下水合物生长速率同样满足这样的关系。

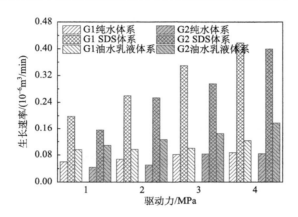

图 3-34　纯水体系-SDS 体系-油水乳液体系水合物生长速率对比图

3.4.4　油水乳液体系驱动力对分离效果的影响

　　根据实验初始温度、压力值,水合物相温度、压力值,以及水合反应达到平衡时气相、水合物相的色谱分析结果,计算油水乳液各实验体系 CH_4 回收率和分离因子,计算结果见表 3-12。

　　油水乳液体系驱动力对 CH_4 回收率和分离因子的影响如图 3-35 所示。气样 G1 体系理论计算相平衡压力值为 4.78MPa,给定驱动力分别为 1.0MPa、2.0MPa、3.0MPa、4.0MPa,即实验初始压力分别为 5.78MPa、6.78MPa、7.78MPa、8.78MPa,CH_4 回收率分别为 21.68%、21.93%、24.36%、24.0%,分离因子分别为 3.11、3.22、3.40、3.34;如图 3-35(a)拟合曲线所示,从图中可以看出,实验研究范围内 CH_4 回收率随着驱动力的增大而增大,而分离因子拟合曲线随着驱动力的增大而先增大后减小,当驱动力由 3MPa 到 4MPa 时,分离因子拟合曲线表现为下降趋势。综合气样 G1 回收率和分离因子拟合曲线可见,在实验研究范围内随着驱动力的增大,瓦斯水合分离效果逐渐变好,当驱动力超过 3MPa 时分离难度逐渐变大,原料

表 3-12　油水乳液体系 CH₄ 回收率和分离因子计算结果

气样	实验编号	油水体积比	体积/mL	搅拌转速/(r/min)	实验温度/℃	驱动力/MPa	初始压力/MPa	回收率/%	分离因子
G1	Ⅰ-1	1:1	400	120	2	1.0	5.78	21.68	3.11
	Ⅰ-2					2.0	6.78	21.93	3.22
	Ⅰ-3					3.0	7.78	24.36	3.40
	Ⅰ-4					4.0	8.78	24.0	3.34
G2	Ⅱ-1	1:1	400	120	2	1.0	5.23	24.04	2.89
	Ⅱ-2					2.0	6.23	24.48	3.12
	Ⅱ-3					3.0	7.23	24.76	3.78
	Ⅱ-4					4.0	8.23	24.69	3.16

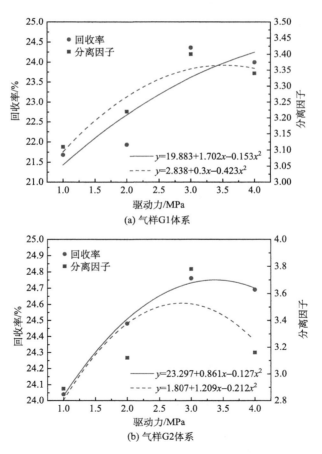

图 3-35　油水乳液体系 CH₄ 回收率和分离因子随驱动力变化曲线

气中 CH₄ 的净化程度降低。气样 G2 体系理论计算相平衡压力值为 4.23MPa，给定驱动力分别为 1.0MPa、2.0MPa、3.0MPa、4.0MPa，即实验初始压力分别为 4.23MPa、5.23MPa、6.23MPa、7.23MPa，实验条件下 CH₄ 回收率分别为 24.04%、24.48%、24.76%、24.69%，分离因子分别为 2.89、3.12、3.78、3.16；从图 3-35（b）拟合曲线可以看出，实验研究范围内气样 G2 体系 CH₄ 回收率和分离因子均随着驱动力的增大，呈先增大后减小的变化趋势，当驱动力为 3MPa 时，CH₄ 回收率最大为 24.76%、分离因子最大为 3.78，说明气样 G2 体系存在最优的驱动力，使其对原料气中 CH₄ 的分离能力最强、净化程度最高。

图 3-36 比较了相同驱动力条件下瓦斯气样 G1、G2 在纯水体系、SDS 促进剂体系、油水乳液体系的 CH₄ 回收率。由图中可以看出，在理论计算相平衡压力基础上，当实验驱动力分别为 1.0MPa、2.0MPa、3.0MPa、4.0MPa 时，相同驱动力条件下，气样 G1 在 SDS 促进剂体系中的 CH₄ 回收率最大、分离效果最佳，油水乳液体系的 CH₄ 回收率次之，纯水体系的 CH₄ 回收率最小，即满足 S.Fr.$_{SDS}$＞S.Fr.$_{乳液}$＞S.Fr.$_{纯水}$的关系；油水乳液体系和 SDS 促进剂体系的 CH₄ 回收率大于纯水体系。气样 G2 在三种促进剂体系的 CH₄ 回收率同样满足 S.Fr.$_{SDS}$＞S.Fr.$_{乳液}$＞S.Fr.$_{纯水}$。表明油水乳液可显著改善瓦斯水合分离效果、增强分离体系对原料气中 CH₄ 的回收能力、提高净化程度。油水乳液体系的分离效果不及 SDS 促进剂体系，但在瓦斯水合物分离过程，油水乳液体系生成的瓦斯水合物浆液具有良好的流动性和分散性，可实现连续分离矿井瓦斯。

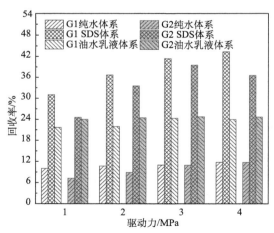

图 3-36　纯水体系-SDS 体系-油水乳液体系 CH₄ 回收率对比图

3.4.5　油水乳液影响机理分析

耦合分离是指将两种或两种以上的互补分离单元相结合，分离单元在其优势区域发挥作用，从而使整个分离工艺更加经济、高效[38]。本书研究中，油-水按设计体积比混合后在高速搅拌和乳化剂的作用下，水以小水滴的形态分散到油相形成油水乳液，在温度、压力及搅拌等条件的作用下，瓦斯气体与乳液中的小水滴发生水合反应。其原理是瓦斯混合气中的 CH_4、N_2、O_2 在油相中的溶解度不同，且 CH_4 作为烃类气体相对于 N_2、O_2 较容易被油相选择吸收，溶解于油相的 CH_4 气体与分散在油相中的小水滴在合适的温压条件下生成水合物，由于水滴的外层先与溶解于乳液中的 CH_4 接触，因此液滴外层先生成水合物并逐渐向内生长，这样瓦斯中 CH_4 经油相选择吸收——水合过程从而达到耦合分离的目的。同时水被乳化后与气体接触面积增大，加强了物质传递，可有效加快瓦斯水合反应速率，因此在油水乳液体系瓦斯水合物生长速率、分离效果均优于纯水体系，油水乳液体系瓦斯水合物形成机理如图 3-37 所示。

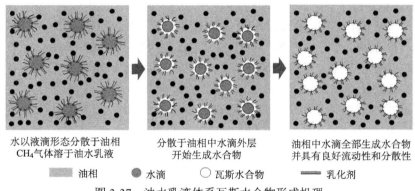

水以液滴形态分散于油相　　分散于油相中水滴外层　　油相中水滴全部生成水合物
CH_4气体溶于油水乳液　　　　开始生成水合物　　　　　并具有良好流动性和分散性

▨ 油相　　⬤ 水滴　　◯ 瓦斯水合物　　══ 乳化剂

图 3-37　油水乳液体系瓦斯水合物形成机理

此外，本书研究中在乳液中添加了 Span80 作为乳化剂，乳化剂 Span80 可以降低乳液的表面张力，CH_4 分子较容易溶解于乳液中被油相选择吸收后与乳液中的水发生水合反应，形成水合物后分散在乳液中并具有良好的流动性。且乳化剂 Span80 分子结构中的羟基及类四氢呋喃结构可以和水分子形成氢键促进水合物晶体成核生长[39]，Span80 分子结构见图 3-38。综上所述，瓦斯气样 G1、G2 在油水乳液体系经耦合分离，以及 Span80 的乳化作用，使得该体系下瓦斯水合物生长速率、瓦斯水合分离效果均优于纯水体系。

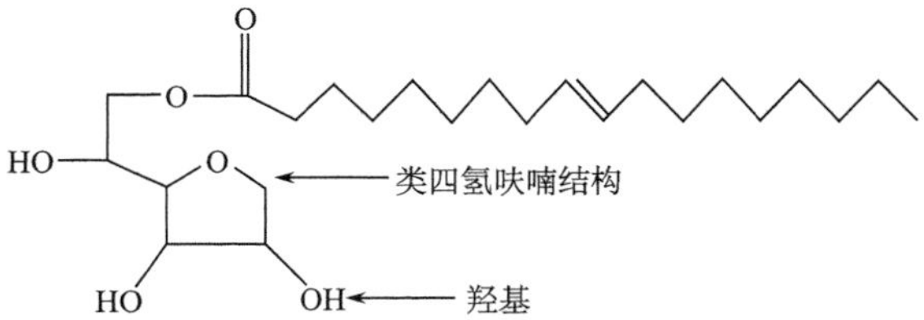

图 3-38　Span80 分子结构

3.5　THF 溶液水合分离含高 CH_4 瓦斯气实验

THF(四氢呋喃)是一种有效的水合物热力学促进剂,即使没有气体分子存在,其本身也可以和水生成水合物,为客体分子(CH_4、CO_2、N_2、O_2 等)提供基础水合物骨架,加快气体水合物的生成速率,有效地降低水合物生成压力[40-43]。国内外学者针对其在水合物法分离工艺中的影响开展了大量研究工作。Linga 等[44]提出了水合物法结合膜分离法分离烟气中 CO_2 的工艺,以 1%的 THF 作为促进剂,在 273.75K、2.5MPa 条件下,CO_2 含量为 17.0%的 CO_2-N_2 原料气,经三级分离后得到含 CO_2 为 94%的混合气。赵建忠等[45]针对矿井抽放瓦斯因 CH_4 浓度低、难以利用和储运的问题,利用 THF 促进剂溶液水合物法分离提纯煤层气,在 5℃、0.3MPa 分离条件下,原料气中 CH_4 浓度由 16.45%提高到 61.70%;相同温度下初始压力增至 1.0MPa 时,水合物相中 CH_4 浓度由 61.70%降到 56.20%,CH_4 回收率随压力升高而降低。陈广印等[46]基于水合物法利用浓度为 6mol%(mol%表示摩尔分数)THF 溶液连续分离煤层气,研究表明低温、高压、低原料气流量有利于水合物中 CH_4 的富集和 CH_4 回收。上述学者研究表明:在一定的条件下。THF 作为促进剂进行水合物法分离气体的可行性和有效性,然而以 THF 作为促进剂分离高浓度 CH_4 瓦斯气的研究却鲜见报道。

通过可视化瓦斯水合分离实验装置,用一种合成瓦斯气样,分析比较 THF 浓度及初始压力对瓦斯水合物分离效果的影响,探究最佳的 THF 浓度比,合适的实验环境(温度和压力),为水合物法分离高浓度 CH_4 瓦斯工业化应用提供基础参考和优化依据。

3.5.1　体系概述

实验室自主设计瓦斯水合分离实验装置,如图 3-39 所示。该装置主要由高压全透明水合反应釜、恒温控制箱、气体增压系统、数据采集系统、光纤摄像系统等组成。实验装置的核心是全透明高压反应釜,有效容积 150mL,最高承压 20MPa,使用温度–10～50℃;反应釜置于高精度恒温控制箱内,通过恒温箱控温,恒温箱恒温范围–20～60℃;反应釜内温度由内置 Pt1000 热电偶温度传感器测定,测量范围–30～50℃,测量精度±0.01℃;釜内压力由高精度压力传感器测定,测量范围 0～10MPa,测量精度±0.01MPa;釜内温度、压力数据由计算机数据采集系统实时记录存储;光纤摄像系统可直接监测水合物的生成和生长过程。实验过程中采用 GC4000A 气相色谱仪同步分析检测釜内气相变化。

实验所用 THF 浓度为 99.9%,分析纯试剂;试剂称量采用精密电子天平,精度为±0.1mg;蒸馏水实验室自制;合成瓦斯气样 G:$\varphi(CH_4)$=60%,$\varphi(N_2)$=32%,$\varphi(O_2)$=8%。

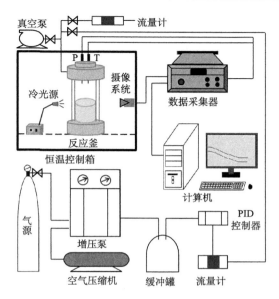

图 3-39　高压可视化瓦斯水合分离实验装置

采用恒温恒容法开展 CH_4 浓度为 60% 的瓦斯气样在不同浓度的 THF 溶液体系及不同初始压力条件下水合物分离实验。由于瓦斯气样中 O_2 浓度较低，且前人实验研究表明 O_2 生成水合物的条件和 N_2 接近[47]，为了便于色谱分析和实验结果计算，将瓦斯气样看成 CH_4-N_2 混合体系，色谱检测分析时采用修正归一法。分离效果由 CH_4 分离率 S.Fr.和分离因子 S.F.作为评价指标[48]。

3.5.2　结果与分析

开展一种典型高 CH_4 瓦斯气样：$\varphi(CH_4)$=60%、$\varphi(N_2)$=32%、$\varphi(O_2)$=8%，在 4 种 THF 浓度和 3 种初始压力条件下的分离实验，实验参数及结果见表 3-13，实验过程中各体系压力及气相 CH_4 浓度随时间变化关系如图 3-40 所示。

瓦斯水合分离实验过程中体系 I-2 反应现象较为典型。反应釜中通入一定量瓦斯气样后，气液接触面立即生成泡沫状水合物并沿釜壁迅速向上生长，溶液中有少数可见细微水合物颗粒，如图 3-41（a）所示；随着反应继续进行，水合物在气液接触面同时向上、向下生长，至 40min 时，釜内生成大量蓬松棉絮状水合物，体系液体逐渐减少，如图 3-41（b）所示，此时体系温度为 8.1℃，压力为 0.98MPa；反应至 80min 时，釜内生成大量密实积雪状水合物，仅有少量液体存在，呈熔融状，如图 3-41（c）所示；反应至 150min 时，釜内充满白色水合物，几乎无液体存在，体系压力、温度不再发生明显变化，水合反应趋于平衡状态，反应结束，此时体系温度为 4.17℃，压力为 0.59MPa，如图 3-41（d）所示。

表 3-13　瓦斯水合分离实验初始条件及实验结果

实验体系	实验编号	THF 浓度/mol%	温度/℃	初始压力/MPa	水合物相CH₄浓度/%	CH₄分离率S.Fr.	分离因子S.F.	载气量/mol
I	I-1	2.5			66.32	1.11	1.86	0.133
	I-2	3.5	2	1.5	69.92	1.17	3.00	0.394
	I-3	4.5			74.57	1.24	5.25	0.527
	I-4	5.5			77.49	1.29	7.94	0.537
II	II-1	2.5			62.42	1.04	1.48	0.423
	II-2	3.5	2	2.5	66.17	1.10	1.96	0.519
	II-3	4.5			68.70	1.15	2.34	0.546
	II-4	5.5			71.69	1.19	3.04	0.580
III	III-1	2.5			61.72	1.03	1.16	0.447
	III-2	3.5	2	3.5	63.27	1.05	1.40	0.567
	III-3	4.5			64.16	1.07	1.55	0.602
	III-4	5.5			66.15	1.10	1.92	0.841

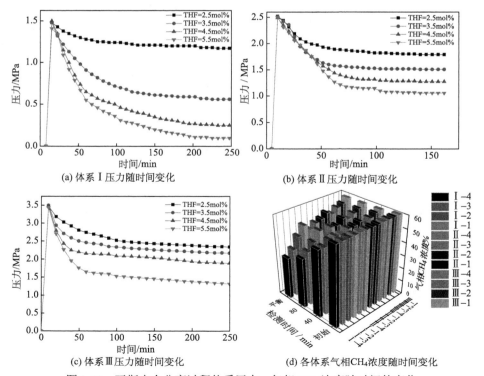

(a) 体系 I 压力随时间变化

(b) 体系 II 压力随时间变化

(c) 体系 III 压力随时间变化

(d) 各体系气相CH₄浓度随时间变化

图 3-40　瓦斯水合分离过程体系压力、气相 CH₄ 浓度随时间的变化

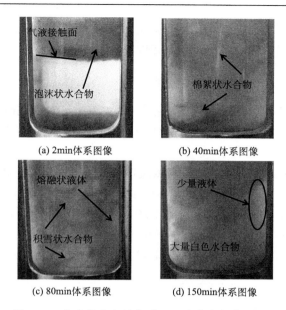

(a) 2min体系图像　　　　　　　(b) 40min体系图像

(c) 80min体系图像　　　　　　　(d) 150min体系图像

图 3-41　水合物在实验体系 I -2 中生成的典型照片

图 3-42 为体系 I -2 瓦斯水合分离过程中压力、气相 CH_4 浓度随时间变化曲线，能够较准确地体现水合分离过程中不同阶段的体系特征，反应初始时刻记为点 A。从图中可以看出反应釜内通入瓦斯气样后，体系压力迅速下降，不存在诱导期。这是由于溶液中加入 THF 后，改善了水合物生成热力学条件，加快水合物成核、生长速率[49]。AB 段为水合物快速成核生长期，表现为体系压力迅速下降，气相 CH_4 浓度大幅度下降，N_2、O_2 浓度相对升高。BC 段为水合物缓慢成核、生长期，表现为体系压力缓慢下降，气相 CH_4 浓度缓慢下降，N_2、O_2 浓度缓慢上升。

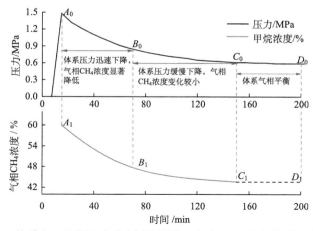

图 3-42　体系 I -2 瓦斯水合分离过程压力、气相 CH_4 浓度随时间变化曲线

气体消耗量较少，体系压力变化小。最终 C 点时刻体系压力趋于稳定不变，为 0.59MPa，平衡气相中 CH_4 浓度为 43.65%。

3.5.3　THF 浓度对水合分离效果的影响

实验配制了 THF 浓度（摩尔分数）分别为 2.5mol%、3.5mol%、4.5mol%、5.5mol% 的溶液，比较 THF 浓度对高 CH_4 瓦斯气水合分离效果的影响，图 3-43（a）、（b）中拟合曲线反映了 THF 浓度与 CH_4 分离率、分离因子的关系。同一实验条件下，CH_4 分离率和分离因子均随 THF 浓度增大而呈上升趋势，其中实验体系 I 曲线上升趋势较明显，体系 II、III 次之。各体系 THF 浓度均由 2.5mol% 增至 5.5mol% 时，体系 I 中 CH_4 分离率由 1.11 增至 1.29，分离因子由 1.86 增至 1.94；体系 II，CH_4 分离率由 1.04 增至 1.19，分离因子由 1.48 增至 3.04；体系 III，CH_4 分离率由 1.03 增至 1.10，分离因子由 1.16 增至 1.92。

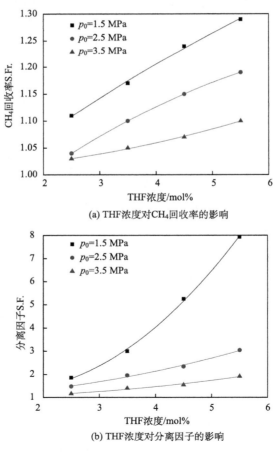

(a) THF浓度对CH_4回收率的影响

(b) THF浓度对分离因子的影响

图 3-43　不同 THF 浓度对瓦斯水合分离效果的影响

综上所述，在 THF 浓度为 2.5mol%～5.5mol%给定实验体系中，THF 浓度增加有益于水合分离效果，对体系 I 的分离效果影响较为显著，CH_4 分离率和分离因子明显高于其他二者。

3.5.4　初始压力对水合分离效果的影响

分析同浓度 THF 体系 3 种初始压力影响下水合分离效果如图 3-44 所示，实验体系中初始压力分别为 1.5MPa、2.5MPa、3.5MPa。相同 THF 浓度条件下，初始压力对 CH_4 回收率和分离因子影响较大，初始压力由 1.5MPa 增至 2.5MPa，CH_4 回收率分别减少 0.07、0.07、0.09、0.1，分离因子分别减少 0.38、1.04、2.91、4.9；初始压力由 2.5MPa 增至 3.5MPa，CH_4 回收率分别减少 0.01、0.05、0.08、0.09，分离因子分别减少 0.32、0.56、0.79、1.12。

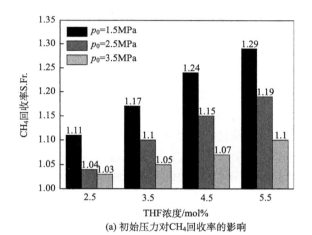

(a) 初始压力对CH_4回收率的影响

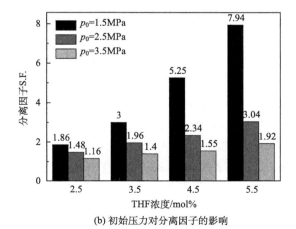

(b) 初始压力对分离因子的影响

图 3-44　初始压力对瓦斯水合分离效果的影响

综上，同浓度 THF 溶液体系，CH_4 回收率和分离因子均随初始压力增大而减少，且随着初始压力的增大，对 CH_4 回收率和分离因子的影响效果减弱，给定 THF 浓度范围内初始压力增加瓦斯水合分离效果变差，THF 浓度越高，压力变化对分离效果影响越显著。

3.5.5　THF 浓度对分离效果影响机理分析

研究发现，THF 是一种极性醚类小分子有机化合物，可以显著改善水合物生成热力学条件，同时自身可以和水在较温和的条件下生成 SⅡ型水合物，且稳定储藏于 SⅡ型水合物大孔穴中不受浓度变化影响[50]。SⅡ型水合物晶胞是 8 个大孔穴（$5^{12}6^4$ 孔穴）和 16 个小孔穴（5^{12} 孔穴）空间有序衔接而成的立方体结构[51]。纯水体系一定条件下 CH_4 等小分子客体和水分子生成 SⅠ型水合物，CH_4 等小分子同时占据水合物晶胞大孔穴和小孔穴。纯水体系加入 THF 只改变水合物生成构型，不改变水合物生成机理，THF 分子先与水分子簇生成 SⅡ型水合物。THF 分子直径介于 5^{12} 和 $5^{12}6^4$ 孔穴直径之间，因此占据 SⅡ型水合物大孔穴，并为小分子客体提供水合物小孔穴骨架，生成结构为 8THF·16X·136H_2O 的 SⅡ型水合物。SⅡ型水合物结构中大、小孔穴个数比为 1：2，即 1mol THF 分子进入大孔穴生成水合物时，需有 2mol 气体分子进入小孔穴才能使水合物结构稳定存在。CH_4、N_2、O_2 分子尺寸与水合物孔穴及结构类型之间关系如图 3-45 所示。可以发现 3 种客体分子均能进入 SⅡ型水合物小孔穴，因此三者竞争占据小孔穴中。同一温度下三种气体的相平衡压力由小到大依次为 CH_4、N_2、O_2，说明 CH_4 水合物稳定性好于其他二者，由此推断 CH_4 分子会优于 N_2 和 O_2 进入 SⅡ型水合物小孔穴中。

基于此，本书研究中水合分离微观机理可以理解为：溶解于水中的 THF 分子和溶液中不稳定水分子簇呈聚集态，在一定温压实验环境下，THF 分子和水分子簇生成 SⅡ型水合物并占据大孔穴，同时为 CH_4、N_2、O_2 提供小孔穴骨架。CH_4 分子在小孔穴竞争中强于其他二者领先进入小孔穴，引起实验体系反应釜中气相 CH_4 浓度呈下降趋势，N_2、O_2 浓度呈上升趋势，最终水合物相 CH_4 浓度高于原料气中 CH_4 浓度，达到分离提纯瓦斯气中 CH_4 的目的。

由上述 THF 溶液体系中水合物构型：8THF·16X·136H_2O 可知，每分离 2mol CH_4 需同时消耗 1mol THF 和 17mol H_2O，在 THF 分子和 H_2O 分子个数比为 1:17 时，即 THF 浓度为 5.6mol%时，溶液中 THF 分子和 H_2O 分子完全结合生成 SⅡ型水合物基础骨架。因此，各实验体系中随着 THF 浓度的增加，液相水合物骨架增多，CH_4 分离效果变好，当 THF 浓度为 5.5mol%时，溶液的分离能力最强，瓦斯水合分离效果最好。

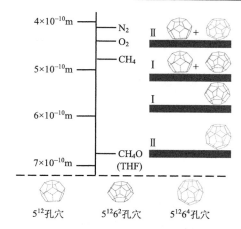

图 3-45　客体分子尺寸与水合物孔穴及结构类型之间的关系

3.5.6　初始压力对分离效果影响机理分析

瓦斯水合分离过程中，客体分子之间存在竞争孔穴的关系，因此水合物在成核和生长过程中的反应与普通的化学反应不同，具有非化学计量性。客体分子竞争关系在宏观上的表现为水合物相载气量和 CH_4 浓度不是固定不变的，而随初始压力变化，这种宏观变化的微观影响机理是随着初始压力的变化，客体分子在水合物大、小孔穴中的占据率也发生变化。恒温条件下，气体分子进入水合物相的主要驱动力是气相和水合物相的逸度差，当体系压力升高时，气体分子的气相逸度随之增强，而压力对水合物相的平衡逸度影响不明显[52]。所以初始压力越大，水合反应过程中气相逸度越强，会有更多的气体溶解液相进入水合物相，同时 N_2、O_2 进入水合物相的能力也会增强，3 种气体竞争进入水合物相。受宏观驱动力影响，本研究中各体系随着初始压力的升高，水合物相载气量随之增大。水合物相载气量随初始压力变化如图 3-46 所示。同一实验环境下，初始压力越高，CH_4 进入水合物相的驱动力越大，CH_4 优先进入水合物相后，使得反应釜中气相 CH_4 含量降低，分压随之降低；随着初始压力增高，体系中 N_2、O_2 分压增大，可能增大到其自身相平衡压力之上，使得 N_2、O_2 进入水合物相的能力增强，孔穴占据率增大，从而水合物相中 CH_4 含量降低。综合分析，THF 促进剂体系瓦斯水合分离机理如图 3-47 所示。

本书研究中，同等 THF 浓度实验条件下，初始压力增高对水合物相载气量具有促进作用，对 CH_4 分离效果具有抑制作用，初始压力为 3.5MPa 时载气量最好，初始压力为 1.5MPa 时水合分离效果最好。分析压力对 CH_4 分离效果的抑制作用原因有二：①初始压力增高使得反应初期 N_2、O_2 竞争孔穴进入水合物相的能力变强，水合物相中 CH_4 含量受到影响；②反应初期 CH_4 优于 N_2、O_2 进入水合物相占据小孔穴，随着反应进行，气相中 CH_4 被消耗浓度的降低，N_2、O_2 浓度相对上升分压变大，使得反应后期 N_2、O_2 优于 CH_4 进入水合物相占据小孔穴，导致水合物相甲烷含量降低。具体是哪一个影响因素，或者是二者综合作用还有待进一步深入研究。

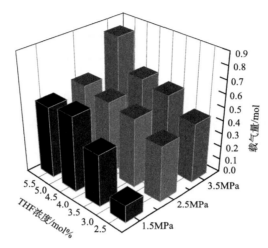

图 3-46　水合物相载气量随初始压力变化

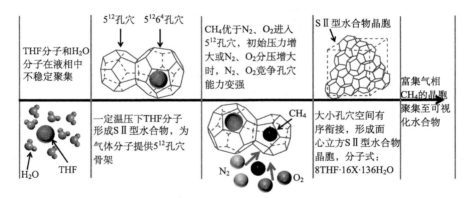

图 3-47　THF 体系瓦斯水合分离机理分析示意图

3.6　蒙脱石对瓦斯水合分离过程影响研究

分离浓度和分离速率是瓦斯水合分离技术的应用关键[53]，因此，研究瓦斯水合分离规律、探索促进瓦斯水合快速分离和提高提纯效率的方法是此项技术得以推广的重心。目前水合物快速生成的促进手段主要有物理方法(搅拌、喷雾、微泡等)[54-57]和化学方法(添加表面活性剂、晶种等)[58]，但是物理方法具有能耗大和工艺条件复杂等特点，化学方法的最大缺点是价格昂贵，这两种方法都在不同程度上限制了瓦斯水合化分离提纯和固化技术在工业实际中的应用[59]，而以改变分离载体的方式作为促进瓦斯水合物生成的方法的相关报道却很少。MMT 具有很好的吸水膨胀性、黏结性、吸附性、离子交换性、悬浮性、触变性等性质及较高的比表面积[60]。因此利用 MMT 悬浊液作为分离载体，研究了瓦斯水合物在MMT-SDS、MMT-THF 及 MMT-SDS-THF 3 种复配溶液中的生成情况，并测定了水合物中 CH_4 的浓度，考察了 MMT 对瓦斯水合物生成诱导时间、平均生成速率及 CH_4 水合分离浓度的影响，为水合分离瓦斯技术研究和工业化应用提供数据支持。

3.6.1　体系概述

所用试剂及用量见表 3-14，所用 MMT 纯度为 95%，THF 与 SDS 纯度均为分析纯，瓦斯混合气样组分为 $x(CH_4)=59.50\%$，$x(N_2)=35.20\%$，$x(O_2)=5.30\%$，实验用水为自制蒸馏水。

表 3-14　所用试剂及用量

实验体系	实验编号	试剂	MMT/g	THF/(mol/L)	SDS/(mol/L)
I	1	MMT、SDS	1.256	—	0.40
	2	SDS	—		
II	3	MMT、THF	1.256	0.20	—
	4	THF	—		
III	5	MMT、THF、SDS	1.256	0.20	0.40
	6	THF、SDS	—		

3.6.2　结果计算与分析

设定初始压力均为 6.00MPa(误差范围为−0.01～0.01MPa)、初始气液体积比为 90∶1，在 MMT 存在和空白的体系中进行瓦斯水合的分离实验，对比分析水合物生长规律，利用图像采集系统观察瓦斯水合物随时间生长过程的宏观现象，3个实验体系中，实验体系 I 中的 1 号实验釜和体系 II 中的 3 号实验釜实验现象较为典型；实验体系 I 中的 1 号实验釜在制冷后的 79min 时刻，釜内左侧出现白色不透明、形态不规则的固体颗粒，如图 3-48(a)所示，此时温度为 9.5℃，压力为5.58MPa；实验随着时间的推移继续进行，在 88min 时白色晶体颗粒增多沿釜壁向右侧以弧形轨迹增长，如图 3-48(b) 所示；反应进行至 302min 时，反应釜内压力趋近于平衡，水合物生成结束。

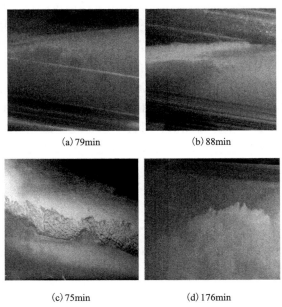

(a) 79min　　　　　　　　　(b) 88min

(c) 75min　　　　　　　　　(d) 176min

图 3-48　水合物生成典型照片

　　体系 Ⅱ 中，在实验开始后的 75min 时刻，3 号实验釜内的气液接触面出现白色半透明类霜状晶体如图 3-48(c) 所示，此时温度为 3.5℃，压力为 4.49MPa；到 147min 时刻，白色晶体不断生长，呈雪块状大量出现；当反应至 345min 时，水合物生成结束；在制冷后 49min 时刻，实验体系Ⅲ中的 5 号实验釜内左侧有白色颗粒状晶体出现，此时实验釜内温度与压力分别为 7.1℃、5.33MPa；随着实验的继续进行，水合物大量生成，至 176min 时，白色絮状水合物基本将釜内液体空间充满，如图 3-48(d) 所示；反应至 332min 时，釜内压力不再发生变化，水合物生成结束。

　　利用数据采集系统获得 3 个体系，在相同条件下瓦斯气相压力 p 随时间 t 变化曲线如图 3-49 所示。图中压力随时间不断地变化，曲线的斜率可表示水合物的生长速率，利用气体状态方程，根据水合物生成时间差 τ 及水合物体积方程，计算出水合物的生长速率[61]为式 (3-10)。

　　本实验条件下，在体系 Ⅰ 中 CH_4 的分子能形成 Ⅰ 型稳定水合物，N_2 和 O_2 能形成 Ⅱ 型稳定水合物，因此在实验体系 Ⅰ 中的水合物类型为 Ⅰ 型和 Ⅱ 型，通过色谱分析水合物相的组成，可得出体系 Ⅰ 中 70.19% 为 Ⅰ 型水合物，29.81% 为 Ⅱ 型水合物；体系 Ⅱ 和体系Ⅲ中由于 THF 的存在，其能形成稳定的 Ⅱ 型水合物，且

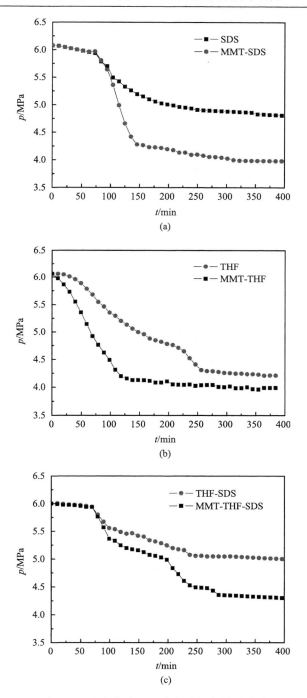

图 3-49　水合物生成压力与时间的关系曲线

THF 还能将 CH_4 形成的 I 型水合物转变为 II 型水合物，故体系 II 和体系III中均为 II 型水合物，通过式(3-10)计算得出 6 个实验釜的水合物的平均生长速率分别为 $3.56×10^{-6}m^3/min$、$1.13×10^{-6}m^3/min$、$5.02×10^{-6}m^3/min$、$3.57×10^{-6}m^3/min$、$4.27×10^{-6}$ m^3/min、$1.79×10^{-6}m^3/min$，见表 3-15。

表 3-15　实验体系对瓦斯水合分离影响实验结果

实验体系	实验编号	试剂	水合物平均生长速率 /($10^{-6}m^3$/min)	诱导时间 /min	平衡气相中 CH_4 x/%	水合物相中 CH_4 y/%	分配系数 (y/x)
I	1	MMT、SDS	3.56	79	38.98	70.19	1.80
	2	SDS	1.13	87	43.61	63.42	1.45
II	3	MMT、THF	5.02	75	49.18	70.43	1.43
	4	THF	3.57	82	50.17	65.36	1.30
III	5	MMT、THF、SDS	4.27	49	48.86	70.52	1.44
	6	THF、SDS	1.79	62	50.27	69.70	1.39

　　由图 3-49 可以观察到，3 个实验体系中，实验釜 1、3、5 号的 p-T 曲线压力骤降趋势分别大于 2、4、6 号实验釜的 p-T 曲线，即曲线斜率较大，生长速率较快，说明 MMT 的添加促进了水合物的生成，根据图还能看出，3 个实验体系中在添加 MMT 后，瓦斯水合物由生成到结束压力下降差值较大，即在实验初始压力值和降温拉动力相同的情况下，实验釜内的压力无变化，水合物生成结束时的1、3、5 号实验釜内压力值相对 2、4、6 号实验釜较低，说明由于 MMT 的添加提高了水合物的储气能力，使气体更容易地进入液体形成水合物，从而降低了水合物的生成难度。

　　根据表 3-15 的数据，对 3 个实验体系进行对比分析，可以看出，在相同条件下添加 MMT 的 1、3、5 号实验釜中的水合物平均生长速率分别高于 2、4、6 号实验釜，水合物平均生长速率分别提高了 $2.43×10^{-6}m^3/min$、$1.45×10^{-6}m^3/min$、$2.48×10^{-6}m^3/min$；还能得到 6 个实验釜中水合物生长的诱导时间，其中体系 I 中的 1 号实验釜的诱导时间为 79min，相对 2 号实验釜的 87min 提前了 8min，体系 II 中的 3 号釜和体系III的 5 号釜中水合物生成诱导时间为 75min 和 49min，较 4号釜的诱导时间 82min 和 6 号釜的 62min 分别缩短了 7min 和 13min，说明添加MMT 的 1、3、5 号实验釜内瓦斯水合物先于对照的 2、4、6 号实验釜进入瓦斯水合物生长的初期晶体诱导成核阶段，即由于 MMT 的作用影响瓦斯水合物的初期生长速率相对较高，MMT 促进了瓦斯水合物的诱导成核，加快了瓦斯水合物的形成，提高了水合物的生长速率。

从表 3-15 还可看出 3 组实验体系 6 个实验釜，经过一级水和分离后，甲烷浓度为 59.50% 的混合气样分别提纯到 70.19%、63.42%、70.43%、65.36%、70.52%、69.70%，甲烷浓度分别提高了 10.69、2.92、10.93、5.86、11.02、10.20 个百分点，根据分离提纯数据容易发现在同组实验体系中 1、3、5 号实验釜内的分离浓度相对于 2、4、6 号实验釜的分离浓度较高，分别提高了 7.77、5.07、0.78 个百分点，说明 MMT 的添加使水合物相中富集的甲烷含量较高，得到了较好的提纯效果，达到了分离提纯的目的；还能观察到 1、3、5 号实验釜的分配系数高于 2、4、6 号实验釜的分配系数，说明 MMT 的使用提高了分离效率，降低了水合物的分离难度。

由表 3-15 的数据比较分析，得出实验 3 号釜 MMT-THF 体系中的水合物平均生长速率最大，5 号实验釜的诱导时间最短，根据气相色谱分析结果发现经过 1 次水合分离后，5 号实验釜的分离浓度最好，即 MMT-THF-SDS 体系水合物相富集的 CH_4 含量最高。

3.6.3 MMT 作用机理分析

Sloan[62] 研究发现氢键的强弱决定着水合物的生长速率，增强体系中氢键的作用将增大水合物的生长速率，证明氢键网络的构成能够促进水合物的形成。MMT 层间依靠范德瓦耳斯力和氢键相连，且层间距较小，因此非水化水分子和黏土表面的氧原子易形成氢键网络，水分子有占据 MMT 表面吸附位置趋势，促进层间氢键网络的形成，从而降低了形成笼形结构的难度，进而提高了水合物的生长速率。MMT 属于单斜晶系，由两层硅氧四面体片和一层夹于其间的铝(镁)氧八面体片，构成 2:1 型层状硅酸盐结构的黏土矿物。MMT 层间可形成稳定的甲烷笼形结构，每个晶格中可形成 0.5 个甲烷分子，甲烷分子嵌套在蒙脱石的六元环中，一侧与层间水发生作用，一侧与 MMT 的硅氧四面体层作用[63]，这些环状结构为水合物的生成提供物质基础，作为模板诱导水合物生长，使水合物诱导期缩短，因此添加 MMT 的 1、3、5 号实验釜的水合物生成诱导时间相对于 2、4、6 号实验釜分别缩短了 8min、7min、13min。

MMT 的多孔隙结构为水合物的生成提供了反应的平台，随着络合反应的进行，化学反应驱动力及多孔载体的多通道作用进一步增强了瓦斯气体与水分子在分离载体中的物质传输作用，加速了瓦斯水合速率，说明 MMT 存在的实验体系中瓦斯水合物生长速率较空白实验分别提高了 $2.43 \times 10^{-6} \mathrm{m}^3/\mathrm{min}$、$1.45 \times 10^{-6} \mathrm{m}^3/\mathrm{min}$ 和 $2.48 \times 10^{-6} \mathrm{m}^3/\mathrm{min}$。

由于 MMT 孔隙内表面的润湿性影响了水分子在内壁上的排布形式，促进水分子形成笼形结构，并增强了对 CH_4 的禁锢能力，同时 MMT 较高的比表面积增大了气-液接触面积，提高了 CH_4 进入溶液的概率，MMT 的强吸附作用使瓦斯气体在水中的溶解量变大，从而提高了水合物的含气率，进而使瓦斯气体的分离浓度较空白实验分别提高了 7.77、5.07 和 0.78 个百分点，对于 CH_4 浓度为 59.50% 的原料气，提纯浓度最大可达 70.52%。

3.7　干水对多组分瓦斯混合气水合分离速率的影响

　　煤矿瓦斯是对臭氧层具有较强破坏能力的温室气体，同时也是洁净、高效、安全的理想气体燃料[64]，据资料显示，我国煤矿瓦斯抽采总量的 65% 被直接排放到大气中，其中大部分为低浓度瓦斯，这不仅对大气环境造成了严重的污染，还浪费了宝贵的清洁能源[65]，因此，将煤矿瓦斯合理充分地利用起来，对缓解常规油气供应紧张状况、改善我国的能源结构、保护大气环境和实现国民经济可持续发展均具有十分重要的意义。

　　分离速率是瓦斯水合分离技术的应用关键[66]，因此，如何增加水合物含气密度和提高水合物生长速率是该技术领域的焦点问题，近年来经过国内外学者的研究发现，表面活性剂能增加气体和水溶液体系的接触面，从而促进了相同条件下水合物的生成，提高了水合物的生长速率，如 SDS、SDBS 等[67-70]，热力学促进剂能改变水合物的相平衡，降低水合物的生成压力，如 THF、TBAB、TBAF 等[71-77]，故目前被广泛使用。一种由疏水性纳米 SiO_2 与水形成的反相泡沫体系——干水（dry water），能提高水合物的合成效率。本书利用干水作为分离载体，以多组分瓦斯混合气作为原料气体，研究了干水对瓦斯水合分离速率的影响，考察了干水对瓦斯水合物生成诱导时间、平均生成速率的影响规律，为水合分离瓦斯技术研究和工业化应用提供数据支持。

3.7.1　体系概述

　　干水制备系统的核心设备为 MS-B 型高剪切分散匀质乳化机，其含有 7 个转速挡位，转速范围为 10000～28000r/min，配有 SUS 304 不锈钢分散刀头，可达到匀质搅拌。

　　所用制备干水的原料为气相疏水性二氧化硅（HB630-SiO_2），纯度 >99.8%；无机盐（NaCl），纯度为分析纯；合成瓦斯气体分别为

　　气样 G1：$\varphi(CH_4)$=55%，$\varphi(CO_2)$=5%，$\varphi(C_3H_8)$=15%，$\varphi(N_2)$=22%，$\varphi(O_2)$=3%；
　　气样 G2：$\varphi(CH_4)$=70%，$\varphi(CO_2)$=5%，$\varphi(C_3H_8)$=10%，$\varphi(N_2)$=12%，$\varphi(O_2)$=3%；
　　气样 G3：$\varphi(CH_4)$=85%，$\varphi(CO_2)$=5%，$\varphi(C_3H_8)$=5%，$\varphi(N_2)$=2%，$\varphi(O_2)$=3%。

　　实验以干水作为分离载体，运用正交实验的方法开展多组分瓦斯混合气水合分离实验，研究不同成分的干水对不同浓度的多组分瓦斯混合气水合分离速率的影响规律，该系列实验均在相平衡温度和压力条件下进行，以多组分瓦斯混合气

样、干水盐度和疏水性 SiO_2 浓度作为影响因素，干水型号的确定及实验体系构成如表 3-16 和表 3-17 所示。

表 3-16　干水型号与配比明细

干水型号	疏水性 SiO_2 浓度	配比明细
SDW	3.5%	SiO_2(1.4g)+盐水(38.6g)
MDW	5%	SiO_2(2g)+盐水(38g)
LDW	7%	SiO_2(2.8g)+盐水(37.2g)

表 3-17　实验体系及初始条件

实验序号	因素			初始温压	
	A 盐度	B 干水	C 气样	温度 $T/℃$	压力 p/MPa
1	1(0.5%)	1(3.5%)	1	14.00	6.35
2	1(0.5%)	2(5%)	2	14.00	5.50
3	1(0.5%)	3(7%)	3	12.00	7.40
4	2(2%)	1(3.5%)	3	11.00	6.50
5	2(2%)	2(5%)	2	13.50	5.50
6	2(2%)	3(7%)	1	13.00	6.20
7	3(3.5%)	1(3.5%)	3	9.00	6.00
8	3(3.5%)	2(5%)	1	16.00	7.30
9	3(3.5%)	3(7%)	2	14.00	6.70

3.7.2　结果与分析

该系列实验中，1 号实验的瓦斯水合物生长现象较为典型；将盐度为 0.5% 的 SDW 干水装入全透明高压实验釜，连接好各实验装置并利用多组分瓦斯气样 G1 清洗实验釜，设定恒温箱温度为 14℃，待实验釜内温度达到 14℃ 后，向实验釜充入 6.35MPa 气样 G1，此刻即为实验的初始时刻，当实验进行至 37min 时，实验釜釜壁上有白色网状水合物生成，如图 3-50(a)所示，此时釜内的压力为 6.01MPa，随着反应的进行，水合物不断生长变大，实验进行至 55min 时，水合物呈白色霜粒状继续生长，如图 3-50(b)所示，水合物在 56~77min 阶段生长极为迅速，沿反应釜壁由干水顶端向上生长，如图 3-50(c)所示，实验进行至 117min 时，实验釜内水合物呈块状形态，如图 3-50(d)所示，203min 时，压力不再下降，说明水合物生成结束，达到平衡状态。

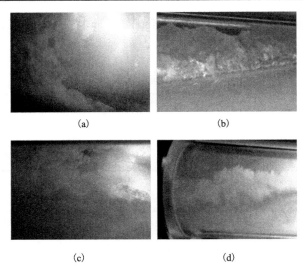

(a)　　　　　　　　　　(b)

(c)　　　　　　　　　　(d)

图 3-50　干水体系中多组分瓦斯混合气水合过程

利用压力变化法确定瓦斯水合物形成的诱导时间，并根据式(3-10)计算各实验体系中瓦斯水合物的平均生长速率，结果如表 3-18 所示。

表 3-18　干水体系中多组分瓦斯混合气水合分离实验结果

实验序号	因素			初始温压		诱导时间 t/min	生长速率 /(10⁻⁶m³/min)
	A 盐度	B 干水	C 气样	温度 T/℃	压力 p/MPa		
1	1(0.5%)	1(3.5%)	G1	14.00	6.35	44	3.93
2	1(0.5%)	2(5%)	G2	14.00	5.50	39	4.64
3	1(0.5%)	3(7%)	G3	12.00	7.40	35	4.33
4	2(2%)	1(3.5%)	G3	11.00	6.50	27	4.51
5	2(2%)	2(5%)	G2	13.50	5.50	22	4.35
6	2(2%)	3(7%)	G1	13.00	6.20	21	4.16
7	3(3.5%)	1(3.5%)	G3	9.00	6.00	18	3.45
8	3(3.5%)	2(5%)	G1	16.00	7.30	17	2.92
9	3(3.5%)	3(7%)	G2	14.00	6.70	37	2.65

利用正交实验的极差分析方法对诱导时间实验数据进行分析，得各因素水平极差分别为17、5 和 9，实验结果极差分析如图 3-51(a)所示，实验结果显示各因素极差大小顺序为 17>9>5，因此，在实验范围内因素 A 盐度的变化对水合物生成的诱导时间影响最大，其次是气体组分浓度的影响，最后为干水中气相疏水性二氧化硅的比重的影响。由图 3-51(a)可得，在实验范围内，诱导时间随干水盐

度的升高和气相疏水性二氧化硅比重的变大，都呈先减小后增大的变化趋势，而诱导时间随气样组分浓度的变化升高先增大后减小，对于诱导时间最适宜的实验因素搭配为干水盐度为 2%、气相二氧化硅比重为 5%、原料气为 G3。

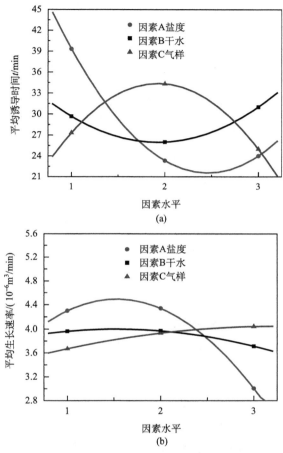

图 3-51　诱导时间和生长速率-实验结果极差分析

同理，对水合物的生长速率进行分析，得到各因素水平极差分别为 1.33、0.26 和 0.37，实验结果显示各因素极差大小顺序为 1.33＞0.37＞0.26，故盐度的变化对水合物的生长速率影响最大，实验结果极差分析如图 3-51(b)所示，由图可知盐度的升高和二氧化硅比重增大都使水合物的生长速率先减小后增大，而原料气浓度配比的改变使其呈逐渐增大的变化趋势；对于水合物生长速率最适宜的实验因素搭配为干水盐度为 2%、气相二氧化硅比重为 5%、原料气为 G3。

为进一步了解实验过程因素水平的变化对结果的影响程度，对正交实验表中的数据进行了方差分析，计算结果见表 3-19。由表 3-19 可知，因素 A 干水盐度的水平变化对瓦斯水合物形成的诱导时间和生长速率所引起的偏差平方和分别为 $S_{AY}=491.56$ 和 $S_{AS}=3.45$，占总偏差平方和的 73% 和 90%。从显著性检验角度分析知，A 因素的方差比分别为 $F_{AY}=3.68$ 和 $F_{AS}=11.53$，给定显著水平 $\alpha=0.25$，查 F 分布数值得 $F_{\alpha}(2,2)=3.00$，F_{AY} 和 F_{AS} 均大于 $F_{\alpha}(2,2)=3.00$，表明实验中干水盐度水平的变化对结果有显著影响。B、C 两因素的方差比分别为 $F_{BY}=0.30$、$F_{BS}=0.41$、$F_{CY}=1.06$、$F_{CS}=0.73$，均小于 $F_{\alpha}(2,2)=3.00$，表明因素 B、C 的水平变化对实验结果没有显著影响，同时也说明 B、C 两因素不是影响实验结果的主要因素。

表 3-19 正交实验结果方差分析

诱导时间–实验结果方差分析					生长速率–实验结果方差分析				
因素	离差	自由度	均方离差	F_{AY}	因素	离差	自由度	均方离差	F_{AS}
A	491.56	2	245.78	3.68	A	3.45	2	1.73	11.53
B	40.22	2	20.11	0.30	B	0.13	2	0.06	0.4
C	141.56	2	70.78	1.06	C	0.22	2	0.11	0.73
误差	133.67	2	66.84		误差	0.30	2	0.15	
总和	673.34	8			总和	3.80	8		

3.7.3 机理分析

由实验结果发现，三种影响因素中干水盐度对水合物成核和生长影响较大，分析认为：氢键的强弱取决于氢原子的裸露程度和邻近原子孤对电子的电子云密度。如果与氢键直接相连原子的吸电子能力越强，氢核裸露程度越大，氢原子上的正电荷就越高；盐类物质属于离子型化合物，而在离子型化合物溶解生成水合离子的过程中，离子电荷强电场作用削弱形成氢键的水分子间的电子吸引力，导致水合物聚集要越过更高的能垒，破坏了水的簇团结构[1]，使得水分子形成晶格需要克服该作用力，从而抑制了水合物的形成，如图 3-52(a) 所示。NaCl 点阵中的配位数是 6，与中心离子相距 $2^{1/2}R$ 处，有 12 个带相同电荷的离子，与中心离子相距 $3^{1/2}R$ 处，有 8 个带相反电荷的离子，则离子间的相互作用为

$$-\frac{6e^2}{R}+\frac{12e^2}{\sqrt{2}R}-\frac{8e^2}{\sqrt{3}R}+\frac{6e^2}{2R}-\frac{24e^2}{\sqrt{5}R}+\cdots=\frac{Ae^2}{R} \tag{3-14}$$

式中，A 为 Madelung 常数。

由正负电子云所引起的斥力势能为

$$U=-\frac{Ae^2}{R}+\frac{B}{R^n} \tag{3-15}$$

式中，n 为 Born 指数。

NaCl 正负离子键的相互作用力为

$$F = -\frac{Ae^2}{R^2}\left(1 - \frac{2}{n+1}\right)\left(\frac{2}{n+1}\right)^{\frac{2}{n-1}} \tag{3-16}$$

根据式(3-14)～式(3-16)计算得出，NaCl 溶解生成水合离子过程中两离子分离需克服最大吸引力 $F_{max}=2.085\times10^{-9}N$，断键势能为 $U=5.135kJ/mol$，该过程需要的能量从水中获取，使得原纯水系统平衡状态受到破坏，使内能发生变化，最终达到该盐溶液的平衡状态。

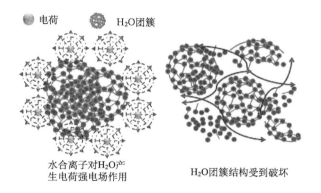

(a) 离子电荷抑制水合物的形成

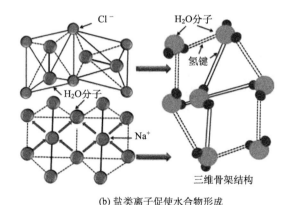

(b) 盐类离子促使水合物形成

图 3-52　干水盐度对水合物形成的影响机理假说模型

天然气水合物是水分子形成类似冰的三维骨架体系，在骨架中的孔穴可容纳气体分子，进而形成笼形包合物；而 NaCl 等盐类离子在水解过程中会形成水合离子，其中阳离子与水分子的负极一端通过配位键相连形成稳定的水合阳离子，阴离子则通过氢键与水分子相连接,氢键和配位水相连共同组成了三维骨架结构，如图 3-52(b)所示，以水合离子为中心，水分子向其周围聚合，三维骨架结构作为形成水合物所需笼形结构的前驱体，从而起到促进晶核形成的作用，因此盐度对水合物成核过程的影响为上述两个方面的协同作用，而随着反应的进行，干水中的水含量被不断消耗，使得溶液中盐度发生变化，对瓦斯气体的水合过程产生较大的影响，本书中 NaCl 的浓度为 2%时水合离子促使水合物前驱体形成的能力较强，而离子电荷电场作用较弱，所以该浓度下水合分离速率较快。

SDW、MDW 和 LDW 三种型号干水微滴的尺寸分别为 $10\sim15\mu m$、$3\sim10\mu m$ 和 $8\sim15\mu m$，其中 MDW 的微滴尺寸最小，说明相同水量的体系中水的分散程度较高，干水颗粒间会形成许多毛细孔，对气体产生吸附作用，气液接触面积最大，加快了气体在液相中的传递率，因此，以 MDW 型号干水作为分离载体，可使多组分瓦斯混合气在液相中短时间内达到饱和，从而缩短诱导期。

CH_4 纯态时形成 I 型水合物，C_3H_8 为较大客体分子能形成 II 型水合物，II 型水合物生成难度要远小于 I 型水合物[78]，原料气中的 C_3H_8 使水分子簇聚集，促使氢键连接形成 II 型结构晶体，搭建笼形结构，为 CH_4 形成水合物提供物质基础，加快物质传递，进而提高水合物的形成速率，基础晶格的数量随混合气中 C_3H_8 含量的升高而增加，C_3H_8 浓度升高为 CH_4 水合物的形成提供了更为充足的诱导模板，使 CH_4 水合分离难度降低。

3.8　TBAB 体系中高 CO_2 浓度瓦斯水合分离动力学

3.8.1　体系概述

针对 3 种瓦斯气样在不同浓度 TBAB 溶液、初始温度 2℃条件下开展了 15 组次水合动力学条件测定实验，研究了高 CO_2 瓦斯气水合物生成宏观诱导时间和平均生成速率的变化规律。其中 TBAB 溶液浓度分别为 0（即纯水条件）、0.2mol/L、0.4mol/L、0.6mol/L、0.8mol/L，纯水为自制蒸馏水，添加剂为分析纯 TBAB。水合分离实验具体实验参数如表 3-20 所示。

表 3-20　TBAB 体系高 CO_2 浓度瓦斯气水合物分离动力学实验体系

实验体系	瓦斯气样	实验环境条件			TBAB /(mol/L)
		初始温度 T/℃	相平衡压力 p_{e1}/MPa	初始压力 p_1/MPa	
I-0					0
I-1					0.2
I-2	G1: 80% CO_2+6% CH_4+14% N_2	2	1.84	4.84	0.4
I-3					0.6
I-4					0.8

续表

实验体系	瓦斯气样	实验环境条件			TBAB /(mol/L)
		初始温度 $T/℃$	相平衡压力 p_{e1}/MPa	初始压力 p_1/MPa	
II-0					0
II-1					0.2
II-2	G2：75% CO_2+11% CH_4+14% N_2	2	1.92	4.92	0.4
II-3					0.6
II-4					0.8
III-0					0
III-1					0.2
III-2	G1：80% CO_2+6% CH_4+14% N_2	2	1.97	4.97	0.4
III-3					0.6
III-4					0.8

3.8.2　动力学参数

实验体系 I -2nd 实验，TBAB 浓度为 0.40mol/L，水合反应实验初始温度为 2.0℃、压力为 4.84MPa。当反应进行至 115min 时，溶液中有细小颗粒状水合物晶体形成，如图 3-53（a）所示，此时，反应体系温度为 1.72℃，压力为 4.50MPa；随着反应继续进行，至 128min 时釜内液体中生成大量松针状水合物晶体，如图 3-53（b）所示；至 172min 时压力不再发生变化，水合物生成结束，此时反应体系温度为 4.51℃，压力为 4.28MPa。

(a) 115min　　　　　　　　(b) 128min

图 3-53　TBAB 体系 I -2nd 实验瓦斯水合分离过程典型照片

体系Ⅰ-2nd实验瓦斯水合分离过程压力-时间变化曲线如图3-54所示。

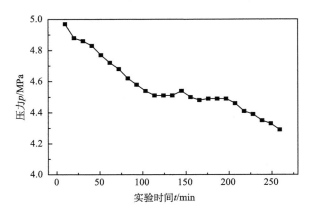

图3-54　TBAB体系Ⅰ-2nd实验瓦斯水合分离过程 *p-t* 变化曲线

体系Ⅱ-1st实验，TBAB浓度为0.2mol/L，水合反应实验初始温度为2℃、压力为4.92MPa。当水合反应进行至14min时，液面上形成一层薄膜，溶液中有浑浊现象出现，此时反应体系温度为4.83℃，压力为4.82MPa，如图3-55(a)所示；随着反应继续进行，至90min时溶液内出现大量颗粒状水合物晶体并悬浮于釜中，气液接触面界面有一层冰状水合物生成，此时，反应体系温度为2.18℃，压力为4.64MPa，如图3-55(b)所示；当反应进行至284min时，溶液内颗粒状水合物呈棉絮状大量增长变大，此后压力无任何变化，水合物生成结束，如图3-55(c)所示。

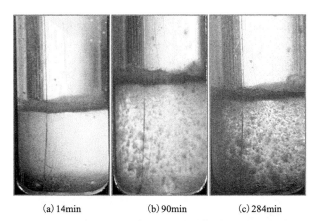

(a)14min　　　　　　　(b)90min　　　　　　　(c)284min

图3-55　TBAB体系Ⅱ-1st实验瓦斯水合分离过程典型照片

体系Ⅱ-1st实验瓦斯水合分离过程压力-时间变化曲线如图3-56所示。

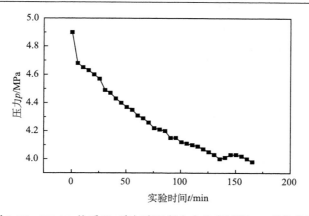

图 3-56 TBAB 体系 II-1st 实验瓦斯水合分离过程 p-t 变化曲线

体系 III-2nd 实验瓦斯水合分离过程压力-时间变化曲线如图 3-58 所示。

体系 III-2nd 实验，TBAB 浓度为 0.40mol/L，水合反应实验初始温度为 2℃、压力为 4.97MPa。当水合反应进行至 105min 时，反应釜内出现单个分布的棉絮状水合物晶体，此时温度为 5.25℃，压力为 4.87MPa，如图 3-57（a）所示；随着反应的继续进行，水合物快速生长，至 168min 时溶液左侧生成大量雪花状水合物分布，晶体颗粒变大；到 188min 时大量雪花状晶体悬浮于溶液中，如图 3-57（b）所示；至 219min 时水合物生成结束。

(a) 105min   (b) 188min

图 3-57 TBAB 体系 III-2nd 实验瓦斯水合分离过程典型照片

TBAB 体系高 CO_2 浓度瓦斯气水合物分离动力学体系实验结果在表 3-21 中列出。体系 I-0 为气样 G1 在纯水条件下实验体系，诱导时间为 208min；而体系 I-1～I-4 为不同浓度 TBAB 溶液中实验，其中诱导时间最长为 125min，最短为 0min，TBAB 体系最长诱导时间较纯水体系短 83min。另两大体系 II、III 中 TBAB

体系最长诱导时间均较纯水体系短，分别缩短了40min与68min。由此可见，TBAB的添加缩短了水合物诱导时间。

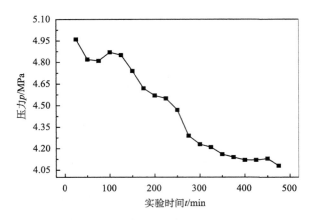

图 3-58　TBAB 体系III-2nd实验瓦斯水合分离过程 p-t 变化曲线

表 3-21　TBAB 体系高 CO$_2$ 浓度瓦斯气水合物分离动力学体系实验结果

实验体系	瓦斯气样	初始压力 p/MPa	初始温度 T/℃	TBAB浓度/(mol/L)	压力 p/MPa	温度 T/℃	压力 p/MPa	温度 T/℃	平衡气相压力 p/MPa	水合物相分解压力 p/MPa	诱导时间 t/min	生长速率/(10^{-6}m³/min)
I-0				0	4.38	5.48	4.38	5.48	4.38	0.91	208	0.329
I-1	G1:			0.2	4.46	1.03	4.54	4.49	4.54	0.59	125	0.394
I-2	80% CO$_2$+	4.84	2	0.4	4.50	1.72	4.48	4.51	4.48	0.51	115	0.453
I-3	6% CH$_4$+			0.6	4.62	2.35	4.57	4.67	4.57	0.34	79	0.344
I-4	14% N$_2$			0.8	2.92	8.57	4.61	2.56	4.61	0.28	0	0.238
II-0				0	4.52	5.04	4.52	4.94	4.52	0.20	186	0.321
II-1	G2:			0.2	4.41	1.51	4.40	4.87	4.40	0.57	146	0.117
II-2	75% CO$_2$+	4.92	2	0.4	4.93	4.41	4.45	4.74	4.45	0.40	144	0.911
II-3	11% CH$_4$+			0.6	4.58	2.36	4.55	7.24	4.55	0.20	75	2.237
II-4	14% N$_2$			0.8	4.47	4.72	4.63	2.52	4.63	0.20	119	0.035
III-0				0	4.35	1.50	4.34	1.30	4.34	0.74	262	0.007
III-1	G3:			0.2	4.50	1.75	4.33	5.05	4.33	1.10	183	0.330
III-2	70% CO$_2$+	4.97	2	0.4	4.87	5.20	4.48	4.22	4.48	0.35	105	0.595
III-3	16% CH$_4$+			0.6	4.78	7.88	4.63	4.24	4.63	0.59	194	0.182
III-4	14% N$_2$			0.8	4.99	4.20	4.51	3.70	4.51	0.19	21	0.767

　　TBAB 体系高 CO_2 浓度瓦斯气水合物形成诱导时间分布如图 3-59 所示。气样 G1 与 G3 在各自初始条件相同的情况下，水合物形成诱导时间均随 TBAB 的浓度升高而缩短，而 G2 气体整体也呈下降趋势，添加 TBAB 体系诱导时间明显低于空白体系，说明 TBAB 能够不同程度地缩短诱导时间，作用强度随浓度升高而增大。分析认为这是由于 CH_4、N_2 及 CO_2 分子尺寸较小，与纯水进行水合反应时形成 I 型水合物，而 TBAB 在常温常压下即能与水分子结合形成半包络水合物晶体微粒，并均匀悬浮于溶液中，形成 TBAB 水合物浆体。当瓦斯气样在 TBAB 环境下进行实验时，水合物直接生成半包络水合物而非简单的 I 型水合物，从而缩短水合物的诱导时间。随着 TBAB 浓度的升高，相同温度下水合物的相平衡压力降低，使得水合物形成驱动力增大，加速水合物生成，故水合物诱导时间随 TBAB 浓度的升高而缩短。

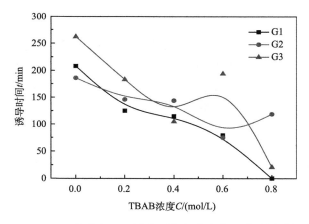

图 3-59　TBAB 体系高 CO_2 浓度瓦斯气水合物形成诱导时间分布

　　图 3-60 为 TBAB 体系高 CO_2 浓度瓦斯气水合分离速率曲线，图中 G1、G2 气样在 TBAB 0.2~0.8mol/L 浓度范围内水合分离速率先增大后减小，由此可以看出在该 TBAB 浓度范围内，各气样存在最优浓度使水合分离速率达到最大值，G1 气样为 0.4mol/L，G2 气样为 0.6mol/L。而气样 G3 在该范围内水合分离速率无明显规律，但当 TBAB 浓度为 0.8mol/L 时，水合分离速率最大。同时，气样 G1、G2 体系中，当 TBAB 浓度较低时，生长速率随着 TBAB 浓度升高而增大，但当浓度分别增至 0.4mol/L、0.6mol/L 时，水合分离速率均呈下降趋势，可见 TBAB 含量过高反而影响了水合分离速率。这是因为 TBAB 浓度较高时，形成水合物浆体过于稠密，降低气液接触面积；同时，过高的 TBAB 浓度能够缩短水合物诱导时间，使得在气液接触面处迅速生成一薄层水合物，阻碍水合物生长，从而降低水合分离速率。

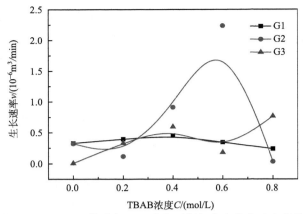

图 3-60　TBAB 体系高 CO_2 浓度瓦斯气水合分离速率曲线

3.8.3　水合分离效果

在瓦斯水合分离过程中，对实验体系进行气相色谱分析。以各体系诱导时间点作为起点每 $t=30min$ 取微量水合分离过程中气相进行色谱分析，共取三次，分别为 t_1、t_2、t_3 时刻气相浓度；水合物生成结束后分别取残气相 t_4 及水合物相 t_5 进行色谱分析。

体系Ⅰ-0 实验为空白对照实验。在 208min 时溶液中有细小颗粒状水合物晶体形成，至 t_1=238min 时，对水合分离体系气相进行色谱分析，其中 CO_2 浓度为 70.92%，从 t_1=238min 以后一直无明显现象，压力、温度均无明显变化。对残气相进行色谱分析，CO_2 浓度为 68.48%，水合物相 CO_2 浓度为 93.11%，如图 3-61 所示。

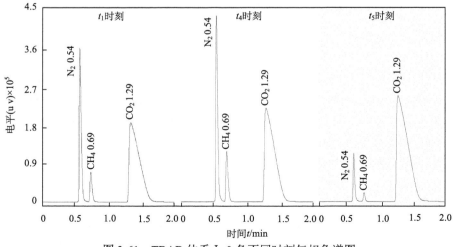

图 3-61　TBAB 体系Ⅰ-0 各不同时刻气相色谱图

体系Ⅰ-1st 实验，TBAB 浓度为 0.2mol/L，125min 时溶液中有细小颗粒状水合物晶体形成，至 t_1=155min 时，对水合分离体系气相进行色谱分析，其中 CO_2

浓度为 69.53%，至 $t_2=185min$ 时，CO_2 浓度为 72.90%，至 $t_3=215min$ 时，CO_2 浓度为 70.14%。生长完全结束后，对残气相进行色谱分析，CO_2 浓度为 69.21%，水合物相 CO_2 浓度为 81.77%，如图 3-62 所示。

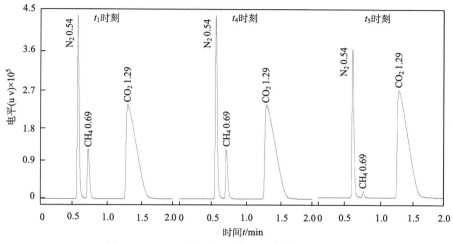

图 3-62　TBAB 体系 I -1st 不同时刻气相色谱图

体系 I -2nd 实验，TBAB 浓度为 0.4mol/L，115min 时溶液中有细小颗粒状水合物晶体形成，至 $t_1=145min$ 时，对水合分离体系气相进行色谱分析，其中 CO_2 浓度为 75.03%，至 $t_2=175min$ 时，CO_2 浓度为 73.50%，至 $t_3=205min$ 时，CO_2 浓度为 72.94%。生长完全结束后，对残气相进行色谱分析，CO_2 浓度为 70.05%，水合物相 CO_2 浓度为 80.28%，如图 3-63 所示。

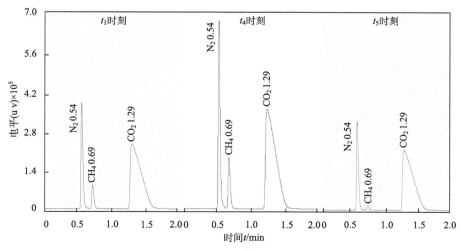

图 3-63　TBAB 体系 I -2nd 不同时刻气相色谱图

体系 I -3rd 实验，TBAB 浓度为 0.6mol/L，79min 时溶液中有细小颗粒状水合物晶体形成，至 t_1=109min 时，对水合分离体系气相进行色谱分析，其中 CO_2 浓度为 74.14%，至 t_2=139min 时，CO_2 浓度为 76.24%，至 t_3=169min 时，CO_2 浓度为 73.45%。生长完全结束后，对残气相进行色谱分析，CO_2 浓度为 69.88%，水合物相 CO_2 浓度为 81.15%，如图 3-64 所示。

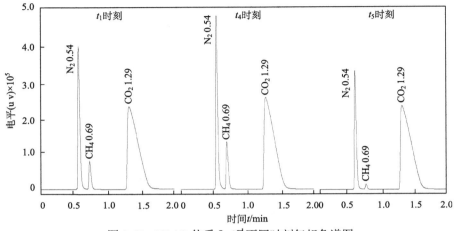

图 3-64　TBAB 体系 I -3rd 不同时刻气相色谱图

体系 I -4th 实验，TBAB 浓度为 0.8mol/L，初始时刻溶液中有细小颗粒状水合物晶体形成，至 t_1=30min 时，对水合分离体系气相进行色谱分析，其中 CO_2 浓度为 74.92%，至 t_2=60min 时，CO_2 浓度为 75.21%，至 t_3=90min 时，CO_2 浓度为 75.12%。生长完全结束后，对残气相进行色谱分析，CO_2 浓度为 71.04%，水合物相 CO_2 浓度为 83.88%，如图 3-65 所示。

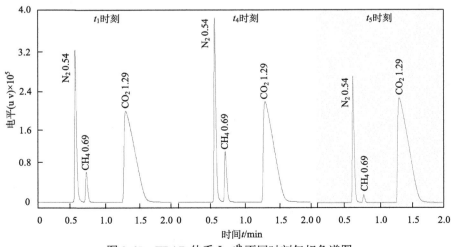

图 3-65　TBAB 体系 I -4th 不同时刻气相色谱图

体系Ⅱ-0 实验为空白对照实验。在 208min 时溶液中有细小颗粒状水合物晶体形成，至 t_1=238min 时，对水合分离体系气相进行色谱分析，其中 CO_2 浓度为 70.92%，从 t_1=238min 以后一直无明显现象，压力、温度均无明显变化。对残气相进行色谱分析，CO_2 浓度为 68.48%，水合物相 CO_2 浓度为 93.11%，如图 3-66 所示。

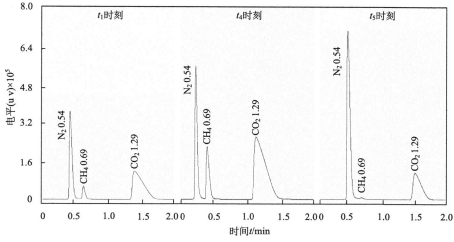

图 3-66　TBAB 体系Ⅱ-0 不同时刻气相色谱图

体系Ⅱ-1st 实验，TBAB 浓度为 0.2mol/L，125min 时溶液中有细小颗粒状水合物晶体形成，至 t_1=155min 时，对水合分离体系气相进行色谱分析，其中 CO_2 浓度为 69.53%，至 t_2=185min 时，CO_2 浓度为 72.90%，至 t_3=215min 时，CO_2 浓度为 70.14%。生长完全结束后，对残气相进行色谱分析，CO_2 浓度为 69.21%，水合物相 CO_2 浓度为 81.77%，如图 3-67 所示。

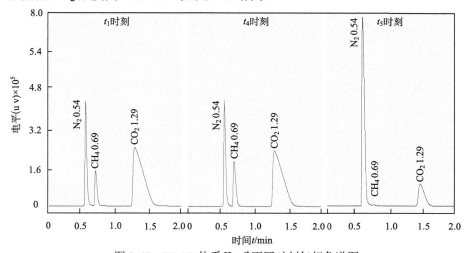

图 3-67　TBAB 体系Ⅱ-1st 不同时刻气相色谱图

体系Ⅱ-2nd实验，TBAB 浓度为 0.4mol/L，115min 溶液中有细小颗粒状水合物晶体形成，至 t_1=145min 时，对水合分离体系气相进行色谱分析，其中 CO_2 浓度为 75.03%，至 t_2=175min 时，CO_2 浓度为 73.50%，至 t_3=205min 时，CO_2 浓度为 72.94%。生长完全结束后，对残气相进行色谱分析，CO_2 浓度为 70.05%，水合物相 CO_2 浓度为 80.28%，如图 3-68 所示。

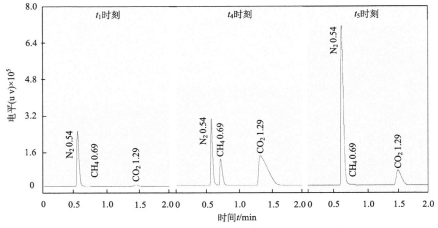

图 3-68　TBAB 体系Ⅱ-2nd不同时刻气相色谱图

体系Ⅱ-3rd实验，TBAB 浓度为 0.6mol/L，79min 时溶液中有细小颗粒状水合物晶体形成，至 t_1=109min 时，对水合分离体系气相进行色谱分析，其中 CO_2 浓度为 74.14%，至 t_2=139min 时，CO_2 浓度为 76.24%，至 t_3=169min 时，CO_2 浓度为 73.45%。生长完全结束后，对残气相进行色谱分析，CO_2 浓度为 69.88%，水合物相 CO_2 浓度为 81.15%，如图 3-69 所示。

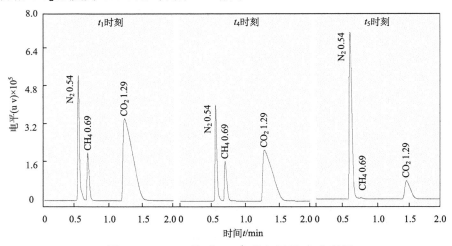

图 3-69　TBAB 体系Ⅱ-3rd不同时刻气相色谱图

体系Ⅱ-4th 实验，TBAB 浓度为 0.8mol/L，实验初始时刻溶液中有细小颗粒状水合物晶体形成，至 t_1=30min 时，对水合分离体系气相进行色谱分析，其中 CO_2 浓度为 74.92%，至 t_2=60min 时，CO_2 浓度为 75.21%，至 t_3=90min 时，CO_2 浓度为 75.12%。生长完全结束后，对残气相进行色谱分析，CO_2 浓度为 71.04%，水合物相 CO_2 浓度为 83.88%，如图 3-70 所示。

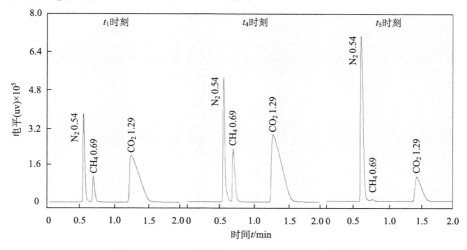

图 3-70　TBAB 体系Ⅱ-4th 不同时刻气相色谱图

体系Ⅲ-0 实验，262min 时溶液中有细小颗粒状水合物晶体形成，至 t_1=292min 时，对水合分离体系气相进行色谱分析，其中 CO_2 浓度为 57.35%，至 t_2=322min 时，CO_2 浓度为 61.49%，至 t_3=352min 时，CO_2 浓度为 60.91%。生长完全结束后，对残气相进行色谱分析，CO_2 浓度为 57.35%，水合物相 CO_2 浓度为 81.19%，如图 3-71 所示。

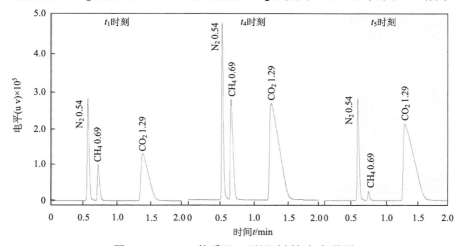

图 3-71　TBAB 体系Ⅲ-0 不同时刻气相色谱图

　　体系Ⅲ-1st 实验，TBAB 浓度为 0.2mol/L，183min 时溶液中有细小颗粒状水合物晶体形成，至 t_1=213min 时，对水合分离体系气相进行色谱分析，其中 CO_2 浓度为 63.01%，至 t_2=243min 时，CO_2 浓度为 62.20%，至 t_3=273min 时，CO_2 浓度为 55.24%。生长完全结束后，对残气相进行色谱分析，CO_2 浓度为 62.80%，水合物相 CO_2 浓度为 76.43%，如图 3-72 所示。

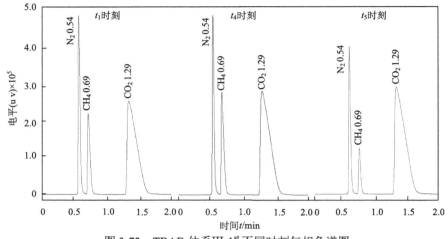

图 3-72　TBAB 体系Ⅲ-1st 不同时刻气相色谱图

　　体系Ⅲ-2nd 实验，TBAB 浓度为 0.4mol/L，105min 时溶液中有细小颗粒状水合物晶体形成，至 t_1=135min 时，对水合分离体系气相进行色谱分析，其中 CO_2 浓度为 61.57%，至 t_2=165min 时，CO_2 浓度为 59.14%，至 t_3=195min 时，CO_2 浓度为 66.11%。生长完全结束后，对残气相进行色谱分析，CO_2 浓度为 67.07%，水合物相 CO_2 浓度为 78.99%，如图 3-73 所示。

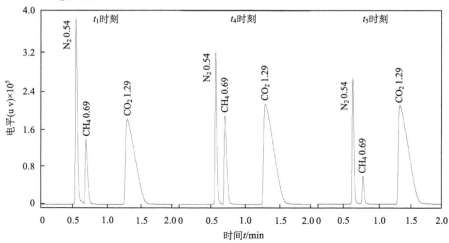

图 3-73　TBAB 体系Ⅲ-2nd 不同时刻气相色谱图

体系III-3rd实验，TBAB 浓度为 0.6mol/L，194min 时溶液中有细小颗粒状水合物晶体形成，至 t_1=224min 时，对水合分离体系气相进行色谱分析，其中 CO_2 浓度为 58.41%，至 t_2=254min 时，CO_2 浓度为 55.83%，至 t_3=284min 时，CO_2 浓度为 65.46%。生长完全结束后，对残气相进行色谱分析，CO_2 浓度为 64.65%，水合物相 CO_2 浓度为 80.75%，如图 3-74 所示。

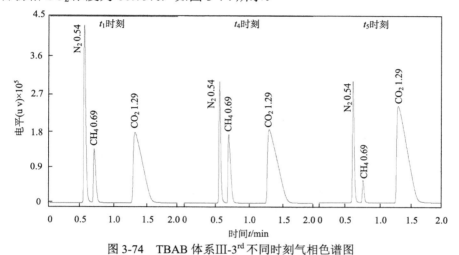

图 3-74 TBAB 体系III-3rd不同时刻气相色谱图

体系III-4th实验，TBAB 浓度为 0.8mol/L，21min 时溶液中有细小颗粒状水合物晶体形成，至 t_1=51min 时，对水合分离体系气相进行色谱分析，其中 CO_2 浓度为 62.47%，至 t_2=81min 时，CO_2 浓度为 67.69%，至 t_3=111min 时，CO_2 浓度为 68.66%。生长完全结束后，对残气相进行色谱分析，CO_2 浓度为 68.90%，水合物相 CO_2 浓度为 74.10%，如图 3-75 所示。

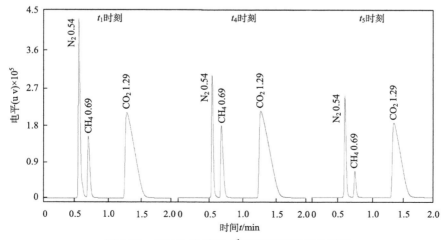

图 3-75 TBAB 体系III-4th不同时刻气相色谱图

结合 TBAB 体系各阶段气相色谱分析结果及温压条件，根据式(3-17)、式(3-18)可计算出 CO_2 回收率 S.Fr. 与分离因子 S.F.[79]，具体色谱分析结果及计算结果见表 3-22。

$$S.Fr. = \frac{n_{CO_2}^H}{n_{CO_2}^{Feed}} \tag{3-17}$$

$$S.F. = \frac{n_{CO_2}^H \times n_{N_2}^H + n_{CO_2}^H \times n_{CH_4}^H}{n_{CO_2}^{gas} \times n_{N_2}^{gas} + n_{CO_2}^{gas} \times n_{CH_4}^{gas}} \tag{3-18}$$

式中，$n_{CO_2}^{Feed}$、$n_{CO_2}^H$ 和 $n_{CO_2}^{gas}$ 分别为原料气、反应完毕后水合物相和剩余气相的 CO_2 摩尔分数；$n_{N_2}^H$、$n_{N_2}^{gas}$、$n_{CH_4}^H$ 和 $n_{CH_4}^{gas}$ 分别为反应完毕后水合物相和剩余气相的摩尔浓度。

根据图 3-76～图 3-78 中 TBAB 浓度对各气样水合分离体系气相浓度的影响和表 3-22 实验结果可以看出，t_1 时刻曲线均位于图像最上方，向下依次排列时间曲线为 t_2、t_3、t_4 时刻，说明各气样气相摩尔浓度均随时间的推移逐步降低，由此可推断水合分离过程中 CO_2 不断消耗生成水合物使得气相中 CO_2 摩尔浓度降低。

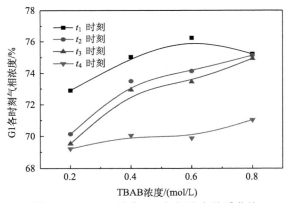

图 3-76　TBAB 浓度-G1 气相浓度关系曲线

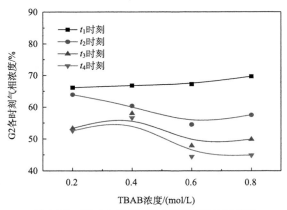

图 3-77　TBAB 浓度-G2 气相浓度关系曲线

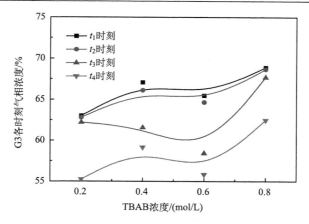

图 3-78　TBAB 浓度-G3 气相浓度关系曲线

同时,气样 G1 与 G3 大部分时刻气相摩尔浓度曲线均呈上升趋势,说明 CO_2 气相摩尔浓度随 TBAB 浓度的升高而增大,即 TBAB 浓度过高,在一定时间范围内影响气相中 CO_2 消耗量,使 CO_2 摩尔浓度升高。而气样 G2 各时刻气相浓度则随 TBAB 浓度升高而降低,TBAB 浓度越高,气样 G2 中 CO_2 消耗量越大,使得气相中浓度降低。相同 TBAB 浓度中 t_1 与 t_4 时刻点距离越大表明水合过程中 CO_2 消耗量越大,即水合物储气量越高。气样 G1、G2 与 G3 在 TBAB 0.6mol/L、0.8mol/L 及 0.6mol/L 时 t_1 与 t_4 时刻点距离最大,说明各气样在不同 TBAB 浓度范围内存在最优浓度使得水合物储气量最大。

由图 3-79 可以看出,对于气样 G1,在 TBAB 浓度为 0.4～0.8mol/L 时水合物相 CO_2 浓度呈递增趋势;对于 G3,在 TBAB 浓度 0.2～0.6mol/L 范围内水合物相 CO_2 浓度呈递增趋势,说明不同气样在其对应不同 TBAB 范围内水合物相浓度随 TBAB 浓度升高而升高,气样 G2 尚未发现明显规律。同时,气样 G2、G3 水合物相 CO_2 浓度在 0.6mol/L TBAB 时出现峰值,分别为 86.72%、80.75%,浓度升至 0.8mol/L 时水合物相 CO_2 浓度降至最低,为 71.42%、74.10%;而对于气样 G1,TBAB 浓度为 0.8 mol/L 时水合物相 CO_2 浓度最高为 83.88%。分析认为,较高浓度 TBAB 体系中,同温度条件下 TBAB 水合物相平衡压力低于 CO_2 水合物,TBAB 中溴离子与水分子氢键相连形成半笼形水合物晶格,TBA^+ 充当客体分子进入半笼形水合物中较大孔穴($5^{12}6^2$ 或 $5^{12}6^3$),形成 A 型或 B 型水合物,而 TBA^+ 较大,无法填充 5^{12},其可容纳 CO_2 分子,从而形成 $TBAB/CO_2$ 水合物,即 TBAB 水合形成笼形结构可为 CO_2 提供物质基础,故在 TBAB 浓度较低时促进 CO_2 水合物形成,使得 CO_2 水合物相浓度随 TBAB 浓度升高而升高。

表3-22　TBAB体系高CO_2浓度瓦斯气水合物分离效果实验结果

实验体系	瓦斯气样	实验环境条件			t_1时刻气相浓度/%	t_2时刻气相浓度/%	t_3时刻气相浓度/%	t_4平衡气相浓度/%	t_5平衡水合物相浓度/%	分配系数	回收率 S.Fr./%	分离因子 S.F.
		初始压力 p/MPa	初始温度 T/℃	TBAB 浓度/(mol/L)								
I-0	G1:			0	70.92	70.92	70.92	68.48	93.11	1.360	58.03	2.746
I-1	80% CO_2+			0.2	72.90	70.14	69.53	69.21	81.77	1.181	25.39	2.768
I-2		4.84	2	0.4	75.03	73.50	72.94	70.05	80.28	1.146	29.37	3.368
I-3	6% CH_4+			0.6	76.24	74.14	73.45	69.88	81.15	1.161	22.14	2.768
I-4	14% N_2			0.8	75.21	75.12	74.92	71.04	83.88	1.181	18.91	2.768
II-0	G2:			0	51.63	64.92	64.92	68.92	91.21	1.323	38.20	2.430
II-1	75% CO_2+			0.2	66.14	63.91	53.32	52.54	80.90	1.223	17.66	2.504
II-2		4.92	2	0.4	66.82	60.37	57.99	56.60	79.10	1.184	23.54	2.504
II-3	11% CH_4+			0.6	67.23	54.51	47.88	44.45	86.72	1.290	14.83	2.504
II-4	14% N_2			0.8	69.67	57.50	49.86	44.90	71.42	1.025	24.55	2.447
III-0	G3:			0	61.49	61.49	60.91	57.35	81.19	1.333	24.36	2.731
III-1	70% CO_2+			0.2	63.01	62.80	62.20	55.24	76.43	1.217	30.22	2.243
III-2		4.97	2	0.4	67.07	66.11	61.57	59.14	78.99	1.178	22.61	2.268
III-3	16% CH_4+			0.6	65.46	64.65	58.41	55.83	80.75	1.250	21.57	2.268
III-4	14% N_2			0.8	68.90	68.66	67.69	62.47	74.10	1.075	10.44	2.281

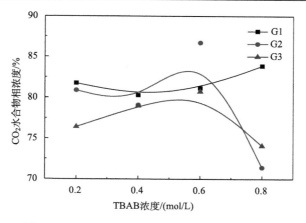

图 3-79　TBAB 浓度-水合物相 CO_2 浓度关系曲线

　　图 3-80 为 TBAB 浓度对回收率的影响,可以看出气样 G1、G2、G3 对应回收率最高 TBAB 浓度分别为 0.4mol/L、0.8mol/L、0.2mol/L,气样 G1 在 TBAB 0.4mol/L 时回收率出现峰值后开始下降,而气样 G3 从 TBAB 0.2mol/L 开始随其浓度升高,回收率整体呈下降趋势。由此可见,较高浓度 TBAB 对高 CO_2 浓度水合分离效果呈抑制作用。这是由于 TBAB 浓度过高时会有大量 TBAB 水合物形成,从而影响 CO_2 在液相中溶解度,瓦斯中 CO_2 水合量降低,进而抑制高 CO_2 浓度瓦斯水合物形成,CO_2 回收率下降。

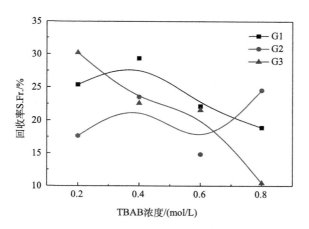

图 3-80　TBAB 浓度-回收率关系曲线

　　图 3-81 为原料气中 CO_2 浓度对分离因子的影响,净化程度则是 CO_2 从原料气中分离出来的程度,分离因子能够界定净化程度的高低,分离因子越大,净化程度越高。由图看出,75%为 0.4mol/L TBAB 体系与其余体系交点的 CO_2 浓度最

大值,当原料气中 CO_2 浓度高于 75% 时,0.4mol/L TBAB 体系分离因子远高于其他体系,由此可推断该 CO_2 浓度范围内存在最优 TBAB 浓度以达到最大净化程度;当原料气中 CO_2 浓度低于 75% 时,除纯水体系曲线外,其余曲线分布较为集中,说明该 CO_2 浓度范围内 TBAB 浓度差异对净化程度影响较小。同时从图中不难发现,在添加 TBAB 的所有体系中,分离因子均随原料中 CO_2 浓度升高而增大,说明原料气中 CO_2 浓度越高,水合分离产物的净化程度越高。而纯水体系与其余体系曲线交点横坐标分布在 74%±0.5% 内,当原料气中 CO_2 浓度低于 74% 时,TBAB 体系分离因子均低于空白体系,由此可见,在此范围内 TBAB 的添加降低了水合物净化程度;反之高于 74% 时,TBAB 对水合物净化程度具有提高作用。

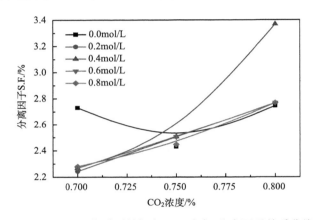

图 3-81　TBAB 体系原料气中 CO_2 浓度-分离因子关系曲线

分析认为,TBA^+ 未充填 TBAB 水合过程形成 5^{12} 晶穴,而气体水合物的形成分为成核和生长两个阶段,成核阶段为生长阶段提供物质生长基础和物质传递介质,诸多学者认为水合物生长阶段以吸附过程为主,而本实验 TBAB 半笼形水合物已提供物质基础,因此根据 Langmuir 吸附机理,一部分气体分子会直接进入已形成的 5^{12} 晶穴,当纯 CO_2 气体与纯水进行水合反应时,其会形成 I 型水合物,拉曼光谱分析结果认为 CO_2 填充其中的 $5^{12}6^2$ 晶穴,5^{12} 晶穴中未有 CO_2,纯 CO_2 气体与 TBAB 溶液进行水合反应时结果为 TBA^+ 填充 $5^{12}6^2$ 或 $5^{12}6^3$ 晶穴,CO_2 填充其中的 5^{12} 晶穴,据此表明 CO_2 可填充在 5^{12} 晶穴中,但存在一定条件限制作用。而 CH_4 与 N_2 分子尺寸较 CO_2 小,其受吸附作用与 CO_2 竞争进入 5^{12} 晶穴。实验用气样中 CO_2 浓度较高,其进入水合物晶腔概率较高,故填充 5^{12} 晶穴的客体分子 CO_2 含量较高,使得分离因子随原料气中 CO_2 浓度的升高而增大,但当 CO_2 浓度较低时,CH_4 与 N_2 含量升高,TBAB 的添加导致一定量的 CH_4 与 N_2 分子进入 TBAB 水合过程形成的 5^{12} 晶穴中,从而影响了高 CO_2 浓度瓦斯水合分离的净化程度。

因此添加 TBAB 体系中水合分离因子随原料气中 CO_2 浓度的升高而增大，而 CO_2 浓度较低时，添加 TBAB 影响了 CO_2 水合分离净化程度。

3.9　CP 体系中高 CO_2 浓度瓦斯气水合分离动力学

3.9.1　体系概述

我们对 3 种瓦斯气样在不同浓度环戊烷(CP)溶液、初始温度 2℃ 条件下进行了 15 组次水合动力学条件测定实验，分别研究了高 CO_2 瓦斯气在不同浓度 CP 溶液中水合物生成宏观诱导时间和平均生成速率的变化规律。其中 CP 溶液浓度分别为 0(纯水条件)、0.1mol/L、0.2mol/L、0.3mol/L、0.4mol/L，具体实验参数如表 3-23 所示。

表 3-23　CP 体系高 CO_2 浓度瓦斯气水合物分离动力学实验体系

实验体系	瓦斯气样	实验环境条件			CP 浓度 /(mol/L)
		初始温度 T/℃	相平衡压力 p_{e2}/MPa	初始压力 p_2/MPa	
I-0					0
I-1					0.1
I-2	G1：80% CO_2+6% CH_4+14% N_2	2	1.84	4.84	0.2
I-3					0.3
I-4					0.4
II-0					0
II-1					0.1
II-2	G2：75% CO_2+11% CH_4+14% N_2	2	1.92	4.92	0.2
II-3					0.3
II-4					0.4
III-0					0
III-1					0.1
III-2	G3：70% CO_2+16% CH_4+14% N_2	2	1.97	4.97	0.2
III-3					0.3
III-4					0.4

3.9.2　动力学参数

体系 I-2nd 实验 CP 浓度为 0.2mol/L，水合反应实验初始温度为 2℃、压力为 3.81MPa。反应进行至 4min 时，溶液内出现一大块黏状物体，大量浑浊黏性物体下落，物体中有少量气泡似油状，液面上方出现一点冰碴状水合物，溶液浑浊，如图 3-82(a)、(b)所示；66min 后整个釜被白色冰状水合物覆盖，液面上方水合物体积大于液面下形成量，压力基本不变，水合物生成结束，此时反应体系内的温度为 3.59℃，压力为 3.64MPa，如图 3-82(c)所示。体系 I-2nd 实验瓦斯水合分离过程压力-时间变化曲线如图 3-83 所示。

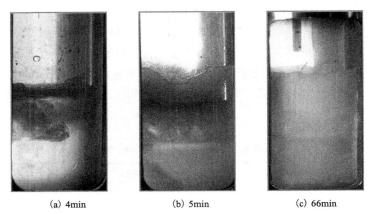

　　　(a) 4min　　　　　　　　(b) 5min　　　　　　　　(c) 66min

图 3-82　CP 体系 I-2nd 实验瓦斯水合分离过程典型照片

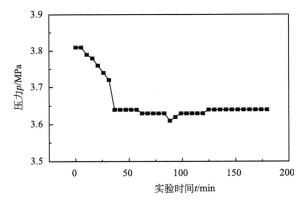

图 3-83　CP 体系 I-2nd 实验瓦斯水合分离过程 p-t 变化曲线

　　体系 II-2nd 实验，CP 浓度为 0.2mol/L，水合反应实验初始温度为 2℃、压力为 4.92MPa。反应初始阶段液面形成一层约 1cm 厚的白色蜡状的薄膜并形成薄膜片下落，如图 3-84(a)所示；直到 6min 时大量棉絮状的结晶从液面处向下落并沿釜壁向上生成冰样结晶，如图 3-84(b)所示；15min 时水合物大量生成并向上生长，在液面下溶液变浑浊并且液面下降。如图 3-84(c)所示；至 158min 时，液面上方几乎被水合物占满，如图 3-84(d)所示。体系 II-2nd 实验瓦斯水合分离过程压力-

时间变化曲线如图 3-85 所示。

(a) 1min   (b) 6min   (c) 15min   (d) 158min

图 3-84 CP 体系Ⅱ-2nd 实验瓦斯水合分离过程典型照片

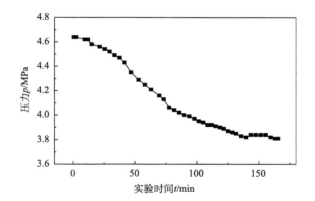

图 3-85 CP 体系Ⅱ-2nd 实验瓦斯水合分离过程 p-t 变化曲线

体系Ⅲ-4th 实验，CP 浓度为 0.40mol/L。设定恒温箱温度为 2℃，开始匀速制冷，制冷 4min 时釜内气液接触面开始出现浑浊现象，水合物在气液接触面开始沿釜壁向上生长，接下来釜内液体呈乳白色且浑浊，此时温度为 6.98℃，压力为 4.98MPa，如图 3-86(a) 所示；水合物迅速生成，在气液接触面同时向上向下生长，34min 时釜内生成大量水合物，如图 3-86(b) 所示；水合物继续增多，至 258min 时釜内充满水合物，反应达到平衡，水合物生成结束。体系Ⅲ-4th 实验瓦斯水合分离过程压力-时间变化曲线如图 3-87 所示。

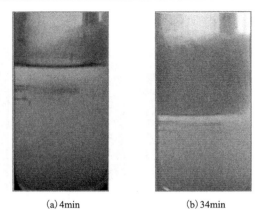

(a) 4min　　　　　　　　(b) 34min

图 3-86　CP 体系Ⅲ-4th 实验瓦斯水合分离过程典型照片

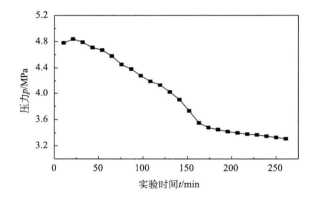

图 3-87　CP 体系Ⅲ-4th 实验瓦斯水合分离过程 p-t 变化曲线

　　CP 体系高 CO_2 浓度瓦斯气水合分离动力学体系实验结果在表 3-24 中列出，诱导时间曲线如图 3-88 所示。体系Ⅰ-0 为气样 G1 在纯水条件下的实验体系，诱导时间为 208min；而体系Ⅰ-1～Ⅰ-4 为不同浓度 CP 溶液中的实验体系，其中诱导时间最长为 14min，最短为 4min，CP 体系最长诱导时间较纯水体系缩短 194min。另两大体系Ⅱ、Ⅲ中 CP 体系最长诱导时间均较纯水体系短，分别缩短了 174min 与 74min。由此可见，CP 的添加较大幅度地缩短了水合物诱导时间，甚至在一定情况下是水合物形成直接进入生长阶段，不存在诱导期。而对于气样 G3 诱导时间随 CP 浓度升高基本呈大幅度缩短趋势，但在实验范围内 CP 浓度条件下，气样 G1、G2 诱导时间未呈现规律性，以分散随机分布出现。

表 3-24　CP 体系高 CO$_2$ 浓度瓦斯气水合分离动力学体系实验结果

实验体系	瓦斯气样	实验环境条件			水合物形成时刻		水合物生长结束时刻		平衡气相压力 p/MPa	水合物相分解压力 p/MPa	诱导时间 t/min	生长速率 (10^{-6} m^3/min)
		初始压力 p/MPa	初始温度 T/℃	CP 浓度 /(mol/L)	压力 p/MPa	温度 T/℃	压力 p/MPa	温度 T/℃				
I-0	G1:80% CO$_2$+6% CH$_4$+14% N$_2$	4.84	2	0	4.38	5.48	4.38	5.48	4.38	0.91	208	0.329
I-1				0.1	4.80	7.78	4.80	7.78	4.80	0.97	14	0.395
I-2				0.2	4.85	5.35	3.79	4.52	3.79	1.42	4	0.829
I-3				0.3	0.56	2.95	4.27	11.57	4.27	1.54	5	0.387
I-4				0.4	4.84	5.36	3.53	4.97	3.53	2.20	4	1.411
II-0	G2:75% CO$_2$+11% CH$_4$+14% N$_2$	4.92	2	0	4.52	5.04	4.52	4.94	4.52	0.20	186	0.321
II-1				0.1	4.11	23.10	4.35	8.44	4.35	0.69	0	0.009
II-2				0.2	4.70	16.22	4.25	9.17	4.25	1.12	0	0.023
II-3				0.3	4.81	10.00	4.56	8.98	4.56	1.94	12	0.493
II-4				0.4	4.89	16.26	4.08	8.73	4.03	1.63	12	0.873
III-0	G3:70% CO$_2$+16% CH$_4$+14% N$_2$	4.97	2	0	4.35	1.50	4.34	1.30	4.34	0.74	262	0.007
III-1				0.1	4.17	2.38	4.04	1.07	4.04	0.69	188	0.192
III-2				0.2	4.25	2.95	3.78	4.49	3.78	1.51	129	0.517
III-3				0.3	4.92	8.28	4.28	7.86	4.28	1.05	1	1.063
III-4				0.4	4.78	6.98	4.21	7.54	4.21	1.88	4	0.948

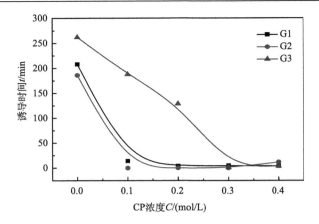

图 3-88　CP 体系高 CO_2 浓度瓦斯气合物形成诱导时间分布

　　图 3-89 为 CP 体系高 CO_2 浓度瓦斯气水合分离速率曲线，由图可以看出，在 CP 浓度为 0.1～0.4mol/L 范围内，气样 G2、G3 水合分离速率基本呈增大趋势。气样 G2 在 CP 浓度 0.4mol/L 时生长速率有所下降，而气样 G1 水合分离速率无明显规律性，除 CP 浓度 0.3mol/L 点外，分离速率均呈升高趋势。

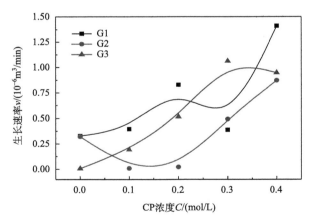

图 3-89　CP 体系高 CO_2 浓度瓦斯水合分离速率曲线

　　分析认为环戊烷(CP)有效分子直径与水合物大笼尺寸相仿，在没有小分子气体辅助下也可生成稳定Ⅱ型水合物，且生成条件温和(大气压下，280K 生成)。故在本实验条件下，当气体达到一定压力时直接生成 CP 水合物，使水合反应跳过诱导阶段直接进入生长阶段。随着 CP 浓度的升高，所需相平衡压力减小，热力学驱动力增大，促使水合分离速率加快；同时 CP 浓度的升高促使 CP 水合物含量增大，为 CO_2、N_2 水合物提供更多物质基础，加速水合物生成，因而水合分离速率随着 CP 浓度的升高而加快。

3.9.3　水合分离效果

在水合分离过程中，需对各时刻气相浓度进行气相色谱分析，获取水合过程中气体浓度变化规律。从各体系诱导时间开始后每 30min 取微量水合物生长过程中气相进行色谱分析，共取三次，分别为 t_1、t_2、t_3 时刻气相浓度；水合物生成结束后分别取残气相 t_4 及水合物相 t_5 进行色谱分析。

体系 I -1st 实验，CP 浓度为 0.1mol/L，14min 时溶液中有细小颗粒状水合物晶体形成，至 t_1=44min 时，对水合分离体系气相进行色谱分析，其中 CO_2 浓度为 31.77%，至 t_2=74min 时，CO_2 浓度为 32.18%，至 t_3=104min 时，CO_2 浓度为 37.75%。生长完全结束后，对残气相进行色谱分析，CO_2 浓度为 73.82%，水合物相 CO_2 浓度为 74.03%，如图 3-90 所示。

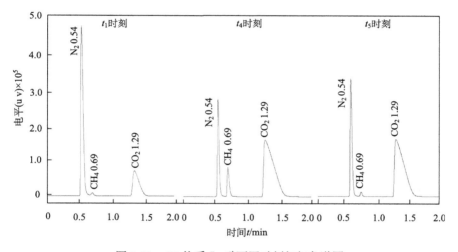

图 3-90　CP 体系 I -1st 不同时刻气相色谱图

体系 I -2nd 实验，CP 浓度为 0.2mol/L，4min 时溶液中有细小颗粒状水合物晶体形成，至 t_1=34min 时，对水合分离体系气相进行色谱分析，其中 CO_2 浓度为 70.28%，至 t_2=64min 时，CO_2 浓度为 73.80%，至 t_3=94min 时，CO_2 浓度为 67.49%。生长完全结束后，对残气相进行色谱分析，CO_2 浓度为 73.03%，水合物相 CO_2 浓度为 73.03%，如图 3-91 所示。

体系 I -3rd 实验，CP 浓度为 0.3mol/L，5min 溶液中有细小颗粒状水合物晶体形成，至 t_1=35min 时，对水合分离体系气相进行色谱分析，其中 CO_2 浓度为 36.81%，至 t_2=65min 时，CO_2 浓度为 30.17%，至 t_3=95min 时，CO_2 浓度为 25.38%。生长完全结束后，对残气相进行色谱分析，CO_2 浓度为 72.56%，水合物相 CO_2

浓度为 82.49%，如图 3-92 所示。

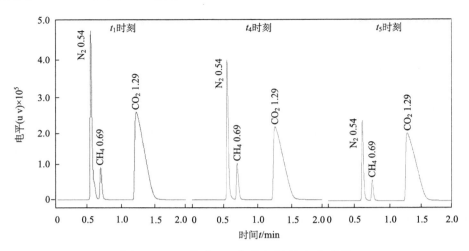

图 3-91　CP 体系 I -2nd 不同时刻气相色谱图

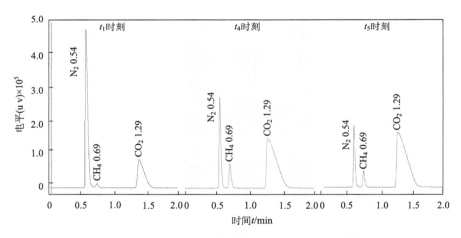

图 3-92　CP 体系 I -3rd 不同时刻 CO_2 气相色谱图

体系 II -0 实验，CP 浓度为 0mol/L（纯水体系），186min 时溶液中有细小颗粒状水合物晶体形成，至 t_1=216min 时，对水合分离体系气相进行色谱分析，其中 CO_2 浓度为 69.27%，从 t_1=216min 以后一直无明显现象，压力、温度均无明显变化。对水合物相 CO_2 浓度为 99.84%，如图 3-93 所示。

体系 II -1st 实验，CP 浓度为 0.1mol/L，146min 时溶液中有细小颗粒状水合物晶体形成，至 t_1=176min 时，对水合分离体系气相进行色谱分析，其中 CO_2 浓度为 53.32%，至 t_2=206min 时，CO_2 浓度为 52.54%，至 t_3=236min 时，CO_2 浓度为 63.91%。生长完全结束后，对残气相进行色谱分析，CO_2 浓度为 66.14%，水合物

相 CO_2 浓度为 80.90%，如图 3-94 所示。

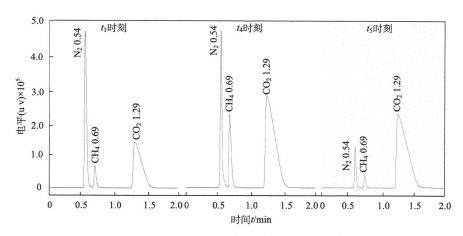

图 3-93　CP 体系 II -0 不同时刻 CO_2 气相色谱图

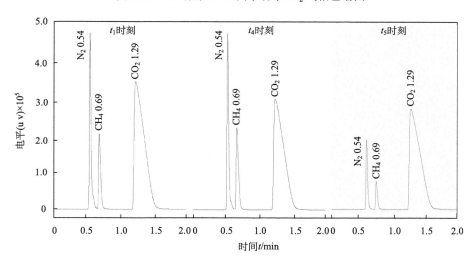

图 3-94　CP 体系 II -1st 不同时刻 CO_2 气相色谱图

　　体系 II -2nd 实验，CP 浓度为 0.2mol/L，144min 时溶液中有细小颗粒状水合物晶体形成，至 t_1=174min 时，对水合分离体系气相进行色谱分析，其中 CO_2 浓度为 60.37%，至 t_2=204min 时，CO_2 浓度为 57.99%，至 t_3=234min 时，CO_2 浓度为 56.60%。生长完全结束后，对残气相进行色谱分析，CO_2 浓度为 66.82%，水合物相 CO_2 浓度为 79.10%，如图 3-95 所示。

　　体系 II -3rd 实验，CP 浓度为 0.3mol/L，75min 时溶液中有细小颗粒状水合物晶体形成，至 t_1=105min 时，对水合分离体系气相进行色谱分析，其中 CO_2 浓度为 54.51%，至 t_2=135min 时，CO_2 浓度为 44.45%，至 t_3=165min 时，CO_2 浓度为 47.88%。生长完全结束后，对残气相进行色谱分析，CO_2 浓度为 67.23%，水合物相 CO_2 浓度为 86.72%，如图 3-96 所示。

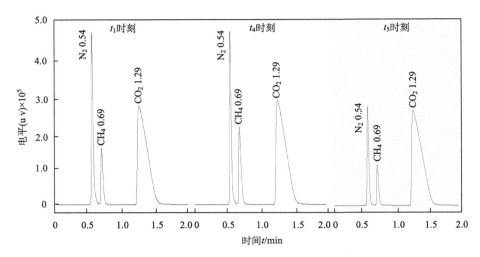

图 3-95　CP 体系 Ⅱ-2nd 不同时刻 CO_2 气相色谱图

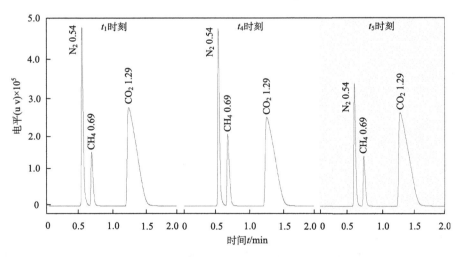

图 3-96　CP 体系 Ⅱ-3rd 不同时刻 CO_2 气相色谱图

体系 Ⅱ-4th 实验，CP 浓度为 0.4mol/L，119min 时溶液中有细小颗粒状水合物晶体形成，至 t_1=149min 时，对水合分离体系气相进行色谱分析，其中 CO_2 浓度为 57.50%，至 t_2=179min 时，CO_2 浓度为 49.86%，至 t_3=209min 时，CO_2 浓度为 44.90%。生长完全结束后，对残气相进行色谱分析，CO_2 浓度为 69.67%，水合物

相 CO_2 浓度为 71.42%，如图 3-97 所示。

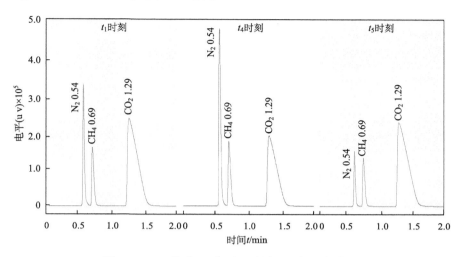

图 3-97　CP 体系Ⅱ-4th 不同时刻 CO_2 气相色谱图

体系Ⅲ-1st 实验，CP 浓度为 0.1mol/L，188min 时溶液中有细小颗粒状水合物晶体形成，至 t_1=218min 时，对水合分离体系气相进行色谱分析，其中 CO_2 浓度为 58.21%，至 t_2=248min 时，CO_2 浓度为 59.28%，至 t_3=278min 时，CO_2 浓度为 63.11%。生长完全结束后，对残气相进行色谱分析，CO_2 浓度为 63.11%，水合物相 CO_2 浓度为 84.27%，如图 3-98 所示。

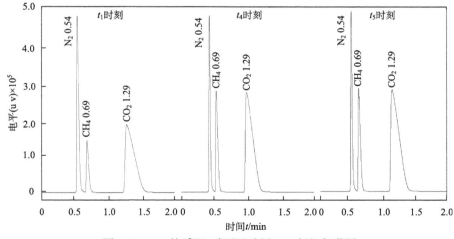

图 3-98　CP 体系Ⅲ-1st 不同时刻 CO_2 气相色谱图

体系Ⅲ-2nd 实验，CP 浓度为 0.2mol/L，129min 时溶液中有细小颗粒状水合物晶体形成，至 t_1=159min 时，对水合分离体系气相进行色谱分析，其中 CO_2 浓度为 57.14%，至 t_2=189min 时，CO_2 浓度为 55.94%，至 t_3=219min 时，CO_2 浓度为 53.77%。生长完全结束后，对残气相进行色谱分析，CO_2 浓度为 53.77%，水合物相 CO_2 浓度为 29.90%，如图 3-99 所示。

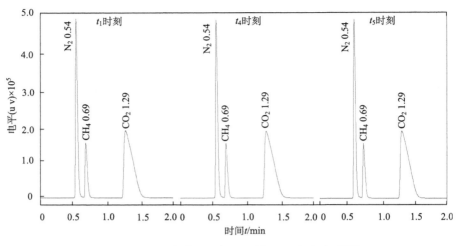

图 3-99　CP 体系Ⅲ-2nd不同时刻 CO_2 气相色谱图

体系Ⅲ-3rd 实验，CP 浓度为 0.3mol/L，1min 时溶液中有细小颗粒状水合物晶体形成，至 t_1=31min 时，对水合分离体系气相进行色谱分析，其中 CO_2 浓度为 64.32%，至 t_2=61min 时，CO_2 浓度为 63.35%，至 t_3=91min 时，CO_2 浓度为 50.95%。生长完全结束后，对残气相进行色谱分析，CO_2 浓度为 50.95%，水合物相 CO_2 浓度为 81.86%，如图 3-100 所示。

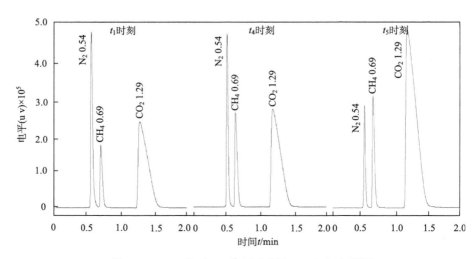

图 3-100　CP 体系Ⅲ-3rd不同时刻 CO_2 气相色谱图

体系Ⅲ-4th实验，CP 浓度为 0.4mol/L，4min 时溶液中有细小颗粒状水合物晶体形成，至 t_1=34min 时，对水合分离体系气相进行色谱分析，其中 CO_2 浓度为 65.34%，至 t_2=64min 时，CO_2 浓度为 57.47%，至 t_3=94min 时，CO_2 浓度为 47.53%。生长完全结束后，对残气相进行色谱分析，CO_2 浓度为 47.53%，水合物相 CO_2 浓度为 63.96%，如图 3-101 所示。

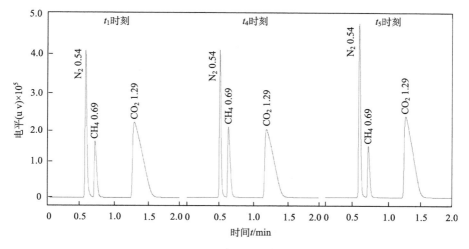

图 3-101　CP 体系Ⅲ-4th 不同时刻 CO_2 气相色谱图

结合 CP 体系各阶段气相色谱分析结果及温压条件，根据公式可计算出 CO_2 回收率与分离因子等参数，具体色谱分析结果及计算结果见表 3-25。

根据图 3-102～图 3-104 和表 3-25 实验结果可以看出，在 CP 溶液条件下，t_1 时刻气样 G2 与 G3 曲线均位于图像最上方，向下依次排列时间曲线为 t_2、t_4、t_3 时刻，说明各气样气相摩尔浓度均随时间的推移逐步降低，但当至 t_4 时刻时气相浓度有所回升，由此可推断水合分离过程中 CO_2 不断消耗生成水合物，使得气相中前期 CO_2 摩尔浓度逐渐降低，但 CP 的加入将水合物相平衡压力大幅度降低，令气相中 N_2 在实验后期大量进入水合物相中，导致 t_4 时刻 CO_2 消耗量减小，气相浓度有所回升，进而使 G1 气样 t_4 时刻曲线位于最上方。同时，图 3-102 中气样 G1 中 t_1～t_3 时刻气相浓度随 CP 浓度的升高呈振荡趋势，当 CP 浓度为 0.1mol/L、0.3mol/L 时气相浓度较低，原因为实验初期 CP 首先生成水合物，使气液接触后直接进入生长期，大量 CO_2 进入水合物中，加大 CO_2 耗气量降低了气相浓度，但当水合物生长过程趋于稳定时，CO_2 分压下降，致使 N_2 分压上升，在该温度条件下达到相平衡压力使得 N_2 大量进入水合物笼中，降低了 CO_2 耗气量，令 t_4 时刻 CO_2 气相浓度升高。图 3-104 中气样 G3 曲线 t_3 与 t_4 时刻曲线几乎重合，说明 t_3 时刻时水合物生长基本结束，气液无较多物质交换使得两时刻气相浓度无明显变化。

表 3-25　CP 体系高 CO_2 浓度瓦斯气水合物分离效果实验结果

实验体系	瓦斯气样	初始压力 p/MPa	初始温度 T/℃	CP 浓度 /(mol/L)	t_1 时刻气相浓度/%	t_2 时刻气相浓度/%	t_3 时刻气相浓度/%	t_4 平衡气相浓度/%	t_5 平衡水合物相浓度/%	分配系数	回收率 S.Fr.	分离因子 S.F.
I-0				0	70.92	70.92	70.92	68.48	93.11	1.360	58.03	2.746
I-1	G1:			0.1	31.77	32.18	37.75	73.82	74.03	1.028	34.47	2.722
I-2	80% CO_2+	4.84	2	0.2	70.28	73.80	67.49	73.03	82.88	1.134	95.47	55.15
I-3	6% CH_4+			0.3	36.81	30.17	25.38	72.56	82.49	1.137	46.46	2.737
I-4	14% N_2			0.4	70.26	69.22	64.12	72.08	77.38	1.074	97.34	52.49
II-0				0	51.63	64.92	64.92	68.92	91.21	1.323	38.20	2.430
II-1	G2:			0.1	76.34	73.53	59.75	71.00	87.96	1.239	38.60	2.471
II-2	75% CO_2+	4.92	2	0.2	72.85	70.78	59.51	70.47	81.84	1.161	43.83	2.442
II-3	11% CH_4+			0.3	72.54	70.28	51.54	66.33	76.78	1.158	37.62	2.470
II-4	14% N_2			0.4	75.73	73.42	66.09	59.50	82.78	1.391	90.64	26.68
III-0				0	61.49	61.49	60.91	57.35	81.19	1.333	24.36	2.731
III-1	G3:			0.1	58.21	59.28	63.11	63.11	84.27	1.335	32.40	2.246
III-2	70% CO_2+	4.97	2	0.2	57.14	55.94	53.77	53.77	29.90	0.556	95.27	40.43
III-3	16% CH_4+			0.3	64.32	63.35	50.95	50.95	81.16	1.593	36.81	2.251
III-4	14% N_2			0.4	65.34	57.47	47.53	47.53	63.96	1.346	89.70	17.14

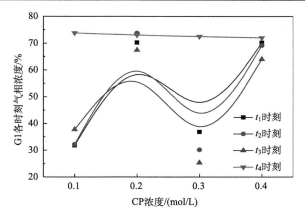

图 3-102　CP 浓度-G1 气相浓度关系曲线

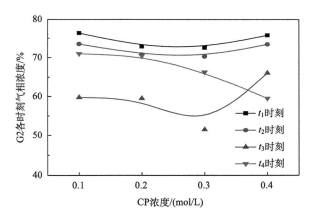

图 3-103　CP 浓度-G2 气相浓度关系曲线

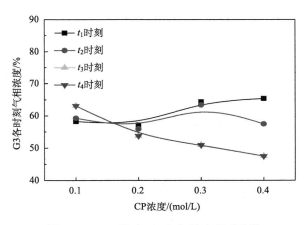

图 3-104　CP 浓度-G3 气相浓度关系曲线

相同 CP 浓度中，t_1 与 t_4 时刻点距离越大，表明水合过程中 CO_2 消耗量越大，即水合物储气量越高。气样 G1、G2 与 G3 在 CP 浓度分别为 0.1mol/L、0.4mol/L 及 0.4mol/L 时 t_1 与 t_4 时刻点距离最大，说明各气样在不同 CP 浓度范围内存在最优浓度使得水合物储气量最大。

图 3-105～图 3-109 为原料气浓度及 CP 浓度对水合物分离效果、回收率及分离因子等影响的曲线图。由图可知，添加 CP 对瓦斯水合分离因子的影响具有一定的随机性，即随原料中 CO_2 浓度的升高在 4 种浓度条件下呈 3 种影响趋势，由曲线综合分析认为，CP 浓度为 0.4mol/L 时具有促进分离、提高净化程度的作用。

图 3-105 为 CP 浓度对水合物相浓度的影响，由图可以看出，除个别离散点外，气样 G2、G3 水合物相浓度随着 CP 浓度的升高呈下降趋势。分析认为，CP 与水接触后首先形成 CP 水合物，CP 进入水合物中，使得水合物相中 CO_2 浓度降低；同时 CP 的添加大幅度降低水合物相平衡压力，令 N_2 较易进入水合物笼中与 CO_2 竞争储气平台，因而水合物相浓度随着 CP 浓度的升高呈下降趋势。

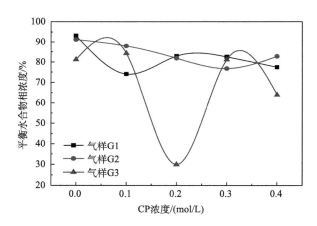

图 3-105　CP 浓度-平衡水合物相浓度关系曲线

图 3-106 为原气料 CO_2 浓度对回收率的影响，图中除 CP 浓度为 0.2mol/L 外，其余浓度条件下，随着原气料中 CO_2 浓度的升高，回收率基本呈升高趋势，说明原气料中 CO_2 浓度越高，回收率越大。这是由于原气料中较高浓度的 CO_2 加大了 CO_2 溶解，提高了 CO_2 进入水合物晶腔的概率，水合物回收率升高。

图 3-107 为 CP 浓度对回收率的影响，图中气样 G1、G3 回收率在 CP 浓度 0～0.4mol/L 范围内呈振荡趋势，无明显规律变化，说明不同 CP 浓度对回收率有不同作用效果。气样 G2 回收率曲线基本呈上升趋势，说明针对气样 G2 热力学添加剂 CP 对回收率有稳定的促进作用，同时，对于气样 G3，CP 条件下回收率均高于纯水体系，CP 的添加有一定提高回收率的作用，但作用效果随 CP 浓度的变化

呈不同趋势，离散型较强，作用效果稳定性较气样 G2 差。但在 CP 浓度为 0.4mol/L 时，各气样回收率处于较高位置，故存在一最优 CP 浓度使得 CO_2 回收率最大，在本实验中该浓度为 0.4mol/L。

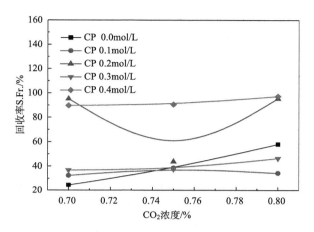

图 3-106　CP 体系中原料气中 CO_2 浓度-回收率关系曲线

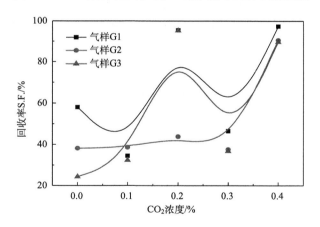

图 3-107　CP 浓度-回收率关系曲线

图 3-108 为原料气中 CO_2 浓度对分离因子的影响，可以看出，在 CP 浓度为 0mol/L、0.1mol/L、0.3mol/L 时，曲线变化趋势较小，说明原料气中 CO_2 浓度对分离因子的影响不明显。而当 CP 浓度为 0.2mol/L 与 0.4mol/L 时，曲线有明显的变化趋势，CP 浓度为 0.2mol/L 时，分离因子随着原料气中 CO_2 浓度的升高呈先减小后增大的趋势，而 CP 浓度为 0.4mol/L 时，分离因子则随着原料气中 CO_2 浓度的升高而增大。由此可以得出在不同 CP 浓度条件下，原料气中 CO_2 浓度对分离因子有不同程度的影响且影响效果不同，随机性较强。

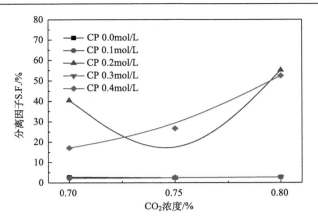

图 3-108　CP 体系原料气中 CO_2 浓度-分离因子关系曲线

图 3-109 为 CP 浓度对分离因子的影响，由图可以看出，对于在 CP 浓度为 0.2mol/L、0.4mol/L 时气样 G1、G2 及 G3 均出现个别分离因子高于空白体系的情况，且 0.4mol/L 时三种气样分离因子均高于空白体系，由此可推断在一定 CP 浓度范围内，CP 的添加能够增大水合分离因子，提高净化程度，CP 为 0.4mol/L 时效果较好。气样 G2 曲线呈规律性，随着 CP 浓度的升高呈逐步增大趋势，说明气样 G2 条件下 CP 浓度越高，分离因子越大。而气样 G1 与 G3 曲线则呈振荡趋势，无明显规律。

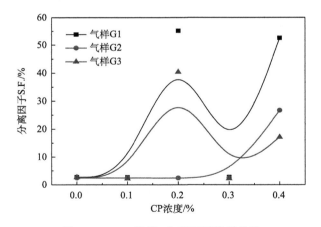

图 3-109　CP 浓度-分离因子关系曲线

参 考 文 献

[1] Vysniauskas A, Bishnoi P R. A kinetic study of methane hydrate formation[J]. Chemical Engineering Science, 1983, 38(7): 1061-1072.

[2] Vysniauskas A, Bishnoi P R. Kinetics of ethane hydrate formation[J]. Chemical Engineering Science, 1985, 40 (2) : 299-303.

[3] Englezos P. A model for the formation kinetics of gas hydrates from methane, ethane, and their mixtures[D]. Calgary: University of Calgary, 1986.

[4] Englezos P, Kalogerakis N, Dholabhai P D, et al. Kinetics of formation of methane and ethane gas hydrates[J]. Chemical Engineering Science, 1987, 42 (11) : 2647-2658.

[5] Christiansen R L, Sloan E D. Mechanisms and kinetics of hydrate formation[J]. Annals of the New York Academy of Science, 1993, 715: 283-305.

[6] Freer E M, Sloan E D Jr. An engineering approach to kinetic inhibitor design using molecular dynamics simulations [C]. Salt Lake City: The 3rd International Hydrate Conference, 1999.

[7] 马昌峰, 陈光进, 郭天民. 水中悬浮气泡法研究水合物生长动力学[J]. 中国科学, 2002, 32 (1) : 90-96.

[8] 马应海, 苟兰涛, 何晓霞, 等. 四氢呋喃水合物零度以上生成动力学研究[J]. 天然气地球科学, 2006, 17 (2) : 244-248.

[9] 陈强, 业渝光, 刘昌岭, 等. 多孔介质体系中甲烷水合物生成动力学的模拟实验[J]. 海洋地质与第四纪地质, 2007, 27 (1) : 111-116.

[10] 展静, 吴青柏, 王英梅. 冰点以下不同粒径冰颗粒形成甲烷水合物的实验[J]. 天然气工业, 2009, 29 (6) : 126-129.

[11] 钟栋梁, 杨晨, 刘道平. 喷雾反应器中二氧化碳水合物的生长实验研究[J]. 过程工程学报, 2010, 10 (2) : 309-313.

[12] 徐纯刚, 李小森, 陈朝阳. 水合物法分离二氧化碳的研究现状[J]. 化工进展, 2012, 30 (4) : 701-708.

[13] 叶鹏, 刘道平, 时竞竞. 二氧化碳水合物生成驱动力的研究[J]. 天然气化工, 2013, 38 (2) : 38-41.

[14] 钟栋梁, 赵伟龙, 何双毅, 等. 油包水乳化液滴形成甲烷水合物的动力学特性研究[J]. 高校化学工程学报, 2015, 29 (3) : 544-550.

[15] Kashchiev D, Firoozabadi A. Driving force for crystallization of gas hydrate[J]. Journal of Crystal Growth, 2002, 241: 220-230.

[16] Kashchiev D, Firoozabadi A. Induction time in crystallization of gas hydrates[J]. Journal of Crystal Growth, 2003, 250: 499-515.

[17] Sohnel O, Mullin J W. Interpretation of crystallization induction periods[J]. Journal of Colloid & Interface Science, 1988, 123: 43-50.

[18] Kashchiev D. Nucleation-Basic Theory with Application[M]. Oxford: Butterworth Heineman, 2000.

[19] 潘云仙, 刘道平, 黄文件, 等. 气体水合物形成的诱导时间及其影响因素[J]. 天然气地球科学, 2005, 16 (2): 255-260.

[20] Talaghat M R. Experimental investigation of induction time for double gas hydrate formation in the simultaneous presence of the PVP and l-tyrosine as kinetic inhibitors in a mini flow loop apparatus[J]. Journal of Natural Gas Science and Engineering, 2014, 19 (7): 215 - 220.

[21] Van der M C, Kashchiev D, van G M. Precipitation of barium sulfate: Induction time and the

effect of an aadditive on nucleation and growth[J]. Journal of Colloid Interface Science, 1992, 152 (2): 338-350.

[22] Van der M C, Kashchiev D, Van G M. Effect of additives on nucleation rate, crystal growth rate and induction time in precipitation[J]. Journal of Crystal Growth, 1993, 130 (1-2): 221-232.

[23] Verdoes D, Kashchiev D, Van G M. Determination of nucleation and growth rates from induction times in seeded and unseeded precipitation of calcium carbonate[J]. Journal of Crystal Growth, 1992, 118 (3-4): 401-413.

[24] 杨敬丽. 新型气体水合物抑制剂的开发及评价研究[D]. 北京: 中国石油大学(北京), 2016.

[25] Skovborg P, Ng H J, Rasmussen P, et al. Measurement of induction times for the formation of methane and ethane gas hydrates[J]. Chemical Engineering Science, 1993, 48(3): 445-453.

[26] Natarajan V, Bishnoi P R, Kalogerakis N. Induction phenomena in gas hydrate nucleation[J]. Chemical Engineering Science, 1994, 49(13): 2075-2087.

[27] Nerheim R M, Thor M S, Emil K S. Investigation of gas hydrate formation kinetics by laser light scattering [D]. Trondbeim: Norwegian Institute of Technology, 1993.

[28] Long J P. Gas hydrate formation mechanism and kinetic inhibition[D]. Golden: Colorado School of Mines, 1994.

[29] Monfort J P, Nzihou A. A light scattering kinetics study of cyclopropane hydrate growth[J]. Journal Crystal Growth, 1993, 128(1-4): 1182-1186.

[30] Yousif M H, Dorshow R B, Young D B. Testing of hydrate kinetics inhibitors using laser light scattering technique//Sloan E D, Happel J, Hnatow M A. International conference on nature gas hydrates[C]. Annals of New York academic of science, 1994, 715: 330-340.

[31] Zeng H. Inhibition of clathrate hydrates by antifreeze proteins [D]. Kingston: Queen's University, 2004.

[32] Sloan E D. Clathrate Hydrate of Natural Gases [M]. NewYork: Marrcel Deker, 1997.

[33] Englezos P. Clathrate Hydrates[M]. Vancouver: Canada Rviews.

[34] Skovborg P, Rasmussen P. A mass trnas port limited model for the growth of mehtnae nad ethnae gas hydrates[J]. Chemical Engineering Science, 1994, 49(8): 1131-1143.

[35] 吴强. 矿井瓦斯水合机理实验研究[D]. 徐州: 中国矿业大学, 2005.

[36] Linga P, Kumar R, Englezos P. The clathrate hydrate process for post and pre-combustion capture of carbon dioxide[J]. Hazard Mater, 2007, 149 (3): 625-629.

[37] 杜巧云, 葛虹. 表面活性剂基础及应用[M]. 北京: 中国石化出版社, 1996.

[38] Kobus A, Kuppinger F F, Meier R, et al. Improvement of conventional unit operations by hybrid separation technologies: A review of industrial applications[J]. Chemie Ingenieur Technik, 2001, 73(6): 714-719.

[39] 杜建伟, 梁德青, 戴兴学, 等. Span80 促进甲烷水合物生成动力学研究[J]. 工程热物理学报, 2011, 32(2): 197-200.

[40] Wang W C, Fan S S, Liang D Q, et al. Experimental study on flow characteristics of tetrahydrofuran hydrate slurry in pipelines[J]. Journal of Natural Gas Chemistry, 2010, 19: 318-322.

[41] Zhang L W, Chen G J, Guo X Q, et al. The partition coefficients of ethane between vapor and hydrate phase for methane + ethane + water and methane + ethane + THF + water systems[J].

Fluid Phase Equilibria, 2004, 225: 141-144.

[42] Xue K H, Zhao J F, Song Y C, et al. Direct observation of THF hydrate formation in porous microstructure using magnetic resonance imaging[J]. Energies, 2012, 5: 898-910.

[43] 孙长宇, 陈光进. (氮气+四氢呋喃+水)体系水合物的生长动力学[J]. 石油学报, 2005, 21(4): 101-105.

[44] Linga P, Kumar R N, Englezos P. Gas hydrate formation from hydrogen/carbon dioxide and nitrogen/carbon dioxide gas mixtures[J]. Chemical Engineering Science, 2007, 62(16): 4264-4276.

[45] 赵建忠, 赵阳升, 石定贤. THF 溶液水合物技术提纯含氧煤层气的实验[J]. 煤炭学报, 2008, 37(12): 1420-1424.

[46] 陈广印, 孙强, 郭绪强. 水合物法连续分离煤层气实验研究[J]. 高校化学工程学报, 2013, 27(4): 561-566.

[47] 裘俊红, 陈治辉. 笼形水合物及水合物技术现状及展望[J]. 江苏化工, 2005, 33(1): 1-5.

[48] 刘爱贤, 赵光华, 阿不都热木, 等. 水合物物法分离烟道气中 CO_2 的实验及模拟研究[J]. 石油化工高等学校学报, 2013, 26(6): 2-5.

[49] 张保勇, 吴强, 朱玉梅. THF 对低浓度瓦斯水合化分离热力学条件促进作用[J]. 中国矿业大学学报, 2009, 38(2): 203-208.

[50] Wu J Y, Chen L J, Chen Y P. Molecular dynamics study on the equilibrium and kinetic properties of tetrahydrofuran clathrate hydrates[J]. Journal of Physical Chemistry C, 2014, 11(9): 1400-1409.

[51] 孟庆国, 刘昌岭, 业渝光. ^{13}C 固体核磁共振测定气体水合物结构实验研究[J]. 分析化学, 2011, 39(9): 1447-1450.

[52] 罗艳托, 朱建华, 陈光进. 甲烷-四氢呋喃-水体系水合物生成动力学的实验和模型化研究[J]. 化工学报, 2006, 57(5): 1154-1158.

[53] Zhang B Y, Cheng Y P, Wu Q. Sponge effect on coal mine methane separation based on clathrate hydrate method[J]. Chinese Journal of Chemical Engineering, 2011, 19(4): 610-614.

[54] Luo Y T, Zhu J H, Fan S S, et al. Study on the kinetics of hydrate formation in a bubble column[J]. Chemical Engineering Science, 2007, 62(4): 1000-1009.

[55] 魏厚振, 韦昌富, 颜荣涛, 等. 海底扩散体系含天然气水合物沉积物制样方法与装置[J]. 岩土力学, 2011, 32(10): 2972-2976.

[56] 刘道平, 潘云仙, 周文涛, 等. 喷雾制取天然气水合物过程的特性[J]. 上海理工大学学报, 2007, 29(2): 132-136.

[57] 刘妮, 李菊, 陈伟军, 等. 机械强化制备二氧化碳水合物的特性研究[J]. 中国电机工程学报, 2011, 31(2): 51-54.

[58] 张保勇, 吴强. 十二烷基硫酸钠对瓦斯水合物生长速率的影响[J]. 煤炭学报, 2010, 35(1): 89-92.

[59] Wu Q, Zhang Q, Zhang B Y. Influence of super-absorbent polymer on the growth rate of gas hydrate[J]. Safety Science, 2012, 50: 865-868.

[60] 陆现彩, 杨涛, 刘显东, 等. 多孔介质中天然气水合物稳定性的实验研究进展[J]. 现代地质, 2005, 19(1): 89-95.

[61] 吴强, 徐涛涛, 张保勇, 等. 甲烷浓度对瓦斯物生长速率的影响[J]. 黑龙江科技学院学报, 2010, 20(6): 411-414.

[62] Sloan E D. Clathrate Hydrate of Natural Gases[M]. New York: Taylor & Francis Group LLC, 2008: 234-236.

[63] Park S H, Sposito G. Domontmorillonite surface promotemethane hydrate formation Monte carol and molecular dynamics simulation[J]. The Journal of Physical Chemistry B, 2003, 107: 2281-2290.

[64] 吴强. 煤矿瓦斯水合化分离试验研究进展[J]. 煤炭科学技术, 2014, (6): 81-85.

[65] 王海锋, 程远平, 俞启香, 等. 煤与瓦斯突出矿井安全煤量研究[J]. 中国矿业大学学报, 2008, 37(2): 236-240.

[66] 吴强, 王世海, 张保勇, 等. THF 对高浓度 CH$_4$ 瓦斯水合分离效果影响实验[J]. 煤炭学报, 2016, 41(5): 1158-1163.

[67] Zhong Y, Rogers R E. Surfactant effect on gas hydrate formation [J]. Chemical Engineering Science, 2000, 55: 4175-4187.

[68] 吴强, 潘长虹, 张保勇, 等. 气液比对多组分瓦斯水合物含气量影响[J]. 煤炭学报, 2013, 38(7): 1191-1195.

[69] 曹吉林, 刘海彬, 郭康宁, 等. 高压低温条件下 H$_2$O-H$_2$O$_2$-CO$_2$ 三元体系相平衡研究[J]. 高校化学工程学报, 2010, 24(6): 1069-1073.

[70] Wang X L, Chen G J, Sun C Y, et al. The dependence of the dissociation rate of methane-SDS hydrate below ice point on its manners of forming and processing[J]. Chinese Journal of Chemical Engineering, 2009, 17(1): 128-135.

[71] 臧小亚, 梁德青, 吴能友. 碳纳米管和碳纳米管-四氢呋喃水合物的储氢特性[J]. 高等学校化学学报, 2012, 33(3): 580-585.

[72] 颜克凤, 李小森, 孙丽华, 等. 储氢笼型水合物生成促进机理的分子动力学模拟研究[J]. 物理学报, 2011, 60(12): 1-8.

[73] 徐纯刚, 李小森, 陈朝阳, 等. 提高 IGCC 合成气水合物形成速度及提纯其中 H$_2$ 的工艺[J]. 化工学报, 2011, 26(6): 1701-1706.

[74] 丁垚, 宫敬, 彭宇. 四丁基溴化铵水合物的生成-分解特性[J]. 中国石油大学学报, 2011, 35(4): 150-153.

[75] 翟林峰, 史铁钧, 王华林. 低 pH 值条件下纤维状 ZrO$_2$ 水合物的制备及其形成机理研究[J]. 无机材料学报, 2007, 22(2): 223-226.

[76] 唐翠萍, 梁德青. 显微镜下 THF 水合物结晶过程实验研究[J]. 工程热物理学报, 2013, 34(8): 1420-1423.

[77] 任静雅, 鲁晓兵, 张旭辉. 水合物沉积物电阻特性研究初探[J]. 岩土工程学报, 2013, 35(1): 161-165.

[78] Warzinski R P, Riestenberg D E, Gabitto J, et al. Formation and behavior of composite CO$_2$ hydrate particles in a high-pressure water tunnel facility[J]. Chemical Engineering Science, 2008, 63(12): 3235-3248.

[79] 梅东海, 廖健, 王璐琨, 等. 气体水合物平衡生成条件的测定及预测[J]. 高校化学工程学报, 1997, 11(3): 225-230.

第4章　动态体系多元瓦斯水合分离研究

我国矿井瓦斯资源储量相当丰富，前景十分可观[1]。由于瓦斯资源储存分散，开采铺设管网投资大，可利用资源的回馈效益无法满足开采成本的投入，且瓦斯储运输送技术匮乏，输送安全隐患严重等因素极大地限制了瓦斯资源的开采利用。因此我们急需一种安全高效、成本低廉的煤层气提纯和储运方法来改变现状，利用水合物技术进行煤层气提纯和储运是一种有效可行的途径[2]。近些年，水合物法分离提纯矿井瓦斯技术因其具有生成条件温和、储气密度高、热稳定性良好、工艺简单、低能高效、经济环保等优点而逐渐引起政府部门和科研工作人员的重视[3]。

相关学者[4]基于瓦斯水合物生成特性，提出了瓦斯水合固化分离与储运新方法。但所有基于水合物的技术都有一个共性问题，就是如何对水合物的生成过程进行强化以达到快速形成水合物的目的。目前采用的强化方法包括机械强化和化学物理强化两种类型。常用的机械强化过程主要是通过增大气液接触面积来实现，如搅拌[5-9]、液体分散于气相[10]（喷雾）、气体分散于液相[11-14]（鼓泡）等。化学物理强化途径是通过在水中加入化学添加剂（如表面活性剂），改变液体微观结构（形成纳米尺度的胶束）、降低气液界面张力、增加气体在液相中的溶解度和扩散系数，从纳米尺度和分子尺度的层面上强化气液的接触、促进水合物的成核过程，并抑制水合物晶粒的聚并，减小水合物颗粒的尺度[15]。

Fukumoto 等[16]注意到有效移走水合物形成位置的热量，对确保连续水合物形成操作十分重要，并演示了水向气相中的稳定固体平板喷雾以形成水合物的情况。Nagamori 等[17]、Yoshikawa 等[18]则测试了移走水合物生成热的另一种方法，即水向反应器中的气相喷雾，水在反应器底部汇集，并连续排干，然后通过外部热交换器冷却，再一次喷雾进入反应器。由此可见，采用气相喷雾循环法，可以有效移走反应过程中产生的热量，使气液充分反应，理论上提高了水合物储气率。

4.1　机械喷雾强化对瓦斯水合分离的影响

4.1.1　喷雾生成水合物研究概况

Rogers 等[19]提出水以喷雾的形式进入气相形成 I 型水合物的方法。该方法没有有效地移走水合物生成过程中产生的热量。Ohmura 等[17]、Tsuji 等[20]尝试连续、快速形成 H 型水合物，并在实际工程应用中放大。装置为高压喷雾室，水在喷雾室和外部热交换器中循环，从喷雾室顶部的喷嘴中喷雾后，水与甲烷和大分子客体物质混合，在水池中聚集，并流出喷雾室，在外部热交换器中冷却，然后用泵打回喷嘴，再一次喷雾。甲烷进入喷雾室补充用于水合物形成带来的消耗。Roy 等[21]通过实验数据分析了瓦斯和环己烷共同作用生成 H 型水合物机制并测量计算水合物的生成速率。Hydeyuki 等[22]分析了甲烷气体在喷洒的纯水中快速形成水合物的机理。

　　刘道平等[23]探讨提出两种水合物制备过程接触强化措施，一种是机械搅拌；另一种是紊流扰动，即借助流体(气流或水雾)运动来产生扰动，增强气体分子与水分子的接触，这种措施有两种实现方式：一种是利用气体压力使气体冲击冰水，增强气水接触，另一种是在低温富气环境中利用喷嘴将低温水直接雾化到气体中，实现水颗粒与气体的良好接触。徐新亚等[24]介绍了一种新型的煤层气储运技术——水合物储运技术。通过对气体水合物技术的基本原理、储运优点及目前该技术的发展状况的分析，发现采用水合物技术储运煤层气具有很好的前景。赵建忠等[25]利用喷雾喷嘴高度分散液相的气体水合物生成装置，在不同的压力与表面活性剂条件下进行了实验，并结合晶体化学方法分析了喷射方式生成气体水合物的机理，验证了喷雾能够克服工业规模下水合物储存气局限性。刘道平等[26]设计建造了一个半间歇式雾流强化水合物装置，探索揭示了喷雾强化天然气水合物制备过程的基本特性，喷雾强化方式有效地缩短了水合物形成的诱导时间，在制备过程中，喷雾的启动会引起系统内部压力短暂的升高。赵建忠等[27]利用高压水合物生成装置，在喷射方式下添加表面活性剂进行了不同压力、温度下天然气水合物生成的实验，测定了纯水与添加剂溶液中天然气水合物的生成过程及其特性，得出表面活性剂 SDS 不但可以加快天然气水合物生成速度，同时还可以提高其含气量。张亮等[28]提出了喷雾反应器中甲烷水合物的形成机理，并引入传质对水合反应影响的有效因子等参数，得到了喷雾法生成水合物的改进动力学方程。通过实验验证，实验数据与模型计算数据基本吻合，平均误差为 4.63%。钟栋梁等[29]采用雾流强化实验装置对天然气水合物的合成进行实验研究，发现反应压力与系统过冷度是水合物快速形成的重要影响因素。当反应温度一定时，初始压力越大，反应压降速率越大；过冷度越大，对应的压降速率越大。钟栋梁等[30]在喷雾反应器中进行了 CO_2 水合物生成实验，观察了 CO_2 水合物的生长过程，以结晶过饱和度作为生长驱动力研究了 CO_2 水合物的生长特性。结果表明，CO_2 水合物的生成量随生长驱动力的增加而增加；反应温度越低，CO_2 水合物的生成量越大。Mohammad 等[31]研究了纯甲烷在同等温度压力条件下分别采取雾化和搅拌两种方式对水合物生成的影响。Federico 等[32]设计建造了一个从顶部喷雾的水合物反应釜，研究了添加 SDS 活性剂溶液在喷雾状态下对甲烷水合物生成的影响。Lucia 等[33]研究了在体积为 25L 的反应釜里改变表面活性剂种类、喷雾时间、气体压力、水量、气体喷嘴压差等参数条件下甲烷水合物的形成速率及含气率。

4.1.2　喷雾强化下瓦斯水合分离热量传递过程物理模型

水滴与瓦斯气体分子在一定温度、压力条件下生成水合物，该水合分离过程伴随着热量的释放与传递，产热量的多少取决于水合物生成量，热量对反应体系温度的改变则受诸多因素的影响。瓦斯水合分离传热过程为：①在水滴未达到相平衡温度前，外反应锋面生成的热量向低温气相中传递，内反应锋面生成的水合热向水滴中传递；②在水滴达到相平衡温度后，内外反应锋面生成的热量均向周围气相中传递[34]。

针对单一液滴建立热量传递概念模型如图 4-1 所示，从水合反应开始到水滴达到相平衡温度，水合物膜内反应锋面处产生的水合热全部向还未反应的低温水滴内部传递，根据能量守恒定律可得[35]

$$4\pi r_0^2 \frac{\mathrm{d}r_2}{\mathrm{d}t} \rho_{\mathrm{H}} \Delta H = 4\pi r_2^2 h_{\mathrm{i}} (T_{\mathrm{eq}} - T_{\mathrm{w}}) \tag{4-1}$$

式中，ρ_{H} 为水合物的密度；ΔH 为单位质量的水合物生成热；h_{i} 为水合物膜内反应锋面与水滴之间的对流换热系数；T_{eq} 为水合物的相平衡温度；T_{w} 为水滴的温度；r_0 为水滴初始半径；r_2 为未反应水滴半径；下标 0 代表初始时刻；下标 w 代表水；下标 H 代表水合物。

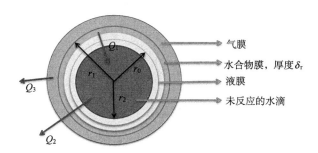

图 4-1　喷雾体系中水合物生长过程热量传递模型

第一阶段产生的热量大部分传递给内部水滴使其达到相平衡温度，没有向外界扩散热量，因此该过程所产生的热量在整个水合过程中可忽略不计。当水滴达到相平衡温度之后，热量传递进入第二阶段，即内外反应锋面水合物生成所产生的热量 Q_2、Q_3 均向周围气相中传递。由于气相温度一直处于较低范围，为维持水合反应的持续进行，外反应锋面的温度相对低于相平衡温度，由此可得水合物膜内反应锋面向外反应锋面传递的热量 Q_2 为[34]

$$Q_2 = \frac{4\pi\lambda_H \left(T_{eq} - T_1\right)}{\dfrac{1}{r_2} - \dfrac{1}{r_1}} \tag{4-2}$$

式中，T_1 为水合物膜外反应锋面温度；λ_H 为气体水合物的导热系数。

外反应锋面产生的热量直接向周围的低温气相释放，传输的热量 Q_3 为

$$Q_3 = 4\pi r_1^2 k \left(T_1 - T_g\right) \tag{4-3}$$

式中，T_g 为气相温度(视为恒定值)。

由于水合物壳内外消耗的水的体积存在一定的比例关系(膨胀系数)，所以两个反应锋面向气相传输的热量存在如下关系：

$$Q_3 = Z_V Q_2 \tag{4-4}$$

式中，Z_V 为膨胀系数，即水滴由液态变为水合物固体体积膨胀比例。Z_V 计算公式为

$$Z_V = \frac{V_H}{V_W} \tag{4-5}$$

式中，V_H 为液滴水合反应完全水的消耗量；V_W 为水合反应完全水合物的生成量。

根据以上传热过程分析可知，水合物壳外反应锋面向气相中传递的热量即为反应体系总的水合反应热 Q。Q 的计算公式如下：

$$Q = n_g M_H \Delta H \tag{4-6}$$

式中，n_g 为水合反应中气体消耗速率；M_H 为水合物的摩尔质量。

因为水滴外表面的对流换热系数极小，可忽略不计，由此联立式(4-4)可得

$$n_g = \frac{4\pi r_1^2 \left(T_1 - T_g\right)}{M_H \Delta H} \tag{4-7}$$

4.1.3　喷雾强化下瓦斯水合分离物质传递过程及理论模型

喷雾方式使水滴与气体充分接触，增加反应体系的扰动，促进水合物的形成与生长，该过程既是化学反应过程，也是结晶过程，伴随着气-液两相间物质的传递。瓦斯水合分离传质过程为：①气体分子通过水滴表面的气膜扩散至气-液界面处，并继续向水滴内部扩散；②甲烷分子在气-液界面或水滴内部与水分子发生反应形成甲烷水合物；③甲烷分子在水滴内部或已经形成的甲烷水合物膜内持续扩散并与水分子结合形成水合物，同时水滴内部的部分水分子逆向扩散至水滴外表面与气相内的甲烷分子反应生成水合物[28]。

假设：①反应初始时刻液滴表面形成的一层多孔甲烷水合物膜厚度相等，各向同性；②根据双膜理论，水滴表面覆盖的甲烷水合物膜的外表面存在气膜，内

表面存在液膜。由于甲烷分子在水滴内部的扩散阻力远大于在气相中的扩散阻力，故对甲烷分子在气膜中的传质阻力忽略不计；③制冷循环喷雾系统能及时带走反应釜内产生的热量，故气相空间的反应温度视为恒定不变。

针对单一液滴建立物质传递概念模型如图 4-2 所示，对水合物膜内的甲烷进行物料衡算可得

$$4\pi D_e \frac{\partial}{\partial r}\left(r^2 \frac{\partial C_A}{\partial r}\right)\delta_r = kC_A(4\pi r^2 \delta_r) + \frac{\partial C_A}{\partial t}(4\pi r^2 \delta_r) \tag{4-8}$$

式中，δ_r 为水合物膜的厚度；D_e 为甲烷分子在水合物膜内的扩散系数；k 为甲烷水合反应速率常数。由于水合物膜内的甲烷浓度分布不随时间变化，则可计算出水滴内部的甲烷水合物生长速率为

$$\frac{d}{dr}\left(r^2 \frac{dC_A}{dr}\right) = \frac{k}{D_e}r^2 C_A \tag{4-9}$$

令 $\lambda^2 = k/D_e$，甲烷在水合物膜外表面的传质速率 N(mol/s) 为

$$N = -D_e\left(\frac{dC_A}{dr}\right)(4\pi r_h^2) \tag{4-10}$$

当浓度为 C_{A0} 时，甲烷的水合反应速率为

$$R_m = \frac{4}{3}\pi r_h^3 kC_{A0} \tag{4-11}$$

根据传质的基本原理，甲烷从气相主体到水合物-水界面处的传质速率为

$$N_m = h_D A_w (C_{A0} - C_{Ai}) \tag{4-12}$$

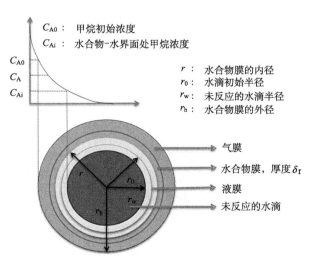

图 4-2　喷雾体系中水合物生长过程物质传递模型

根据扩散-反应原理，即 $R_m = N_m$，可得

$$R_m = \frac{kC_{A0}}{\dfrac{1}{\eta V_p} + \dfrac{k}{h_D A_w}} = \theta k C_{A0} \tag{4-13}$$

4.1.4　喷雾强化水合物形成装置

瓦斯快速水合喷雾实验装置系统示意图如图 4-3 所示。该装置主要由高压可视水合反应釜、精密控温空气浴、细微雾化喷嘴、高压混相流量测控仪、气体进样增压系统、气相色谱分析系统、数据采集系统等组成，具备气体水合反应、实验全程温压-时间精确测定、各相气体组分测定及分析等功能。

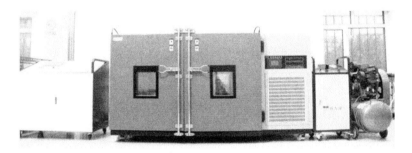

图 4-3　瓦斯快速水合喷雾实验装置

该装置核心设备是高压可视水合反应釜，如图 4-4 所示。反应釜的有效容积为 8L，最高承压为 20MPa，釜体为长方体，采用不锈钢材料，釜体中上部安装有对称的两个圆形玻璃视窗，直径为 15cm，该视窗用于观察不同时刻釜内水合物的体积及形态。釜盖与釜体采用卡箍式连接，在方便实验拆卸、保证操作人员安全的同时，也有效避免了传统螺纹连接由经常拆卸导致的连接处螺纹磨损而造成釜体损坏的弊端，釜盖与釜体之间采用 O 形橡胶圈密封。在釜盖顶部共有三个连接口，分别用于实验进气、喷雾循环、压力传感器连接及实验取气；在釜盖内部有一个与顶部循环连接口相同的喷雾器安装口；在釜侧壁下端有两个连接口，分别用于喷雾循环和温度传感器连接。釜体配备了过滤瓷体和雾化喷嘴，其由深圳市瀚博环保器材有限公司生产提供，过滤瓷体的雾化直径为 0.016mm，雾化特性为 0～20mL/min 流量条件下，可实现 40～80μm 的雾化效果；雾化喷嘴夹角有四种，分别为 30°、45°、60°、90°，如图 4-5 所示。

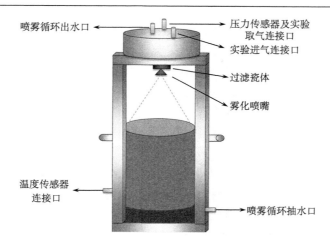

图 4-4　高压可视水合反应釜

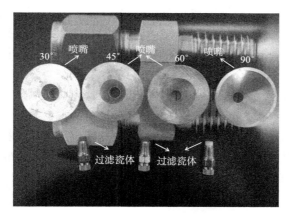

图 4-5　雾化喷嘴和过滤瓷体

　　精确测定水合物生成热力学参数是确定瓦斯水合分离相关参数的关键，特采用控温精度高的恒温箱以保证实验顺利高效无误地开展。实验所用恒温箱的有效容积为 600L，恒温范围 -20～60℃，控温精度 ±0.2℃。

　　增压系统主要包括空气压缩机、增压泵、真空泵、高压管阀、减压表等。其部分设备参数如下：空气压缩机为捷豹空压机，型号 ET-80，功率 5.5kW，转速 2800r/min，气体处理量 0.96m³/min；增压泵为特力得增压泵，型号 JX-2/35，最大流量为 2L/h，最大驱动气源为 0.69MPa，最大输出液压为 42MPa；真空泵采用单向双值电容电动机，型号 ZX-1，功率 250W，转速 500r/min，极限真空度 $6×10^{-2}$Pa；高压管线、阀门由不锈钢材料制成，最高承压可达 30MPa。该系统具备压力调控功能，因不同实验体系所需压力值不同，则利用该套增压系统能够有效控制进气压力，使其精确达到设定值且保持恒定。

　　整个实验过程中反应釜内的温度、压力等信息都由数据采集系统实时测定记录并存储,该系统主要由工控机、数据采集器、温度传感器、压力传感器等组成。数据采集器由上海坚融实业有限公司制造,型号 Keysight-34972A-LXI,数据采集开关单元包括 3 插槽主机、内置的 $6\frac{1}{2}$ 位数字万用表及 8 个不同的开关和控制模块;压力传感器由西安美测电子科技有限公司制造,压力测定范围 0～20MPa,测量精度±0.01MPa;温度传感器由 Pt1000 型热电偶温度传感器测定,温度检测范围–30～50℃,精度±0.01℃。

　　瓦斯混合气经水合分离后,实验体系中气相组分浓度变化程度及分离产物瓦斯水合物中的甲烷浓度都需要进行分析测定,利用气相色谱分析系统可以实现对反应体系各相气体组分浓度的测定,该系统主要由 GC4000A 型气相色谱仪、氢气发生器、计算机等组成。气相色谱仪由北京东西电子技术研究所生产提供,柱箱体积为 300mm×300mm×200mm,温度控制范围在室温+5℃到 420℃间,温度准确性为设定值的 1%,控温精度±0.01℃,升温速率为 0～40℃/min,升温重复性≤0.2%,该色谱仪可以持续运行 24h。高纯氢气发生器由北京中兴汇利科技发展有限公司生产提供,型号为 GH-300,输出流量 3210mL/min,温度控制范围为 10～40℃。

　　实现液滴从釜内顶部持续不间断喷出是保证整个实验顺利进行的关键环节,需要配置一套喷雾调控系统来控制喷雾流量和系统压力上限,该系统的核心设备是高压混相流量测控仪,如图 4-6 所示。该测控仪由上海岩间机电科技有限公司生产提供,采用的计量泵型号为 SE-H20/20,测控流量 0～20mL/min,工作温度 0～25℃,输出压力 20MPa,精度等级 0.5。

图 4-6　高压混相流量测控仪

4.1.5　喷雾角度与流量对水合分离速率的影响

机械喷雾体系中瓦斯水合物的形成，主要受气相压力、体系温度、喷雾流量等因素的影响，而喷雾角度将决定喷雾作用面积，从而影响气液接触面积与接触时间，进而影响瓦斯水合物形成速率，喷雾流量决定了液相的流通量，直接影响气液接触速率，从而影响瓦斯水合物形成过程中物质传递的快慢，是影响瓦斯水合物形成过程的主要影响因素之一。据此为研究喷嘴夹角对瓦斯水合分离效果的影响，采用恒温恒容法开展了瓦斯混合气样 G1（60% CH$_4$+32% N$_2$+8% O$_2$）、G2（70% CH$_4$+23.7% N$_2$+6.3% O$_2$）、G3（80% CH$_4$+15.8% N$_2$+4.2% O$_2$）分别在 30°、45°、60°、90°夹角，喷嘴流量分别为 10mL/min 和 20mL/min 喷雾影响下的瓦斯水合分离实验。

G1、G2、G3 三种瓦斯气体在空白体系，流量分别为 10mL/min、20mL/min 体系，喷雾角度分别为 0°、30°、45°、60°体系中瓦斯水合物宏观生长现象及压力变化趋势较为相似，据此选择 G1 体系中的空白体系、流量 10mL/min-喷雾角度 45°体系、流量 20mL/min-喷雾角度 45°体系的水合物生长过程进行描述，通过数据采集系统获取并绘制整个实验过程压力随时间变化曲线如图 4-7 所示。雾化喷嘴夹角 0°，喷嘴流量 0mL/min 的空白体系中，通入瓦斯气样 G1 至 6.98MPa，体系压力基本保持稳定，气液界面处无变化，反应进行至 40min 时，釜内压力降至 6.85MPa，透过视窗可以观察到液面上覆盖一层浅灰色水合物薄膜；反应进行至 160min 时，釜内压力降至 6.75MPa，反应釜视窗上也覆盖一层薄纱状水合物薄膜；随着反应持续进行，釜内压力几乎趋于稳定，反应时间 660min 之后，压力不再变化，反应结束，此时釜内温度为 2℃、压力为 6.7MPa。

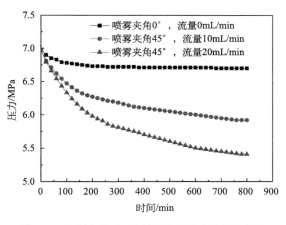

图 4-7　瓦斯水合分离过程压力随时间变化曲线

　　流量 10mL/min-喷雾角度 45°体系和流量 20mL/min-喷雾角度 45°体系研究的是不同雾化喷嘴夹角和喷嘴流量对瓦斯水合分离的影响。当喷嘴流量为实验变量时，各组实验釜内水合物生成宏观现象有所不同。

　　流量 10mL/min-喷雾角度 45°体系，瓦斯水合分离过程压力与时间关系曲线如图 4-7 所示。通入瓦斯气样 G1 至 6.98MPa，体系压力缓慢下降，在气液界面处、釜壁及视窗上有少量白色半透明水合物生成；反应进行至 40min 时，釜内压力降至 6.71MPa，透过视窗可以隐约观察到液面上覆盖一层类冰片状水合物晶体，反应釜视窗附着一层浅白色水合物颗粒；反应进行至 160min 时，釜内压力降至 6.32MPa，反应釜视窗被呈密实积雪状水合物完全覆盖，此时无法观测釜内水合物积存状态；随着水合反应持续进行，160~360min 釜内压力下降幅度较小，360~740min 釜内压力趋于平缓，反应至 740min 之后，釜内压力不再发生变化，视为反应结束，此时釜内温度为 2℃、压力为 5.92MPa。

　　流量 20mL/min-喷雾角度 45°体系，瓦斯水合分离过程压力与时间关系曲线如图 4-7 所示。通入瓦斯气样 G1 至 6.98MPa，体系压力迅速下降，在气液界面处、釜壁及视窗上有少量白色霜粒状水合物生成；反应进行至 40min 时，釜内压力降至 6.66MPa，透过视窗可以隐约观察到液面上覆盖一块白色半球状固体水合物，反应釜视窗附着一层半透明水合物薄膜；反应进行至 160min 时，釜内压力降至 6.09MPa，反应釜视窗被呈密实积雪状水合物完全覆盖，此时无法观测釜内水合物积存状态；随着水合反应持续进行，160~400min 釜内压力下降幅度较大，400~600min 釜内压力下降幅度较小，600~760min 釜内压力趋于平缓，反应至 760min 之后，釜内压力不再发生变化，视为反应结束，此时釜内温度为 2℃、压力为 5.41MPa。

1. 水合物生长速率计算结果

　　水合物生成动力学主要分为晶体成核与晶体生长两个阶段，晶体成核的时间即为诱导时间，晶体成核后水合物便进入快速生长期，该过程可用生长速率衡量，速率大小代表水合物生长快慢，提高水合物生长速率是水合物领域长期一直追寻的目标。

　　据数据采集系统记录存储的实验反应体系温度-压力-时间变化值，通过气体状态方程推导出水合分离过程中气体消耗量和水合物生成量，结合水合物生成时间差 τ，基于第 3 章瓦斯水合物动力学计算模型。

　　各实验体系计算结果见表 4-1。

表 4-1　瓦斯混合气样水合物生长速率计算结果

气样	实验编号	喷嘴夹角 $\theta/(°)$	喷嘴流量/ (mL/min)	实验温度/ ℃	初始压力/ MPa	生长速率/ ($\times 10^{-6} m^3/min$)
G1	1-1	0	0	2	6.98	0.073
	1-2	30	10			0.265
	1-3	45				0.309
	1-4	60				0.218
	1-5	90				0.204
	1-6	30	20			0.345
	1-7	45				0.395
	1-8	60				0.303
	1-9	90				0.287
G2	2-1	0	0	2	6.23	0.144
	2-2	30	10			0.295
	2-3	45				0.349
	2-4	60				0.267
	2-5	90				0.243
	2-6	30	20			0.342
	2-7	45				0.379
	2-8	60				0.315
	2-9	90				0.296
G3	3-1	0	0	2	5.95	0.099
	3-2	30	10			0.252
	3-3	45				0.285
	3-4	60				0.217
	3-5	90				0.176
	3-6	30	20			0.329
	3-7	45				0.367
	3-8	60				0.292
	3-9	90				0.256

2. 喷雾体系中瓦斯水合物生长动力学实验结果讨论与分析

通过研究喷雾角度、喷嘴流量与瓦斯浓度对水合分离速率与甲烷回收的影响发现，混合气体为 G1 时机械喷雾体系和纯水静态体系水合物生长速率对比分析如图 4-8 所示。纯水静态体系水合物生长速率为 $0.073 \times 10^{-6} m^3/min$，机械喷雾体系水合物生长速率最小值为 $0.204 \times 10^{-6} m^3/min$，约为静态体系的 2.79 倍，最大值

为 $0.395×10^{-6}m^3/min$，约为静态体系的 5.41 倍。当流量为 10mL/min 时，喷嘴夹角分别为 30°、45°、60°、90°，其对应的瓦斯水合物平均生长速率分别为 $0.265×10^{-6}m^3/min$、$0.309×10^{-6}m^3/min$、$0.218×10^{-6}m^3/min$、$0.204×10^{-6}m^3/min$，当流量为 20mL/min 时，其对应的瓦斯水合物平均生长速率分别为 $0.345×10^{-6}m^3/min$、$0.395×10^{-6}m^3/min$、$0.303×10^{-6}m^3/min$、$0.287×10^{-6}m^3/min$。喷嘴夹角 30°，流量从 10mL/min 调至 20mL/min，对应的瓦斯水合物平均生长速率从 $0.265×10^{-6}m^3/min$ 升至 $0.345×10^{-6}m^3/min$；喷嘴夹角 45°，流量从 10mL/min 调至 20mL/min，对应的瓦斯水合物平均生长速率从 $0.309×10^{-6}m^3/min$ 升至 $0.395×10^{-6}m^3/min$；喷嘴夹角 60°，流量从 10mL/min 调至 20mL/min，对应的瓦斯水合物平均生长速率从 $0.218×10^{-6}m^3/min$ 升至 $0.303×10^{-6}m^3/min$；喷嘴夹角 90°，流量从 10mL/min 调至 20mL/min，对应的瓦斯水合物平均生长速率从 $0.204×10^{-6}m^3/min$ 升至 $0.287×10^{-6}m^3/min$。

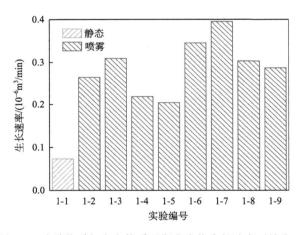

图 4-8　喷雾体系与空白体系瓦斯水合物生长速率对比（G1）

如图 4-9 所示，针对 G2 纯水静态体系水合物生长速率为 $0.144×10^{-6}m^3/min$，机械喷雾体系水合物生长速率最小值为 $0.243×10^{-6}m^3/min$，约为静态体系的 1.69 倍，最大值为 $0.379×10^{-6}m^3/min$，约为静态体系的 2.63 倍。当流量为 10mL/min 时，喷嘴夹角分别为 30°、45°、60°、90°，其对应的瓦斯水合物平均生长速率分别为 $0.295×10^{-6}m^3/min$、$0.349×10^{-6}m^3/min$、$0.267×10^{-6}m^3/min$、$0.243×10^{-6}m^3/min$；当流量为 20mL/min 时，其对应的瓦斯水合物平均生长速率分别为 $0.342×10^{-6}m^3/min$、$0.379×10^{-6}m^3/min$、$0.315×10^{-6}m^3/min$、$0.296×10^{-6}m^3/min$。喷嘴夹角 30°，流量从 10mL/min 调至 20mL/min，对应的瓦斯水合物平均生长速率从 $0.295×10^{-6}m^3/min$ 升至 $0.342×10^{-6}m^3/min$；喷嘴夹角 45°，流量从 10mL/min 调至 20mL/min，对应的瓦斯水合物平均生长速率从 $0.349×10^{-6}m^3/min$ 升至 $0.379×10^{-6}m^3/min$；喷嘴夹角 60°，流量从 10mL/min 调至 20mL/min，对应的瓦斯水合物平均生长速率从

0.267×10⁻⁶m³/min 升至 0.315×10⁻⁶m³/min；喷嘴夹角 90°，流量从 10mL/min 调至
20mL/min，对应的瓦斯水合物平均生长速率从 0.243×10⁻⁶m³/min 升至 0.296×10⁻⁶m³/min。

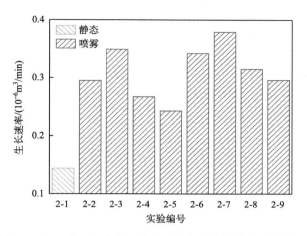

图 4-9　喷雾体系与空白体系瓦斯水合物生长速率对比(G2)

如图 4-10 所示，针对 G3 纯水静态体系水合物生长速率为 0.099×10⁻⁶m³/min，
机械喷雾体系水合物生长速率最小值为 0.176×10⁻⁶m³/min，约为静态体系的 1.78
倍，最大值为 0.367×10⁻⁶m³/min，约为静态体系的 3.71 倍。当流量为 10mL/min
时，喷嘴夹角分别为 30°、45°、60°、90°，其对应的瓦斯水合物平均生长速率分别为
0.252×10⁻⁶m³/min、0.285×10⁻⁶m³/min、0.217×10⁻⁶m³/min、0.176×10⁻⁶m³/min；当流量
为 20mL/min 时，其对应的瓦斯水合物平均生长速率分别为 0.329×10⁻⁶m³/min、
0.367×10⁻⁶m³/min、0.292×10⁻⁶m³/min、0.256×10⁻⁶m³/min。喷嘴夹角 30°，流量从

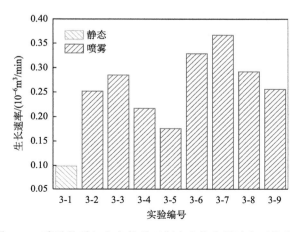

图 4-10　喷雾体系与空白体系瓦斯水合物生长速率对比(G3)

10mL/min 调至 20mL/min，对应的瓦斯水合物平均生长速率从 $0.252\times10^{-6}m^3$/min 升至 $0.329\times10^{-6}m^3$/min；喷嘴夹角 45°，流量从 10mL/min 调至 20mL/min，对应的瓦斯水合物平均生长速率从 $0.285\times10^{-6}m^3$/min 升至 $0.367\times10^{-6}m^3$/min；喷嘴夹角 60°，流量从 10mL/min 调至 20mL/min，对应的瓦斯水合物平均生长速率从 $0.217\times10^{-6}m^3$/min 升至 $0.292\times10^{-6}m^3$/min；喷嘴夹角 90°，流量从 10mL/min 调至 20mL/min，对应的瓦斯水合物平均生长速率从 $0.176\times10^{-6}m^3$/min 升至 $0.256\times10^{-6}m^3$/min。

由此可知，采用机械喷雾强化手段制取瓦斯水合物能够有效提高其水合物生长速率，根据图 4-11～图 4-13，瓦斯水合物生长速率皆表现为随着雾化喷嘴夹角

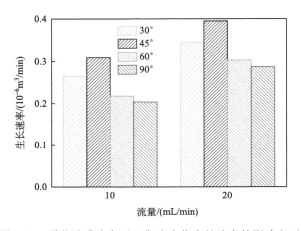

图 4-11　雾化喷嘴夹角对瓦斯水合物生长速率的影响(G1)

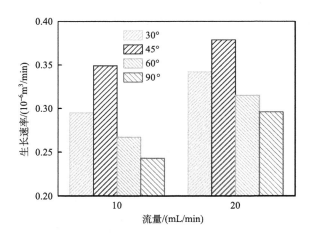

图 4-12　雾化喷嘴夹角对瓦斯水合物生长速率的影响(G2)

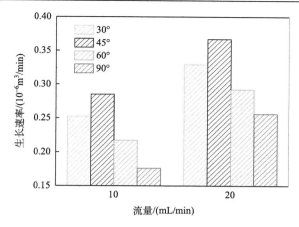

图 4-13　雾化喷嘴夹角对瓦斯水合物生长速率的影响(G3)

的增大先增大后减小，其影响顺序为：45°＞30°＞60°＞90°。在相同驱动力、雾化喷嘴实验条件下，改变循环流量对瓦斯水合物的生长速率影响较大，流量增大有助于提高水合物生长速率。

4.1.6　喷雾角度与流量对甲烷回收、瓦斯水合净化程度的影响

　　生长速率映射了甲烷水合物在反应过程中的生长快慢；回收率映射了水合分离过程对原料气中甲烷的回收能力；分离因子映射了水合分离过程对原料气中甲烷的净化程度，分离因子越大说明原料气中甲烷被净化程度越高；分配系数映射了气相与水合物相的结合程度，分配系数越大说明反应体系中气相与水合物相结合越充分，反应更完全。回收率 η、分离因子 a 和分配系数 b 都可作为衡量瓦斯水合分离效果的指标。计算结果详见表 4-2。

表 4-2　瓦斯混合气样 G1 体系 CH_4 回收率、分离因子和分配系数计算结果

气样	实验编号	喷嘴夹角 θ/(°)	喷嘴流量/(mL/min)	实验温度/℃	初始压力/MPa	回收率/%	分离因子	分配系数
	I -1	0	0			3.92	1.17	1.06
	II-1	30				11.66	1.43	1.15
	II-2	45				14.53	1.48	1.16
	II-3	60	10			8.49	1.38	1.13
G1	II-4	90		2	6.98	7.26	1.32	1.12
	III-1	30				20.69	1.69	1.22
	III-2	45	20			24.23	1.89	1.27
	III-3	60				16.83	1.55	1.18
	III-4	90				15.39	1.49	1.17

续表

气样	实验编号	喷嘴夹角 θ/(°)	喷嘴流量 /(mL/min)	实验温度/℃	初始压力 /MPa	回收率/%	分离因子	分配系数
G2	I-1	0	0			9.68	1.23	1.06
	II-1	30				14.84	1.36	1.09
	II-2	45	10			17.65	1.46	1.12
	II-3	60				12.82	1.31	1.08
	II-4	90		2	6.23	10.89	1.24	1.07
	III-1	30				22.44	1.67	1.16
	III-2	45	20			25.27	1.83	1.19
	III-3	60				19.63	1.52	1.13
	III-4	90				17.87	1.41	1.11
G3	I-1	0	0			3.41	1.12	1.02
	II-1	30				12.43	1.49	1.08
	II-2	45	10			14.68	1.51	1.09
	II-3	60				10.14	1.39	1.07
	II-4	90		2	5.95	7.93	1.38	1.06
	III-1	30				22.36	1.90	1.12
	III-2	45	20			24.51	1.95	1.13
	III-3	60				18.81	1.76	1.11
	III-4	90				16.14	1.75	1.10

　　针对 G1 气体，机械喷雾体系和纯水静态体系 CH_4 回收率对比分析如图 4-14 所示。纯水静态体系 CH_4 回收率为 3.92%，机械喷雾体系 CH_4 回收率最小值为 7.26%，相比静态体系提高了 3.34 个百分点，最大值为 24.23%，相比静态体系提高了 20.31 个百分点。四种雾化喷嘴夹角对 CH_4 回收率的影响如图 4-15 所示，当液相流量为 10mL/min，喷嘴夹角分别为 30°、45°、60°、90°，其对应的 CH_4 回收率分别为 11.66%、14.53%、8.49%、7.26%；当液相流量为 20mL/min，喷嘴夹角分别为 30°、45°、60°、90°，其对应的 CH_4 回收率分别为 20.69%、24.23%、16.83%、15.39%。针对 G2 气体，机械喷雾体系和纯水静态体系 CH_4 回收率对比分析如图 4-16 所示。纯水静态体系 CH_4 回收率为 9.68%，机械喷雾体系 CH_4 回收率最小值为 10.89%，相比静态体系提高了 1.21 个百分点，最大值为 25.27%，相比静态体系提高了 15.59 个百分点。四种雾化喷嘴夹角对 CH_4 回收率的影响如图 4-17 所示，当液相流量为 10mL/min，喷嘴夹角分别为 30°、45°、60°、90°，其对应的 CH_4 回收率分别为 14.84%、17.65%、12.82%、10.89%；当液相流量为 20mL/min，喷嘴夹角分别为 30°、45°、60°、90°，其对应的 CH_4 回收率分别为 22.44%、25.27%、

19.63%、17.87%。针对 G3 气体，机械喷雾体系和纯水静态体系 CH_4 回收率对比分析如图 4-18 所示。纯水静态体系 CH_4 回收率为 3.41%，机械喷雾体系 CH_4 回收率最小值为 7.93%，相比静态体系提高了 4.52 个百分点，最大值为 24.51%，相比静态体系提高了 21.1 个百分点。当液相流量为 10mL/min，四种雾化喷嘴夹角对 CH_4 回收率的影响如图 4-19 所示，喷嘴夹角分别为 30°、45°、60°、90°，其对应的 CH_4 回收率分别为 12.43%、14.68%、10.14%、7.93%；当液相流量为 20mL/min，喷嘴夹角分别为 30°、45°、60°、90°，其对应的 CH_4 回收率分别为 22.36%、24.51%、18.81%、16.14%。由此可知，针对瓦斯采用机械喷雾强化手段形成瓦斯水合物能够显著提高其水合物中的甲烷含量。CH_4 回收率皆表现为随着雾化喷嘴夹角的升高先增大后减小，其影响顺序为：45°＞30°＞60°＞90°。

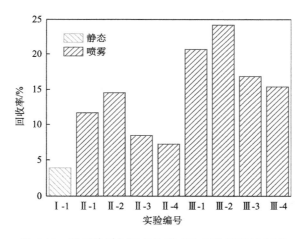

图 4-14　喷雾体系与空白体系 CH_4 回收率对比（G1）

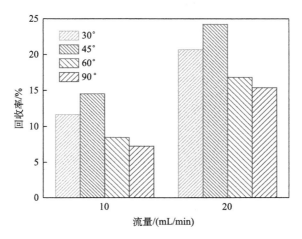

图 4-15　雾化喷嘴夹角对 CH_4 回收率的影响（G1）

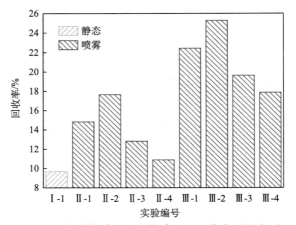

图 4-16　喷雾体系与空白体系 CH_4 回收率对比（G2）

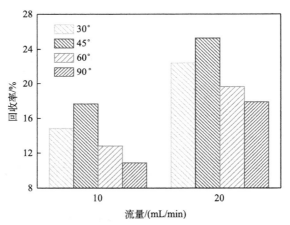

图 4-17　雾化喷嘴夹角对 CH_4 回收率的影响（G2）

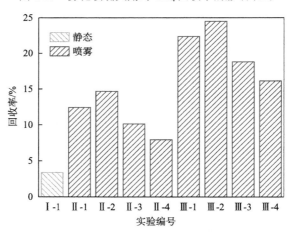

图 4-18　喷雾体系与空白体系 CH_4 回收率对比（G3）

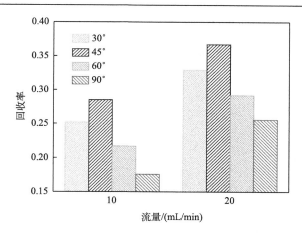

图 4-19　雾化喷嘴夹角对 CH_4 回收率的影响 (G3)

　　针对 G1 气体，机械喷雾体系和纯水静态体系分离因子和分配系数对比分析如图 4-20 所示。纯水静态体系分离因子和分配系数分别为 1.17、1.06，机械喷雾体系分离因子和分配系数最小值分别为 1.32、1.12，分别约为静态体系的 1.13 倍、1.06 倍，最大值分别为 1.89、1.27，分别约为静态体系的 1.62 倍、1.2 倍。当液相流量为 10mL/min，四种雾化喷嘴夹角对分离因子和分配系数的影响如图 4-21 所示，喷嘴夹角分别为 30°、45°、60°、90°，其对应的分离因子分别为 1.43、1.48、1.38、1.32，分配系数分别为 1.15、1.16、1.13、1.12；当液相流量为 20mL/min，喷嘴夹角分别为 30°、45°、60°、90°，其对应的分离因子分别为 1.69、1.89、1.55、1.49，分配系数分别为 1.22、1.27、1.18、1.17。喷嘴夹角 30°，流量从 10mL/min 调至 20mL/min，对应的 CH_4 回收率从 11.66%升至 20.69%；喷嘴夹角 45°，流量从 10mL/min 调至 20mL/min，对应的 CH_4 回收率从 14.53%升至 24.23%；喷嘴夹角 60°，流量从 10mL/min 调至 20mL/min，对应的 CH_4 回收率从 8.49%升至 16.83%；喷嘴夹角 90°，流量从 10mL/min 调至 20mL/min，对应的 CH_4 回收率从 7.26%升至 15.39%。喷嘴夹角 30°，流量从 10mL/min 调至 20mL/min，对应的分离因子从 1.43 升至 1.69，分配系数从 1.15 升至 1.22；喷嘴夹角 45°，流量从 10mL/min 调至 20mL/min，对应的分离因子从 1.48 升至 1.89，分配系数从 1.16 升至 1.27；喷嘴夹角 60°，流量从 10mL/min 调至 20mL/min，对应的分离因子从 1.38 升至 1.55，分配系数从 1.13 升至 1.18；喷嘴夹角 90°，流量从 10mL/min 调至 20mL/min，对应的分离因子从 1.32 升至 1.49，分配系数从 1.12 升至 1.17。

　　针对 G2 气体，机械喷雾体系和纯水静态体系分离因子和分配系数对比分析如图 4-22 所示。纯水静态体系分离因子和分配系数分别为 1.23、1.06，机械喷雾体系分离因子和分配系数最小值分别为 1.24、1.07，与静态体系相近，最大值分别为 1.83、1.19，分别约为静态体系的 1.49 倍、1.12 倍。当液相流量为 10mL/min，

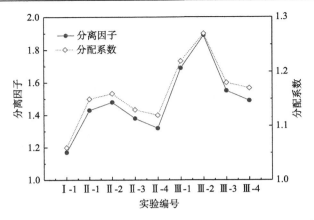

图 4-20　喷雾体系与空白体系分离因子和分配系数对比（G1）

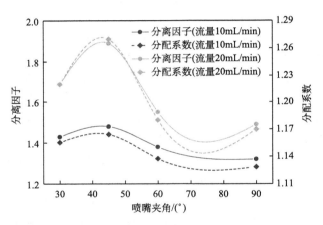

图 4-21　雾化喷嘴夹角对分离因子和分配系数的影响（G1）

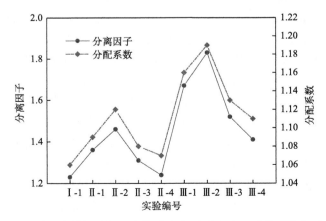

图 4-22　喷雾体系与空白体系分离因子和分配系数对比（G2）

四种雾化喷嘴夹角对分离因子和分配系数的影响如图 4-23 所示,喷嘴夹角分别为 30°、45°、60°、90°,其对应的分离因子分别为 1.36、1.46、1.31、1.24,分配系数分别为 1.09、1.12、1.08、1.07;当液相流量为 20mL/min,喷嘴夹角分别为 30°、45°、60°、90°,其对应的分离因子分别为 1.67、1.83、1.52、1.41,分配系数分别为 1.16、1.19、1.13、1.11。喷嘴夹角 30°,流量从 10mL/min 调至 20mL/min,对应的 CH_4 回收率从 14.84%升至 22.44%;喷嘴夹角 45°,流量从 10mL/min 调至 20mL/min,对应的 CH_4 回收率从 17.65%升至 25.27%;喷嘴夹角 60°,流量从 10mL/min 调至 20mL/min,对应的 CH_4 回收率从 12.82%升至 19.63%;喷嘴夹角 90°,流量从 10mL/min 调至 20mL/min,对应的 CH_4 回收率从 10.89%升至 17.87%。可见在相同驱动力、雾化喷嘴实验条件下,改变循环流量对 CH_4 回收率的影响也较大,流量增大提高了 CH_4 回收率,加强了水合分离过程对原料气中甲烷的回收能力。喷嘴夹角 30°,流量从 10mL/min 调至 20mL/min,对应的分离因子从 1.36 升至 1.67,分配系数从 1.09 升至 1.16;喷嘴夹角 45°,流量从 10mL/min 调至 20mL/min,对应的分离因子从 1.46 升至 1.83,分配系数从 1.12 升至 1.19;喷嘴夹角 60°,流量从 10mL/min 调至 20mL/min,对应的分离因子从 1.31 升至 1.52,分配系数从 1.08 升至 1.13;喷嘴夹角 90°,流量从 10mL/min 调至 20mL/min,对应的分离因子从 1.24 升至 1.41,分配系数从 1.07 升至 1.11。

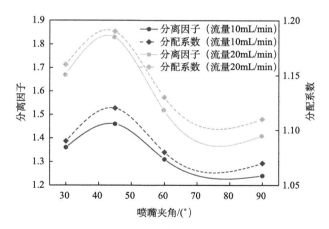

图 4-23 雾化喷嘴夹角对分离因子和分配系数的影响(G2)

针对 G3 气体,机械喷雾体系和纯水静态体系分离因子和分配系数对比分析如图 4-24 所示。纯水静态体系分离因子和分配系数分别为 1.12、1.02,机械喷雾体系分离因子和分配系数最小值分别为 1.38、1.06,分别约为静态体系的 1.23 倍、1.04 倍,最大值分别为 1.95、1.13,分别约为静态体系的 1.74 倍、1.11 倍。当液相流量为 10mL/min,四种雾化喷嘴夹角对分离因子和分配系数的影响如图 4-25 所示,

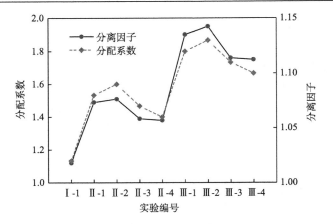

图 4-24　喷雾体系与空白体系分离因子和分配系数对比(G3)

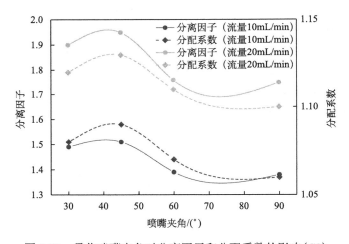

图 4-25　雾化喷嘴夹角对分离因子和分配系数的影响(G3)

喷嘴夹角分别为 30°、45°、60°、90°，其对应的分离因子分别为 1.49、1.51、1.39、1.38，分配系数分别为 1.08、1.09、1.07、1.06；当液相流量为 20mL/min，喷嘴夹角分别为 30°、45°、60°、90°，其对应的分离因子分别为 1.90、1.95、1.76、1.75，分配系数分别为 1.12、1.13、1.11、1.10。喷嘴夹角 30°，流量从 10mL/min 调至 20mL/min，对应的 CH_4 回收率从 12.43% 升至 22.36%；喷嘴夹角 45°，流量从 10mL/min 调至 20mL/min，对应的 CH_4 回收率从 14.68% 升至 24.51%；喷嘴夹角 60°，流量从 10mL/min 调至 20mL/min，对应的 CH_4 回收率从 10.14% 升至 18.81%；喷嘴夹角 90°，流量从 10mL/min 调至 20mL/min，对应的 CH_4 回收率从 7.93% 升至 16.14%。喷嘴夹角 30°，流量从 10mL/min 调至 20mL/min，对应的分离因子从 1.49 升至 1.90，分配系数从 1.08 升至 1.12；喷嘴夹角 45°，流量从 10mL/min 调

至 20mL/min，对应的分离因子从 1.51 升至 1.95，分配系数从 1.09 升至 1.13；喷嘴夹角 60°，流量从 10mL/min 调至 20mL/min，对应的分离因子从 1.39 升至 1.76，分配系数从 1.07 升至 1.11；喷嘴夹角 90°，流量从 10mL/min 调至 20mL/min，对应的分离因子从 1.38 升至 1.75，分配系数从 1.06 升至 1.10。

综合以上可知，针对瓦斯采用机械喷雾强化手段制取瓦斯水合物能够有效促进水合分离反应，使气液接触更充分、反应更完全。在实验研究范围内，实验体系分离因子和分配系数皆表现为随着雾化喷嘴夹角的升高先增大后减小，其影响顺序为：45°＞30°＞60°＞90°。在相同驱动力、雾化喷嘴实验条件下，改变循环流量对 CH_4 回收率的影响也较大，流量增大，提高了 CH_4 回收率，加强了水合分离过程对原料气中甲烷的回收能力。改变循环流量对分离因子和分配系数都有一定影响，流量增大使分离因子和分配系数均有所增加，不仅提高了水合分离过程对原料气中甲烷的净化程度，也促使体系内水合反应更加完全。

机械喷雾强化过程是纯水经喷嘴雾化形成极小直径的水滴，被雾化的水滴以一定的初速度冲入气相，相对静态体系气体自由扩散而言，该过程降低了气体扩散阻力，水滴在气相中运动是全方位与气体接触，即增大了气液接触面积；水滴在到达液面之前，气体分子（CH_4、N_2、O_2）以分子扩散和涡流扩散的方式迅速进入水滴内部，带有大量 CH_4 分子的水滴部分或全部转化为瓦斯水合物，大部分水合物颗粒落入水中并溶解（部分水合物附着在釜壁上），该过程使表面水溶液迅速达到饱和状态；随着循环喷雾持续进行，水相底部未饱和的纯水经喷嘴雾化形成水滴进而携带大量 CH_4 分子再次溶入水相，此时水相表面已达到过饱和状态，开始有水合物生成，且下落到液相的水合物颗粒也不再溶解，聚集起来的水合物颗粒成为水合物快速大量生长的基础。此外，在瓦斯水合物生成过程中会持续产生热量，其中一部分热量随水溶液循环被带走，另一部分则透过低温釜壁散发到外界，因此反应体系产生的热量对水合物生成环境干扰较小。综上所述，采用机械喷雾强化手段能够加强水合反应体系内的传热-传质过程，加快水合物生长速率，改善水合物生长环境。

不同雾化喷嘴夹角度数对水滴喷入气相中的初速度影响不同，不仅能改变液滴在气相中的运动速率，而且能改变气液接触范围，从理论上讲，雾化喷嘴夹角越大越有利于气液充分接触，但此仅限于在反应釜足够大的情况下。实验研究表明，雾化喷嘴夹角并非越大越好。分析认为，60°、90°雾化喷嘴会使水滴喷溅到反应釜釜壁上，致使瓦斯水合物沿着釜壁生长且在喷雾过程中形成的瓦斯水合物也会粘落在釜壁上，由此形成的水合物墙导致釜内热量不易扩散，且随着釜壁上水合物的持续大量生长，经喷嘴冲入釜内的水滴与气相接触范围也大大缩小，恶化水合物生长环境；由于 90°雾化喷嘴角度大于 60°，因此其造成釜壁上水合物的覆盖面积要大于 60°，对水合物生长环境恶化相比 60°造成的影响而言更为严重。

30°、45°雾化喷嘴则不会使雾化水滴滑落粘贴到釜壁上，而是直接穿过气相落入液相内，其运动过程中生成的水合物融化在液相，随着反应持续进行，融化于液相的水合物会吸收体系产生的反应热，水合物生成生长产生的热量则部分随着喷雾循环体系被带走，部分通过低温釜壁及时散发到外界，其对水合物生长环境影响较小；由于 45°雾化喷嘴角度大于 30°，其对气液接触范围的影响要大于30°角造成的影响，促进了气液传质过程，使水合分离反应进行得更彻底，如图 4-26 所示。

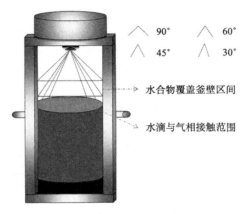

图 4-26　不同喷嘴夹角对气液接触范围影响示意图

综上所述，30°、45°雾化喷嘴对反应体系水合物生长环境影响较小，60°、90°雾化喷嘴对反应体系水合物生长环境影响较为恶劣，因此 30°、45°雾化喷嘴对水合反应促进效果要优于 60°、90°雾化喷嘴。

4.2　鼓泡体系中瓦斯水合分离实验研究

4.2.1　鼓泡体系中水合物形成研究概况

传统水合物合成过程中采用的是直接合成水合物法，由于气液接触界面最先达到形成水合物所需的气体溶解度，因此水合物一般在界面处首先形成并不断增长，随着形成的水合物厚度的不断增加，水合物形成速率减慢，直至水合物层阻断上层气体与下部液态水的接触，水合物反应近乎停止，进而导致水合物合成过程较长或不能完全合成水合物。另外，水合物合成过程的反应热不能及时带走，影响水合物的反应进程，因此有学者提出利用微泡法加快水合物的合成。

郝妙丽等[36]在对海下沉积层中水合物的生成机理、水合物的生成实验现象和已有模型分析的基础上，提出了一种水-气体系水合物生成的缩泡动力学模型，认为溶液中气体首先形成气泡，然后和水反应形成水合物。模型以水合物体积的变化来表示水合物的生成速率，避免了单纯以化学反应过程或结晶过程表达水合物生成速率的缺陷，因此能够准确地表达水合物的生成过程。研究结果表明，在不同初始条件下的计算结果与文献结论一致，不同气体和不同传质系数条件下的计算结果经实验验证正确，甲烷、乙烷及混合气在相同初始条件下，乙烷水合物的层厚度大于甲烷和混合气体水合物的层厚度。在传质系数较大时，水合物的层厚度增加速度也明显较大，因此气体以气泡形式与水进行接触能够加快水合物的形成过程，加快气体水合过程中的物质传递速度。

马昌峰等[37]采用水中悬浮单个静止气泡法测定了 CH_4、CO_2 水合物生成的本征动力学，提出了利用测定温度、压力与水中悬浮气泡表面上水合物生长速度的关系，以获得普遍适用的水合物生成动力学数据的新实验方法。采用吉布斯自由能差作为反应推动力对所测的甲烷、二氧化碳气泡水合物生长动力学数据进行了关联，取得了较好的效果。同时对实验中发现的新现象进行了描述和解释。

罗艳托等[38-40]观测了在透明鼓泡塔中运动气泡表面水合物的生成和带有水合物壳层的气泡在上升过程中表面颜色和大小的变化。结果表明，反应液体在循环和不循环的情况下，水合物在鼓泡塔内生成、存在的位置不同。通过对实验现象的观测、对气泡与水合物颗粒相互作用的分析和对甲烷溶解度与水合物中甲烷分率的对比，此后在透明鼓泡塔中首次观测了运动气泡表面水合物的生长和带有水合物层气泡的动力学（在上升过程中颜色、大小的变化），同时在实验过程中发现：反应液体循环和不循环情况下水合物在鼓泡塔床层内生长、存在的位置不同。通过对实验现象的观察、对气泡与水合物颗粒相互作用的分析和对三相作用机制的探讨得出结论：水合物颗粒是完全亲水性颗粒，气体水合物的生长是一种界面现象。

吕秋楠等[41,42]采用鼓泡装置研究了盐水体系中环戊烷(CP)-甲烷水合物的生成动力学，分别考察了进气速率、温度、压力对水合物生成速率和进气速率对气体转化率的影响。结果显示，提高进气速率、压力，降低温度均可提高水合物生成速率。但进气速率对气体转化率有影响，进气速率过大，单位时间内进入反应器内的气体过多，气体还未参与反应便被排出，导致气体转化率反而减小。通过观察到的实验现象，分析环戊烷-甲烷水合物的生成过程，认为水合物晶体首先在环戊烷-水界面生成，并逐步向内部气相生长，最后水合物壳破裂，气泡逸出。水合物逐渐生长成粒状，并不断聚集在一起。

Shagapov 等[43]测定了鼓泡反应体系中 CH_4 水合物生长速率与温度变化关系，认为气液界面处水合生长速率取决于流体带走水合物生成热的强度。Takahashi 等[44]将微气泡发生器产生的氙气微气泡通入装有 1%的 THF 溶液的透明反应釜内，验证了微气泡能够增加气体在水中的溶解度，从而加快了气体水合物成核速度，有助于形成水合物。Tang 等研究了喷射循环反应器中甲烷水合物的合成规律，在 1.5K 的过冷度并伴有静态混合器的情况下，甲烷水合物进行了快速合成，并且随着气体携带率的增加水合物的储气密度也会提高。

4.2.2　鼓泡强化水合物形成装置

本节内容基于可视化鼓泡式瓦斯水合分离实验装置，以鼓泡速率为影响因素，以分离速率、回收率等为目标参数，考察鼓泡体系中鼓泡速率对瓦斯水合分离效果的影响，为水合物分离法回收矿井瓦斯工业化应用提供实验支持。

图 4-27 为自主设计的可视化鼓泡式瓦斯水合分离实验装置，主要由可视化鼓泡反应釜、增压系统、气体循环系统、数据采集系统、图像采集系统、气相色谱仪组成。核心装置为：可视化鼓泡反应釜，有效容积 7L，极限承压 16MPa，两侧设置玻璃视窗，釜底设置鼓泡孔板，实验过程中，釜内气相成分通过出气管阀进入循环泵，经由循环泵驱动通过进气管阀、鼓泡孔板进入釜内液相，从而实现连续鼓泡。鼓泡循环控制系统由可视化鼓泡反应釜、气液循环泵、高压管线三部分组成，如图 4-28 所示。在循环泵气循环功能的作用下，泵体中的瓦斯气通过进气管阀经由鼓泡孔板流入液相中，流出液相的气体通过出气管阀再次进入泵体，从而实现连续鼓泡。鼓泡孔径通过更换不同目数（300 目、150 目、100 目、70 目）的鼓泡孔板控制，鼓泡速率通过调节气体循环流量控制，气体流量调节范围为 0～20mL/min，精度为 ±1mL/min，适用压力范围为 0～15MPa，外置液晶触屏，操作方便简单。

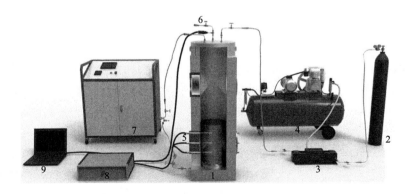

图 4-27　可视化鼓泡式瓦斯水合分离实验装置图

1. 可视化鼓泡反应釜；2. 瓦斯气；3. 增压泵；4. 空气压缩机；5. 温度传感器；6. 压力传感器；7. 气液循环泵；
8. 数据采集器；9. 工控机

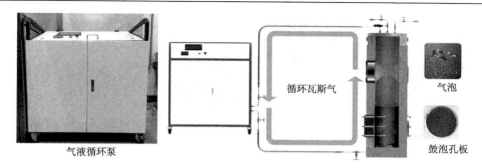

图 4-28　鼓泡循环控制系统

4.2.3　鼓泡速率对瓦斯水合分离动力学与分离效果影响

水合物法分离 CH_4 具有工艺流程简单、无需预处理等优势，但在应用方面一直受到生长过程缓慢和分离效率低等限制。鼓泡作为高效的机械强化手段之一研究较为成熟，但鼓泡反应系统能耗成本较高[42]，且国内外相关研究以矿井瓦斯为对象的甚少。鉴于此，基于可视化鼓泡式瓦斯水合分离装置，以鼓泡速率为影响因素开展 3 种瓦斯气样的水合分离实验，以分离速率、回收率等为目标参数，考察鼓泡速率对瓦斯水合分离效果影响，以期通过调整鼓泡参数降低能耗成本，为水合分离技术应用提供实验支持。

蒸馏水(实验室自制)、瓦斯气样(哈尔滨通达特种气体有限公司配制)。瓦斯气样组分配比，气样 G1：$x(CH_4)=60\%$，$x(N_2)=31.6\%$，$x(O_2)=8.4\%$；气样 G2：$x(CH_4)=70\%$，$x(N_2)=23.7\%$，$x(O_2)=6.3\%$；气样 G3：$x(CH_4)=80\%$，$x(N_2)=15.8\%$，$x(O_2)=4.2\%$。依据 Chen-Guo 理论模型[45]计算得出 3 种气样在 2℃时水合物相平衡压力分别为 4.78MPa、4.23MPa、3.77MPa，给定驱动力 2MPa，鼓泡孔径 300目，鼓泡速率分别为 10mL/min、15mL/min、20mL/min，设定气体 G1 为体系Ⅰ，设定气体 G2 为体系Ⅱ，设定气体 G3 为体系Ⅲ，在此基础上开展鼓泡速率影响实验。具体实验参数如表 4-3 所示。

各体系中瓦斯水合物形成过程的宏观现象相近，据此选择瓦斯气样 G1 水合分离宏观变化过程进行描述，以实验Ⅰ-1 为例，如图 4-29 所示，实验初始温度为 2.12℃，初始压力 6.78MPa，鼓泡速率为 10mL/min。实验开始 0～8min 内，在循环泵作用下，液相中气泡不断从反应釜底部鼓泡孔板处上升至液面处破裂，直至 8min 时，液面处出现首个未发生破裂的完整气泡(泡状水合物)，此时温度为 2.11℃，压力为 6.76MPa，之后更多未发生破裂的气泡以首个完整气泡为基础在液面以下部分开始积聚，体积不断增大。

表 4-3　鼓泡速率对瓦斯水合分离影响的实验条件

瓦斯气样	实验编号	溶液	鼓泡孔径/目	鼓泡速率 v/(mL/min)	实验温度 T/℃	相平衡压力 p/MPa	驱动力 Δp/MPa	初始压力 p/MPa
G1	I-1			10				6.78
	I-2			15		4.78		6.78
	I-3			20				6.78
G2	II-1	蒸馏水(6000mL)	300	10	2		2	6.23
	II-2			15		4.23		6.23
	II-3			20				6.23
G3	III-1			10				5.77
	III-2			15		3.77		5.77
	III-3			20				5.77

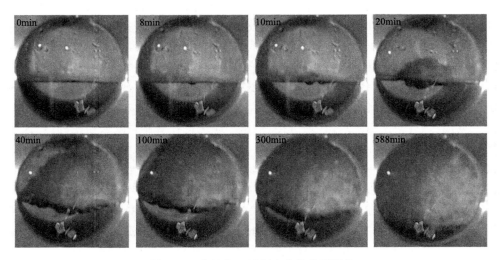

图 4-29　实验 I-1 瓦斯水合物典型照片

反应进行至 10min 时，泡状水合物群受浮力作用露出液面；反应进行至 20min 时，泡状水合物群积聚初具规模，且在浮力作用下不断上移，此时温度为 2.12℃，压力为 6.76MPa；反应进行至 40min 时，液面以上部分水合物逐渐由泡状变为泡沫状，且不断上移，液面以下部分泡状水合物继续积聚；反应进行至 100min 时，视窗液面以上部分基本被泡沫状水合物覆盖，液面以下部分泡状水合物继续积聚，能见度略有降低，此时温度为 2.12℃，压力为 6.69MPa；反应进行至 300min 时，视窗液面以上部分完全被泡沫状水合物覆盖，液面以下部分泡状水合物继续积聚，能见度明显降低，此时温度为 2.11℃，压力为 6.28MPa；反应进行至 588min 时，液面以上部分泡沫状水合物变得密集，液面以下部分不再发生泡状水合物积聚，釜内温度、压力不再发生明显变化，水合分离过程结束，此时温度为 2.02℃，压力为 5.71MPa。图 4-30 为实验Ⅰ-1 瓦斯水合分离过程中气相压力、温度随时间变化的关系曲线。

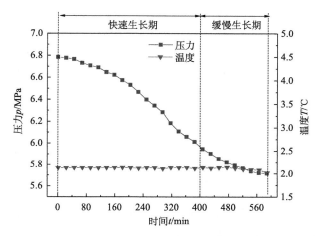

图 4-30　实验Ⅰ-1 瓦斯水合分离过程压力-温度随时间变化曲线

需进行 CH_4 回收率、分离因子等目标参数的计算，因此要对水合分离结束后平衡气相及水合物相(水合物完全分解后的气相)进行色谱分析，以获取平衡气相及水合物相 CH_4 浓度参数。色谱分析结果仍以实验Ⅰ-1 为例，平衡气相：$x(CH_4)=57.25\%$，$x(N_2+O_2)=42.75\%$；水合物相：$x(CH_4)=76.26\%$，$x(N_2+O_2)=23.74\%$。色谱分析谱图如图 4-31 所示，各体系实验结果见表 4-4。

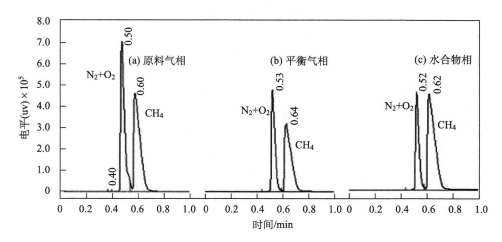

图 4-31　实验Ⅰ-1 原料气相、平衡气相、水合物相色谱分析结果

表 4-4　鼓泡速率对瓦斯水合分离影响实验结果

瓦斯气样	实验编号	实验温度 $T/℃$	初始压力 p/MPa	鼓泡速率 $v/(mL/min)$	平衡气相			水合物相		
					压力 p/MPa	温度 $T/℃$	CH₄浓度 $x/\%$	压力 p/MPa	温度 $T/℃$	CH₄浓度 $x/\%$
G1	I-1		6.78	10	5.71	2.02	57.25	0.33	20	76.26
	I-2		6.78	15	5.64	2.30	56.52	0.39	20	77.66
	I-3		6.78	20	5.62	2.21	56.12	0.48	20	79.79
G2	II-1		6.23	10	5.14	2.24	68.43	0.25	20	81.13
	II-2	2	6.23	15	5.07	2.06	67.14	0.28	20	84.56
	II-3		6.23	20	5.01	2.08	66.02	0.37	20	86.82
G3	III-1		5.77	10	5.05	2.15	77.13	0.25	20	88.41
	III-2		5.77	15	4.82	2.07	74.62	0.26	20	89.14
	III-3		5.77	20	4.73	2.11	73.03	0.32	20	91.42

　　水合物生长过程主要分为晶体成核及晶体生长两大阶段，晶体成核阶段实际上是晶粒形成与溶解的反复过程[46]，溶解是为了形成更大尺寸的晶粒以保证晶核生长，当晶核达到临界尺寸后，晶体成核阶段结束，此后水合物以临界晶核为母体快速生成，由此进入晶体生长阶段。诱导时间与生长速率作为水合物生长动力学的重要参数，是评价水合物生长快慢的重要标准，其中晶体成核阶段以诱导时间为评价指标，晶体生长阶段以生长速率为评价指标。诱导时间采用广义诱导时间的计量方法(观察法)。

　　利用数据采集系统获取各实验体系反应过程温度、压力数据，结合气体状态方程，可推导出瓦斯水合分离速率计算公式，依据 Sloan 和 Koh[47] 水合物晶体理论，可确定出所述瓦斯气样水合物为 I 型结构。

　　图 4-32 为各实验体系水合分离过程中水合物形成诱导时间随鼓泡速率变化的分布情况。在鼓泡速率由 10mL/min 提升至 15mL/min 的过程中，体系 I 中水合物形成诱导时间由 8min 缩短至 2min，共缩短 6min；体系 II 由 6min 缩短至 1min，共缩短 5min；体系III由 2min 缩短至 1min，共缩短 1min。各体系诱导时间随鼓泡速率增大均呈降低趋势，说明鼓泡速率提升可以促进瓦斯水合物晶体成核，加快水合物生长进程。本实验中随着鼓泡速率增大，水合物形成诱导时间缩短了50%～75%，鼓泡速率为 20mL/min 时 3 种瓦斯气样水合物形成诱导时间最短，分别为 2min、1min、1min。

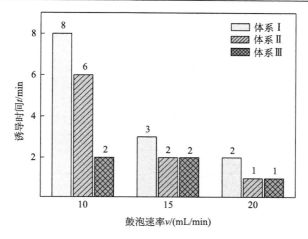

图 4-32　鼓泡速率对瓦斯水合分离诱导时间的影响

图 4-33 为各实验体系水合分离速率随鼓泡速率变化的分布情况。鼓泡速率由 10mL/min 提升至 15mL/min 的过程中，体系 I 中水合分离速率由 $2.18×10^{-7}m^3/min$ 递增至 $4.01×10^{-7}m^3/min$；体系 II 由 $2.79×10^{-7}m^3/min$ 递增至 $4.76×10^{-7}m^3/min$；体系 III 由 $1.92×10^{-7}m^3/min$ 递增至 $4.66×10^{-7}m^3/min$。各体系瓦斯水合分离速率随鼓泡速率提升均呈递增趋势，说明本实验范围内鼓泡速率越大，对加快瓦斯水合分离进程促进作用越强，鼓泡速率为 20mL/min 时 3 种瓦斯气样水合分离速率最大，分别为 $4.01×10^{-7}m^3/min$、$4.76×10^{-7}m^3/min$、$4.66×10^{-7}m^3/min$。

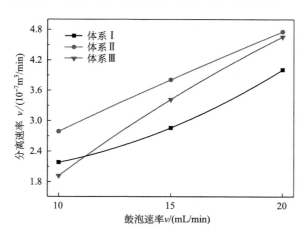

图 4-33　鼓泡速率对瓦斯水合分离速率的影响

回收率与分离因子是评价气体水合分离效果的重要指标，由 Linga 等[48]提出。CH_4 回收率可以界定水合分离原料气 CH_4 量的多少，以此评价水合分离对原料气

CH_4 的回收能力;分离因子可以评价原料气中 CH_4 在水合分离结束后的净化程度,数值越大说明 CH_4 的净化程度越高。

瓦斯气样 G1、G2、G3 在不同鼓泡速率条件下水合分离速率与诱导时间分布情况如表 4-5 所示。

表 4-5　鼓泡速率影响下瓦斯水合分离速率与诱导时间分布情况

瓦斯气样	实验编号	实验温度 $T/℃$	驱动力 $\Delta p/MPa$	初始压力 p/MPa	鼓泡速率 $v/(mL/min)$	诱导时间 t/min	生长速率 $v/(10^{-7}m^3/min)$
	Ⅰ-1			6.78	10	8	2.18
G1	Ⅰ-2			6.78	15	3	2.86
	Ⅰ-3			6.78	20	2	4.01
	Ⅱ-1			6.23	10	6	2.79
G2	Ⅱ-2	2	2	6.23	15	2	3.81
	Ⅱ-3			6.23	20	1	4.76
	Ⅲ-1			5.77	10	2	1.92
G3	Ⅲ-2			5.77	15	2	3.42
	Ⅲ-3			5.77	20	1	4.66

图 4-34 为各实验体系水合物相 CH_4 浓度随鼓泡速率变化的分布情况。在鼓泡速率 10～15mL/min 时为 79.79%,与原料气 CH_4 浓度相比最大提高了 19.79%;体系Ⅱ水合物相 CH_4 浓度由 10mL/min 时的 81.13% 提升至 15mL/min 时的 86.82%,与原料气 CH_4 浓度相比最大提高了 16.82%;体系Ⅲ水合物相 CH_4 浓度由 10mL/min 时

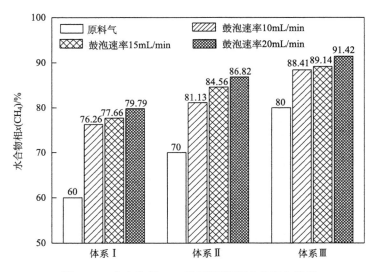

图 4-34　水合物相 CH_4 浓度随鼓泡速率变化关系

的 88.41%提升至 15mL/min 时的 91.42%，与原料气 CH_4 浓度相比最大提高了 11.42%。各体系 CH_4 分离浓度（水合物相 CH_4 浓度）随鼓泡速率提升均呈递增趋势，说明本实验范围内，鼓泡速率越大水合分离提纯效果越好，鼓泡速率为 20mL/min 时 3 种瓦斯气样的 CH_4 浓度提纯值分别为 19.79%、16.82%、11.42%。

图 4-35 为各实验体系 CH_4 回收率与分离因子随鼓泡速率变化的分布情况。鼓泡速率由 10mL/min 提升至 20mL/min 的过程中，体系 I 中 CH_4 回收率由 5.34%递增至 8.16%，分离因子由 2.40 递增至 3.09；体系 II 中 CH_4 回收率由 3.98%递增至 6.32%，分离因子由 1.98 递增至 3.39；体系 III 中 CH_4 回收率由 4.07%递增至 5.39%，分离因子由 2.26 递增至 3.93。各体系 CH_4 回收率与分离因子随鼓泡速率增大均呈递增趋势，说明在本实验范围内，鼓泡速率越大，对原料气中 CH_4 的水合分离效果越好、净化程度越高，鼓泡速率为 20mL/min 时 3 种瓦斯气样水合分离效果最好，CH_4 回收率分别为 8.16%、6.32%、5.39%，分离因子分别为 3.09、3.39、3.93。

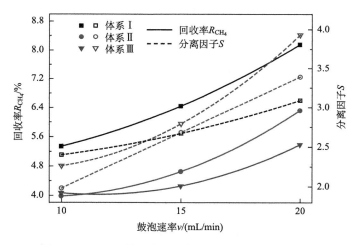

图 4-35　CH_4 回收率与分离因子随鼓泡速率变化曲线

温度、压力及鼓泡孔径不变的条件下，气泡流中的气泡尺寸基本保持一致，因此随着鼓泡速率提升，单位时间内流入液相中的气体量增多，产生的气泡数量也随之增多，气体水合反应是一种气液界面反应，随着单位时间内气泡数量增多，系统内发生气液界面反应总面积随之增加，气体分子与水分子碰撞频率也随之增大，因此鼓泡速率提升，水合物晶体成核概率随之增大，水合物生长速率也随之增大，水合物形成诱导时间随之缩短，水合分离速率随之增大；另外，随着鼓泡速率增加，气体在液相中的溶解度会随之增加，本实验压力范围内形成的是以 CH_4 水合物为主的 I 型水合物[45]（2℃时，CH_4、N_2、O_2 形成水合物相平衡压力分别为 2.56MPa、14.3MPa、11.1MPa），I 型水合物晶胞是体心立方结构，由 6 个大孔穴

$(5^{12}6^4)$ 和 2 个小孔穴 (5^{12}) 有序构成，中等大小客体 CH_4 分子既能占据大孔穴，也能占据小孔穴，而小客体 N_2、O_2 分子只能占据小孔穴[45]，因此水合物生长过程中，CH_4 分子除了占据大孔穴，还与 N_2、O_2 客体分子竞相占据小孔穴，而在气体溶解度增大导致液相中 CH_4 分子基数增大的情况下，由于 CH_4 分子占据小孔穴的能力要强于 N_2、O_2 分子(2℃时，实验压力未达到 N_2、O_2 形成水合物的相平衡压力)，CH_4 分子进入小孔穴数量的整体比例会增加，因此 CH_4 回收率与分离因子会随鼓泡速率提升而增大。

4.2.4　鼓泡孔径对瓦斯水合分离影响实验研究

研究了鼓泡速率对瓦斯水合分离效果的影响，而气泡尺寸作为鼓泡体系气体水合分离的另一重要影响因素，相关研究却鲜见报道。鉴于此，基于可视化鼓泡式瓦斯水合分离装置，以鼓泡孔板目数为气泡尺寸控制条件开展 3 种瓦斯气样的水合分离实验，以分离速率、回收率等为目标参数，考察气泡尺寸对瓦斯水合分离效果的影响，以期通过调整鼓泡参数降低鼓泡能耗成本，为水合分离技术应用提供实验支持。

瓦斯气样组分配比，气样 G1：$x(CH_4)=60\%$，$x(N_2)=31.6\%$，$x(O_2)=8.4\%$；气样 G2：$x(CH_4)=70\%$，$x(N_2)=23.7\%$，$x(O_2)=6.3\%$；气样 G3：$x(CH_4)=80\%$，$x(N_2)=15.8\%$，$x(O_2)=4.2\%$。依据 Chen-Guo 理论模型计算得出 3 种气样在 2℃时水合物相平衡压力分别为 3.77MPa、4.23MPa、4.78MPa，给定驱动力 2MPa，鼓泡速率 20mL/min，鼓泡孔径分别为 70 目、150 目、300 目，设定气体 G1 为体系Ⅰ，设定气体 G2 为体系Ⅱ，设定气体 G3 为体系Ⅲ，在此基础上开展鼓泡孔径影响实验，具体实验参数如表 4-6 所示。

表 4-6　鼓泡孔径对瓦斯水合分离影响实验条件

瓦斯气样	实验编号	溶液	鼓泡孔径 φ/目	鼓泡速率 v/(mL/min)	实验温度 T/℃	相平衡压力 p/MPa	驱动力 Δp/MPa	初始压力 p/MPa
G1	Ⅰ-1		70					6.78
	Ⅰ-2		150			4.78		6.78
	Ⅰ-3		300					6.78
G2	Ⅱ-1		70					6.23
	Ⅱ-2	蒸馏水(6000mL)	150	20	2	4.23	2	6.23
	Ⅱ-3		300					6.23
G3	Ⅲ-1		70					5.77
	Ⅲ-2		150			3.77		5.77
	Ⅲ-3		300					5.77

　　瓦斯气样 G1 水合分离宏观变化过程描述以实验Ⅰ-1 为例，实验初始温度为1.80℃，初始压力为 6.78MPa，鼓泡孔径为 70 目，见图 4-36。实验开始 0～27min内，在循环泵作用下，液相中气泡不断从反应釜底部鼓泡孔板处上升至液面处破裂，直至 27min 时，液面处出现首个未发生破裂的完整气泡（泡状水合物），此时温度为 1.81℃，压力为 6.73MPa，之后更多未发生破裂的气泡以首个完整气泡为基础在液面以下部分开始积聚，体积不断增大。

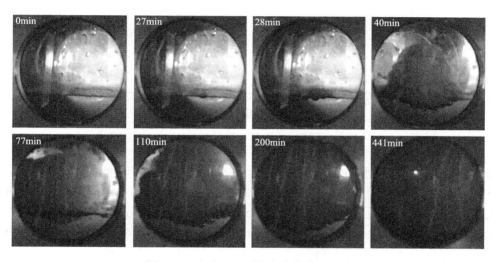

图 4-36　实验Ⅰ-1 瓦斯水合物典型照片

　　反应进行至 28min 时，泡状水合物群受浮力作用露出液面；反应进行至 40min时，泡状水合物群积聚初具规模，且在浮力作用下不断上移，此时温度为 1.80℃，压力为 6.70MPa；反应进行至 77min 时，液面以上部分水合物，由泡状变为泡沫状，且受浮力作用发生了侧翻，液面以下部分泡状水合物继续积聚；反应进行至110min 时，视窗液面以上部分基本被泡沫状水合物覆盖，液面以下部分泡状水合物继续积聚，能见度略有降低，此时温度为 1.99℃，压力为 6.61MPa；反应进行至 200min 时，视窗液面以上部分完全被泡沫状水合物覆盖，液面以下部分泡状水合物继续积聚，能见度明显降低，此时温度为 2.0℃，压力为 6.44MPa；反应进行至 441min 时，整个视窗完全被泡状水合物覆盖，釜内温度、压力不再发生明显变化，水合分离过程结束，此时温度为 1.93℃，压力为 5.77MPa。图 4-37 为实验Ⅰ-1 瓦斯水合分离过程中气相压力、温度随时间变化的关系曲线。

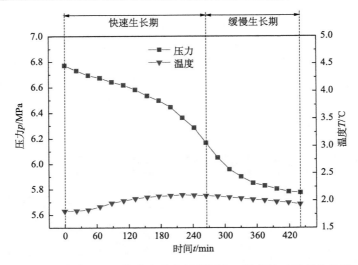

图 4-37　实验Ⅰ-1瓦斯水合分离过程压力、温度随时间变化曲线

图 4-38 为各实验体系水合分离过程中水合物形成诱导时间随鼓泡孔径变化的分布情况。在鼓泡孔径由 70 目增加至 300 目的过程中，体系 I 中水合物形成诱导时间由 27min 缩短至 2min，共缩短 25min；体系Ⅱ由 22min 缩短至 1min，共缩短 21min；体系Ⅲ由 17min 缩短至 1min，共缩短 16min。各体系诱导时间随鼓泡孔径目数增加均呈降低趋势，说明在本实验范围内，气体流量不变的条件下，减小气泡尺寸可以促进瓦斯水合分离过程中水合物晶体成核，加快水合物生长进程。本实验中随着鼓泡孔径目数增加，水合物形成诱导时间缩短了 92%～95%，鼓泡孔径为 300 目时，3 种瓦斯气样水合物形成诱导时间最短，分别为 17min、7min、1min。

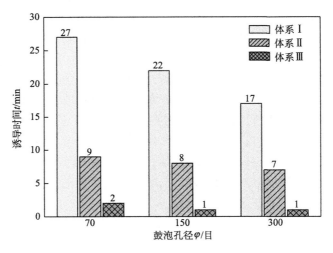

图 4-38　鼓泡孔径对瓦斯水合分离诱导时间的影响

图 4-39 为各实验体系水合分离速率随鼓泡孔径变化的分布情况。鼓泡孔径由 70 目增加至 300 目的过程中，体系Ⅰ中水合分离速率由 $2.92\times10^{-7}\text{m}^3/\text{min}$ 递增至 $4.01\times10^{-7}\text{m}^3/\text{min}$；体系Ⅱ由 $3.46\times10^{-7}\text{m}^3/\text{min}$ 递增至 $4.76\times10^{-7}\text{m}^3/\text{min}$；体系Ⅲ由 $2.46\times10^{-7}\text{m}^3/\text{min}$ 递增至 $4.66\times10^{-7}\text{m}^3/\text{min}$。各体系瓦斯水合分离速率随鼓泡孔径目数增加均呈递增趋势，说明在本实验范围内，气体流量不变的条件下，减小气泡尺寸可以加快瓦斯水合分离进程，鼓泡孔径为 300 目时，3 种瓦斯气样水合分离速率最大，分别为 $4.01\times10^{-7}\text{m}^3/\text{min}$、$4.76\times10^{-7}\text{m}^3/\text{min}$、$4.66\times10^{-7}\text{m}^3/\text{min}$。

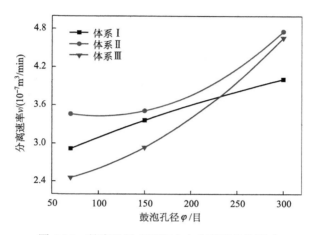

图 4-39　鼓泡孔径对瓦斯水合分离速率的影响

图 4-40 为各实验体系水合物相 CH_4 浓度随鼓泡孔径变化的分布情况。在鼓泡孔径目数为 70～150 范围内，体系Ⅰ水合物相 CH_4 浓度由 70 目时的 74.38%提升至 300 目时的 79.79%，与原料气 CH_4 浓度相比最大提高了 19.79%；体系Ⅱ水合物相 CH_4 浓度由 70 目时的 79.45%提升至 300 目时的 86.82%，与原料气 CH_4 浓度相比最大提高了 16.82%；体系Ⅲ水合物相 CH_4 浓度由 70 目时的 84.46%提升至 300 目时的 91.42%，与原料气 CH_4 浓度相比最大提高了 11.42%。各体系 CH_4 分离浓度(水合物相 CH_4 浓度)随鼓泡孔径目数增加均呈递增趋势，说明在本实验范围内，气体流量不变的条件下减小气泡尺寸可以改善瓦斯水合分离提纯效果，鼓泡孔径为 300 目时 3 种瓦斯气样的 CH_4 浓度提纯值最大，分别为 19.79%、16.82%、11.42%。

图 4-41 为各实验体系 CH_4 回收率与分离因子随鼓泡孔径变化的分布情况。鼓泡孔径由 70 目增加至 300 目的过程中，体系Ⅰ中 CH_4 回收率由 5.22%递增至 8.16%，分离因子由 2.24 递增至 3.09；体系Ⅱ中 CH_4 回收率由 4.06%递增至 6.32%，分离因子由 1.91 递增至 3.39；体系Ⅲ中 CH_4 回收率由 4.35%递增至 5.39%，分离因子由 1.95 递增至 3.93。各体系 CH_4 回收率与分离因子随鼓泡孔径目数增加均呈

递增趋势，说明在本实验范围内，气体流量不变的条件下，减小气泡尺寸可以改善原料气中 CH_4 的水合分离效果、提高净化程度，鼓泡孔径为 300 目时，3 种瓦斯气样水合分离效果最好，CH_4 回收率分别为 8.16%、6.32%、5.39%，分离因子分别为 3.09、3.39、3.93。

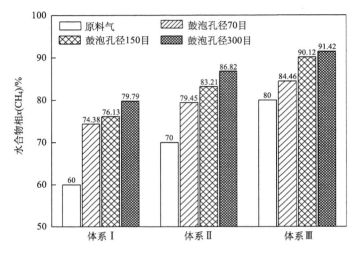

图 4-40　水合物相 CH_4 浓度随鼓泡孔径尺寸变化关系

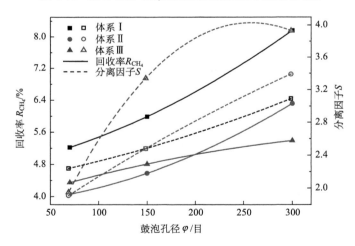

图 4-41　CH_4 回收率与分离因子随鼓泡孔径变化曲线

　　在相同温度、压力及鼓泡速率不变的条件下，单位时间内流入液相中的气体量相同，因此流入液相中气泡的尺寸会随鼓泡孔径减小而减小，但气泡数量会随之增多，致使发生气液界面反应总面积随之增加，气体分子与水分子碰撞频率随之增大；另外，气泡尺寸减小可以降低气液接触面张力，增大气体分子在液相中的运移速率，加快气相与液相之间的气体分子传质，气体分子在液相中达到溶解平衡的时间缩短。综上所述，气泡尺寸减小可以增大气体分子与水分子碰撞的频率，增加水合物晶体成核点数量，为水合物晶体成核及生长创造有利条件。

图 4-42 为各实验体系水合分离过程中水合物形成诱导时间随原料气 CH_4 浓度变化的分布情况。原料气 CH_4 浓度由 60%增至 80%的过程中，体系 I 中水合物形成诱导时间由 17min 缩短至 9min，共缩短 8min；体系 II 由 14min 缩短至 8min，共缩短 6min；体系 III 由 14min 缩短至 7min，共缩短 7min。各体系诱导时间随原料气 CH_4 浓度增加均呈降低趋势，说明增大原料气 CH_4 浓度可以缩短水合物结晶诱导期，加快水合物生长进程。本实验中随着原料气 CH_4 浓度的增加，水合物形成诱导时间缩短了 43%～50%；3 种瓦斯气样中，CH_4 浓度为 80%的原料气水合物形成诱导时间最短。

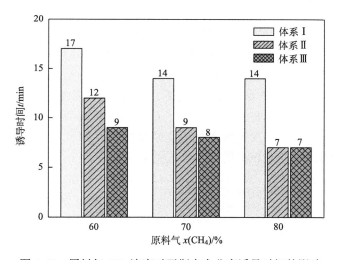

图 4-42　原料气 CH_4 浓度对瓦斯水合分离诱导时间的影响

图 4-43 为各实验体系水合分离速率随原料气 CH_4 浓度变化关系二次拟合曲线。原料气 CH_4 浓度由 60%增加至 80%的过程中，体系 I 中水合分离速率由 $1.96\times10^{-7}m^3/min$ 增至 $2.57\times10^{-7}m^3/min$ 后减至 $1.81\times10^{-7}m^3/min$；体系 II 由 $2.62\times10^{-7}m^3/min$ 增至 $2.96\times10^{-7}m^3/min$ 后减至 $2.19\times10^{-7}m^3/min$；体系 III 由 $3.36\times10^{-7}m^3/min$ 增至 $3.51\times10^{-7}m^3/min$ 后减至 $2.94\times10^{-7}m^3/min$。各体系瓦斯水合分离速率随原料气 CH_4 浓度增加均呈先增大后减小的趋势，说明在本实验范围内，原料气存在最优 CH_4 浓度，可使水合分离速率达到最大值；3 种瓦斯气样中，CH_4 浓度为 70%的原料气水合分离速率最大。

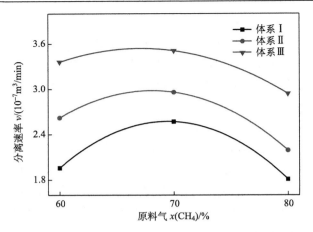

图 4-43　原料气 CH₄ 浓度对瓦斯水合分离速率的影响

图 4-44 为各实验体系 CH₄ 浓度提纯值（水合物相 CH₄ 浓度值–原料气 CH₄ 浓度值）随原料气 CH₄ 浓度变化关系二次拟合曲线。原料气 CH₄ 浓度由 60%增加至 80%的过程中，体系 I 的 CH₄ 浓度提纯值由 12.30%降低至 6.82%；体系 II 的 CH₄ 浓度提纯值由 14.22%降低至 7.92%；体系III 的 CH₄ 浓度提纯值由 16.13%降低至 10.12%。各体系 CH₄ 浓度提纯值随原料气 CH₄ 浓度增加均呈递减趋势，说明在本实验范围内，瓦斯水合分离提纯效果随着原料气 CH₄ 浓度增加而逐渐变差；3 种瓦斯气样中，CH₄ 浓度为 60%的原料气提纯效果最佳。

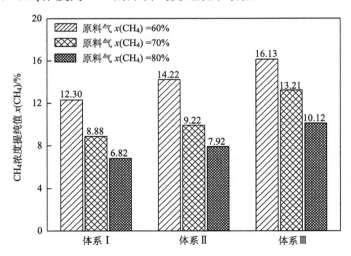

图 4-44　原料气 CH₄ 浓度提纯值随原料气 CH₄ 浓度关系

图 4-45 为各实验体系 CH₄ 回收率与分离因子随原料气 CH₄ 浓度变化关系二次拟合曲线。原料气 CH₄ 浓度由 60%增加至 80%的过程中，体系 I 中 CH₄ 回收率

由 4.45%递减至 3.83%，分离因子由 1.92 减至 1.71 后增至 1.94；体系Ⅱ中 CH_4
回收率由 5.05%减至 4.08%后增至 4.21%，分离因子由 2.18 减至 1.94 后增至 2.44；
体系Ⅲ中 CH_4 回收率由 5.99%减至 4.58%后增至 4.81%，分离因子由 2.48 递增至
3.34。从拟合曲线中可以看出，各体系 CH_4 回收率与分离因子随原料气 CH_4 浓度
增加均呈先减小后增大的趋势，说明在本实验范围内，瓦斯水合分离效果随原料
气 CH_4 浓度增加由逐渐变差转为逐渐变好，CH_4 净化程度也由逐渐变差转为逐渐
变好；3 种瓦斯气样中，CH_4 浓度为 60%的原料气 CH_4 回收效果最好，CH_4 浓度
为 80%的原料气净化程度最高。

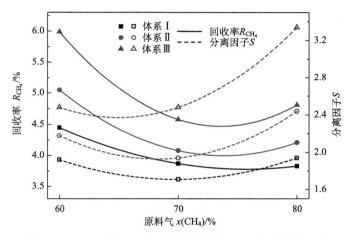

图 4-45　CH_4 回收率与分离因子原料气 CH_4 浓度变化曲线

在相同温度、压力、鼓泡孔径及鼓泡速率的条件下，单位时间内流入液相中
的气体量、气泡数量及气泡尺寸基本保持一致，但随着原料气 CH_4 浓度的提高，
单位时间内流入液相中 CH_4 气体量增大，单个气泡内 CH_4 分子数量增多，增加了
气泡内气相 CH_4 分子与水分子碰撞频率，导致 CH_4 水合物晶体成核概率增大，因
此随着原料气 CH_4 浓度的提升，水合物形成诱导时间会随之缩短；另外，本实验
压力范围内形成的是以 CH_4 水合物为主的Ⅰ型水合物，Ⅰ型水合物晶胞是体心立
方结构，由 6 个大孔穴 $(5^{12}6^4)$ 和 2 个小孔穴 (5^{12}) 有序构成，在水合物生长过程中，
中等客体 CH_4 分子既能占据大孔穴也能占据小孔穴，但大孔穴的占据未达到饱和
状态时，客体 CH_4 分子会继续优先占据大孔穴，小孔穴由客体 N_2、O_2 分子占据，
当大孔穴占据的 CH_4 分子数量达到饱和状态后，未进入大孔穴的 CH_4 分子会与
N_2、O_2 分子竞相占据小孔穴，由于 N_2、O_2 分子占据孔穴能力弱于 CH_4 分子，因
此 CH_4 分子会优先占据小孔穴。综上，原料气 CH_4 浓度的提高增加了单个气泡中
CH_4 的分子数量，大孔穴占据的 CH_4 分子数量未达到饱和时，CH_4 回收率与分离

因子会随原料气 CH_4 浓度提高而减小，达到饱和后，CH_4 回收率与分离因子会随原料气 CH_4 浓度提高而增大，因此在本实验范围内原料气存在 CH_4 临界浓度，在该浓度值前后 CH_4 回收率与分离因子呈先减小后增大的变化趋势。

参 考 文 献

[1] 袁亮. 我国煤层气开发利用的科学思考与对策[J]. 科技导报, 2011, 29(22): 4-3.

[2] 徐峰, 吴强, 张保勇. 基于水合物技术的煤层气储运研究[J]. 煤气与热力, 2008, 28(6): 39-43.

[3] 吴强. 煤矿瓦斯水合化分离试验研究进展[J]. 煤炭科学技术, 2014, 42(6): 81-85.

[4] 吴强, 李成林, 江传力. 瓦斯水合物生成控制因素探讨[J]. 煤炭学报, 2005, 30(3): 284-287.

[5] Englezos P, Kalogerakis N, Dholabhai P D, et al. Kinetics of formation of methane and ethane gas hydrates[J]. Chemical Engineering Science, 1987, 42(1): 2647-2658.

[6] Vysniauskas A, Bishnoi P R. A kinetic study of methane hydrate formation[J]. Chemical Engineering Science, 1983, 38(7): 1061-1072.

[7] Skovborg P, Rasmussen P. A mass transport limited model for the growth of methane and ethane gas hydrates[J]. Chemical Engineering Science, 1994, 49(8): 1131-1143.

[8] Vysniauskas A, Bishnoi P R. Kinetics of methane hydrate formation[J]. Chemical Engineering Science, 1985, 40(2): 299-303.

[9] Englezos P, Kalogerakis N, Dholabhai P D, et al. Kinetics of gas hydrate formation from mixtures of methane and ethane[J]. Chemical Engineering Science, 1987, 42(1): 2659-2666.

[10] Ohmura R. Structure- I and structure-H hydrate formation using water spraying[C]//Proceeding of the 4th International Conference on Gas Hydrates. Yokohama, 2002: 1049.

[11] Maini B B, Bishnoi P R. Experimental investigation of hydrate formation behavior of a natural gas bubble in a simulated deep sea environment[J]. Chemical Engineering Science, 1981, 36: 184-189.

[12] Gumerov N A. Dynamics of spherical gas bubble in the thermal regime of hydrate formation[J]. Transactions of TIMMS, 1991, 2: 74-77.

[13] Takahashi M, Oonari H, Yamamoto Y. A novel manufacturing method of gas hydrate using the micro bubble technology[C]//Proceedings of the 4th International Conference on Gas Hydrate. Yokohama, 2002: 825-828.

[14] 郑志, 吕艳丽. 水合物法的天然气提氢技术研究[J]. 资源开发与市场, 2011, 27(11): 978-980.

[15] 郑志, 韩永嘉, 王树立. 高含 CO_2 气田水合物法脱碳工艺[J]. 油气田地面工程, 2010, 29(1): 68-69.

[16] Fukumoto K, Tobe J, Ohmura R, et al. Hydrate formation using water spraying in a hydrophobic gas: A preliminary study[J]. AIChE Journal, 2001, 47: 1899-1904.

[17] Ohmura R, Kashiwazaki S, Shiota S, et al. Structure- I and structure-H hydrate formation using water spraying[J]. Energy & Fuels, 2002, 16(5): 1141-1147.

[18] Yoshikawa K, Kondo Y, Kimura E, et al. A lupane-triterpene and a 3(2->1)abeolupane glucoside from Hovenia trichocarea[J]. Phytochemistry, 1998, 49(7): 2057-2060.

[19] Rogers R, Yevi G Y, Swalm M. Hydrate for storage of natural gas[C]//Proceedings of the 2nd NGH. Toulouse, 1996: 423-429.

[20] Tsuji H, Ohmura R, Mori YH. Forming structure-H hydrates using water spraying in methane gas: Effects of chemical species of large-molecule guest substances[J]. Energy Fuels, 2004, 18: 418-424.

[21] Roy O, Shigetoyo K, Saburo S, et al. Structure-I and structure-H hydrate formation using water spraying[J]. Energy Fuels, 2002, 16(5) : 1141-1147.

[22] Hydeyuki T, Roy O, Yasuhiko M. Forming structure-H hydrates using water spraying in methane gas: Effects of chemical species of large-molecule guest substances[J]. Energy Fuels, 2004, 18(2) : 418-424.

[23] 刘道平, 周文铸, 黄文件, 等. 天然气水合物制备过程强化方式的探讨[J]. 天然气工业, 2004, 24(5) : 130-133.

[24] 徐新亚, 刘道平, 黄文件, 等. 水合物技术在煤层气储运中的应用前景[J]. 中国煤田地质, 2005, 17(3): 17-19.

[25] 赵建忠, 赵阳升, 石定贤. 喷雾法合成气体水合物的实验研究[J]. 辽宁工程技术大学学报, 2006, 25(2) : 286-289.

[26] 刘道平, 潘云仙, 周文铸, 等. 喷雾制取天然气水合物过程的特性[J]. 上海理工大学学报, 2007, 29(2) : 132-137.

[27] 赵建忠, 石定贤, 赵阳升. 喷射方式下表面活性剂对水合物生成实验研究[J]. 天然气工业, 2007, 27(1) : 114-117.

[28] 张亮, 刘道平, 樊燕, 等. 喷雾反应器中甲烷水合物生长动力学模型[J]. 化学反应工程与工艺, 2008, 24(5) : 385-389.

[29] 钟栋梁, 刘道平, 邬志敏, 等. 天然气水合物在喷雾装置中的制备[J]. 上海理工大学学报, 2009, 31(1) : 27-30.

[30] 钟栋梁, 杨晨, 刘道平, 等. 喷雾反应器中二氧化碳水合物的生长实验研究[J]. 过程工程学报, 2010, 10(2) : 309-313.

[31] Mohammad K, Farideh F, Moslem F. Developing a mathematical model for hydrate formation in a spray batch reactor[J]. Advances in Materials Physics and Chemistry, 2 : 244-247.

[32] Federico R, Mirko F, Beatrice C. Investigation on a novel reactor for gas hydrate production[J]. Applied Energy, 2012, 99 : 167-172.

[33] Lucia B, Beatrice C, Federico R, et al. Experimental investigations on scaled-up methane hydrate production with surfactant promotion: Energy considerations[J]. Journal of Petroleum Science and Engineering, 2014, 120 : 187-193.

[34] 徐新亚, 刘道平, 潘云仙, 等. 静止水滴生成气体水合物的动力学研究[J]. 工程热物理学报, 2006, 27(1): 194-196.

[35] 钟栋梁, 刘道平, 邬志敏, 等. 悬垂水滴表面天然气水合物的传热生长模型[J]. 上海理工大学学报, 2009, 31(3): 228-232.

[36] 郝妙莉, 王胜杰, 沈建东, 等. 水-气体系生成水合物的缩泡动力学模型[J]. 西安交通大学学报, 2004, (7): 705-708.

[37] 马昌峰, 陈光进, 郭天民. 水中悬浮气泡法研究水合物生长动力学[J]. 中国科学(B辑化学),

2002, (1): 90-96.

[38] 罗艳托, 朱建华, 陈光进. 甲烷-四氢呋喃水体系水合物生成动力学的实验和模型化研究[J]. 化工学报, 2006, (5): 1154-1158.

[39] 罗艳托, 朱建华, 陈光进. 鼓泡塔中甲烷水合物生成现象的观测[J]. 石油学报(石油加工), 2006, (1): 84-89.

[40] 罗艳托, 朱建华, 陈光进. 鼓泡塔中气体水合物生长机理研究[J]. 天然气化工, 2005, (3): 8-12.

[41] 吕秋楠, 宋永臣, 李小森. 鼓泡器中环戊烷-甲烷-盐水体系水合物的生成动力学[J]. 化工进展, 2016, 35(12): 3777-3782.

[42] 吕秋楠, 陈朝阳, 李小森. 气体水合物快速生成强化技术与方法研究进展[J]. 化工进展, 2011, 30(1): 74-79.

[43] Shagapov V S, Yumagulova Y A, Shepelkevich O A. On hydrate growth in aquatic gas solution[J]. Thermophysics & Aeromechanics, 2016, 23(4): 537-542.

[44] Takahashi M, Kawamura T, Yamamoto Y, et al. Effect of shrinking microbubble on gas hydrate formation[J]. Journal of Physical Chemistry, 2003, 107(10): 2171-2173.

[45] 陈光进, 孙长宇, 马庆兰. 气体水合物科学与技术[M]. 北京: 化学工业出版社, 2007.

[46] 吴强, 张保勇. THF-SDS 对矿井瓦斯水合分离影响研究[J]. 中国矿业大学学报, 2010, 39(4): 484-489.

[47] Sloan E D, Koh C A. Clathrate Hydrates of Natural Gases[M]. 3th ed. New York: CRC Press, 2008: 144-146.

[48] Linga P, Kumar R, Englezos P. The clathrate hydrate process for post and pre-combustion capture of carbon dioxide[J]. Jounal of Hazardous Materials, 2007, 149 (3): 625-629.

第5章 瓦斯水合分离过程温度场特征及传热机理

目前，瓦斯水合固化分离技术的应用基础研究主要包括两方面科学问题：①瓦斯水合分离过程物质传递过程研究；②瓦斯水合分离过程热量传递过程研究。针对第一个关键科学问题，有关研究者已经开展了复杂因素影响下瓦斯水合分离物化参数确定及其热力学促进剂作用机理、添加剂(表面活性剂、晶种)对分离速率、分离效果的控制及其作用规律等方面的基础研究，分析了不同热力学参数、添加剂影响下，瓦斯气体分子与水分子络合反应过程的物质传递规律。上述研究解决了如何从物质传递角度满足瓦斯快速水合分离需求的科学问题[1-10]。瓦斯水合分离过程是结晶放热过程[11]，甲烷水合物要快速生长需在低温环境中，所以其水合过程中产生的热量会对甲烷水合物生长速率产生影响。并且水合物的分解也吸收热量，即瓦斯水合分离过程及储存、运输过程都存在着热量传递。因此瓦斯水合分离产率不仅受水合分离过程中物质传递的影响，而且受水合分离过程中热量传递的控制。而从传热的基本定律傅里叶定律 $q = -\lambda \mathrm{grad}t$ 看，传热量的大小是温度梯度(温度差)的函数，温差是衡量热效应强度的参数，因此若对甲烷水合物的热效应进行研究，必须研究甲烷水合物生长过程温度场的温度分布规律。因此开展瓦斯水合分离过程的温度分布规律及传热机理的研究[12]是有必要的。

目前，有关瓦斯水合物水合分离过程水合物温度场分布及热效应的研究鲜见报道，对于其他气体水合物形成和分解过程的温度场、热量传递控制机理，国内外许多学者开展了一定的研究。

Zhao 等[13]通过玻尔兹曼变换(Boltzmann transform)，计算获得了水合物在降压分解过程中温度场和压力场的半解析解；Wang 等[14]建立了水合物生成过程的钻探温度场方程、多相流控制方程；李刚等[15]推导了水合物在热力开采过程的分解区和未分解区热力作用下的传热公式，并得出了其温度分布的解析解；Yamano 和 Uyeda[16]在已知水合物稳定区的温度场、压力场、热导率的情况下，估算了热流值；Selim 和 Sloan[17]以及 Ullerrich 等[18]基于一维半无限长平壁的热传导规律，提出了描述水合物分解过程传热规律的数学模型：

$$X^* = \frac{S_\mathrm{t}}{1 + S_\mathrm{t}}\left(\tau - \frac{1}{S_\mathrm{t}}\right) \tag{5-1}$$

式中

$$\tau = \frac{5q_s^2 t}{4\rho_h \lambda k(T_s - T_i)} \tag{5-2}$$

$$X^* = \frac{5q_s X}{4\lambda(T_s - T_i)} \tag{5-3}$$

$$S_t = \frac{\phi}{c_p(T_s - T_i)} \tag{5-4}$$

其中，X^* 为水合物分解界面的位置，m；t 为时间，s；T_s 为系统压力下的平衡温度，K；T_i 为系统初始温度，K；q_s 为水合物分解表面的热通量，kW/m^2；λ 为水合物的导热系数，0.00039kW/(m^2·K)；ρ_h 为水合物的摩尔密度，7.04kmol/m^3；c_p 为定压比热容[kJ/(kg·K)]；ϕ 为水合物的分解热，取值 3.31×10^{5}kJ/kmol；S_t 为常数。

　　赵振伟和尚新春[19]研究了天然气水合物分解过程温度场、压力场分布规律，以及产量与时间二者之间的关系。Freij-Ayoub 等[20]对水合物生成过程传热对水合物热力学稳定性的影响进行了数值模拟。钟栋梁等[21]基于气体水合物生成动力学机理，对悬垂水滴形成天然气水合物的过程进行分析，并建立了传热生长模型。Kamath 等[22]研究了甲烷和丙烷水合物的热分解速率，认为水合物分解是一个受界面(水合物分解产生的水膜)传热控制的过程，其模型方程如下：

$$\frac{m_h}{\phi_h A} = 6.464 \times 10^{-4} (\Delta T)^{2.05} \tag{5-5}$$

式中，m_h 为气体水合物的稳态分解速率，mol/h；ϕ_h 为水合物的体积分数；A 为水合物与流体界面间的表面积，cm^2；ΔT 为流体与水合物界面的温度差。

　　程远方等[23]将水合物分解效应融合到渗流场与岩土变形场的耦合作用中，建立了考虑水合物热容、饱和度、分解热及外界热量补给情况的能量守恒方程。

　　基于分解过程易于控制和模型化的考虑，最初主要采用恒压加热法在实验室进行气体水合物的分解实验。杜燕等[24]对水合物生成与分解过程中的温度场、压力场、分布状态、分解前沿推进速度等动态特性进行了研究。栾锡武等[25]利用实测的海底温度和热流资料分析了天然气水合物的稳定域范围和稳定域厚度。Henninges 等[26]利用温度传感技术测量了 Mallik 地区水合物赋存的温度场。Stern 等[27]测定了在 193～273K 范围内甲烷水合物的常压分解速率；Shirota 等[28]研究了在–7.5～0℃、常压条件下甲烷水合物的分解速率，实验结果与 Stern 的研究结果相似，并且发现当温度为–5℃时，分解速率最低；Giavarini 和 Maccioni[29]研究了甲烷水合物在低压时的自保性，得出水合物分解与温度等因素之间的关系；梁德青等[30]研究了气体水合物在微波场中的分解特性，认为水合物分解反应动力学过程是受传热机制控制的过程,微波加热强化了水合物颗粒表层的传热传质过程；

Pang 等[31]研究了甲烷水合物分解动力学与热量传递作用的关系,结果表明水合物分解受热量传递速率的控制。唐建峰等[32]通过实验研究了天然气水合物在不同温度下的分解动力学;Tonnet 和 Herri[33]实验研究了多孔介质中甲烷水合物分解产气率与热质传递的关系,结果表明热量-物质传递控制了水合物的分解进程;Ma 等[34]考虑相变潜热及水合物传热系数等因素,实验研究了管道中水合物浆液流动的热量传递。Kamath 和 Holder[35]首先完成了水合物的加热分解实验,分解温度范围分别为 287~306K 和 282~297K。后来,Selim 和 Sloan 研究了甲烷水合物的热分解,认为水合物分解是由热传递控制的过程[17]。林微[36]采用恒温恒压法,在温度范围 275.6~278.1K、压力范围 0.2~3.5MPa 条件下,实验测定了甲烷水合物分解剩余量与分解压力、分解温度的关系,结果显示:当分解压力相同时,温度越高,分解速率越快;当分解温度相同时,分解压力越低,分解速率越快。Jamaluddin 等[37]的研究结果显示,当水合物分解压力在平衡压力的 70%以内时,水合物分解过程由热量传递控制,但是当分解压力是平衡压力的 28%时,分解过程由热量传递和本征动力学同时控制。孙长宇[38]对水合物的分解进行了研究,结果显示,随着分解温度的增加,釜内压力上升加快,分解速率增加明显。

从以上研究可以发现,基本都是针对非瓦斯类气体水合物开展的有关温度场及热量传递的研究,没有针对瓦斯水合物的有关研究,这也预示开展瓦斯水合物的相关研究的必要性,本书编者开展了相关研究[12,39-41]。

5.1　实　验　装　置

图 5-1 为瓦斯水合分离过程温度场分布实验装置,该实验装置的核心部件是高压可视水合反应釜,由不锈钢钢制材料加工而成,如图 5-2 所示,由釜体、釜盖、卡箍等组成。釜盖上设有高清视窗,可满足瓦斯水合反应过程的观察、拍照需要。针对水合分离过程温度场的测定,釜体内装备了测量精度为 ±0.1K 温度传感器,沿水合反应釜轴向与径向分布,轴向为 3 行,径向为 5 列,每行装有 5 只高精度温度传感器,从上至下依次进行标号,上层为 11、12、13、14、15,中层为 6、7、8、9、10,下层为 1、2、3、4、5。釜盖设有测压孔,安装了压力传感器。为避免由于水合物在传统螺纹连接处生成,造成拆卸困难,釜体与釜盖采用卡箍式连接,并采用 O 形圈密封。技术参数如下:

反应釜设计最高承受压力:15MPa;

有效容积:7.665L;

设计温度:-15~50℃;

工作压力:0~10MPa;

工作温度:1~30℃;

工作介质：CH_4、N_2、O_2 等气体，含有表面活性剂的水溶液。

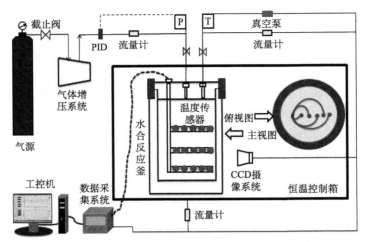

图 5-1　瓦斯水合分离过程温度场分布实验装置

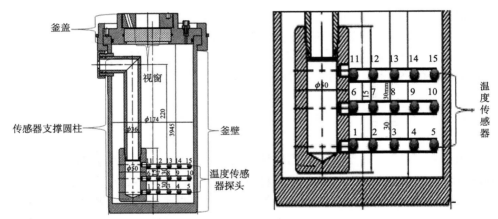

图 5-2　高压可视水合反应釜

1～15 代表探头

5.2　瓦斯水合过程生成热计算

气体与水反应生成水合物的过程可认为是一个化学反应过程，那么它可以用反应式(5-6)来表示：

$$M(g) + nH_2O(l) \longrightarrow M \cdot nH_2O(s) + 热量 \tag{5-6}$$

式中，M(g) 为参与反应的客体分子(气体分子)；n 为水合数，水合物的结构中，主体分子(水分子)数与客体分子(气体分子)数之比。

气体水合物是一种特殊的笼形化合物，主体分子(水分子)以氢键相互结合形成大小不同的笼形孔穴，客体分子(气体分子)进入其中，这个过程是吸附过程，是放热的[42,43]。很明显，放出的热量与生成水合物的量相关，生成越多的水合物则放出越多的热量[44]，但是随着水合反应的进行，会有越来越多的生成热产生，这些随着反应的生成热量产生的热效应势必会使水合反应的速率减缓，因此必须采取及时的、有效的措施将这些热量散发出去，才能使水合反应继续快速地进行下去。所以，对于水合反应非常重要的一点，就是计算水合物的生成热。

由上面的分析可以得出甲烷水合过程生成热的求解方程为

$$Q = \Delta n_g \times q \tag{5-7}$$

式中，Δn_g 为生成的水合物的物质的量，mol；q 为单位物质的量水合物的生成热，kJ/mol。

每种气体生成水合物的具体反应条件不同，因此不同成分的气体水合物的生成热也不相同。表 5-1 为甲烷、乙烷等碳氢气体水合物的生成热[45]。

表 5-1　碳氢气体水合物的生成热

碳氢气体	T/K	$-\Delta H /$ (kJ / mol)	碳氢气体	T/K	$-\Delta H /$ (kJ / mol)
甲烷	273.1	59.4	乙烷	273.1	61.9
	289.1	89.5		277.5	63.5
	297.5	78.3		282.5	69.1
丙烷	273.1	137	天然气	273.7	76.7
	275.1	149		282.0	83.9
	278.1	162			

从表 5-1 分析可知，表中 4 种气体成分的水合物生成热的绝对值与温度的关系基本是呈正比例关系的，所以，使水合反应在低温下进行是有利于反应的。

在所涉及的研究实验中，反应环境温度大致在 1℃左右，考虑到甲烷气体水合物的生成热的绝对值与温度的关系基本呈正比例，因此采用插值法可以计算出在反应环境温度在 1℃时，甲烷水合物的生成热为 61.28kJ/mol，所以，基于第 3 章瓦斯水合物生长动力学计算模型及式(5-7)可以推导出甲烷水合过程的生成热方程为

$$Q = 61.28 \times \Delta n_g \tag{5-8}$$

5.3　瓦斯气样对瓦斯水合分离过程温度场分布的影响

为研究煤矿瓦斯混合气体对瓦斯水合分离过程的温度场分布的影响规律，采用正交实验分析方法，在一定的初始条件下(初始温度、初始压力、气液比)利用

多层位立体分布温度传感器测定 4 组不同瓦斯气样(气样 1：CH_4 为 55%，N_2 为 37%，O_2 为 3%，CO_2 为 5%；气样 2：CH_4 为 70%，N_2 为 22%，O_2 为 3%，CO_2 为 5%；气样 3：CH_4 为 85%，N_2 为 7%，O_2 为 3%，CO_2 为 5%；气样 4：CH_4 为 99.99%)水合分离过程的温度场。结果表明：①展开四种反应体系，针对不同甲烷浓度瓦斯气进行水合分离实验，研究发现甲烷浓度对瓦斯水合反应体系各层面温度场分布具有一定影响。②通过相同反应体系瓦斯水合反应过程不同层面温度-时间曲线对瓦斯水合反应体系不同层面温度场特征进行分析，得出相同反应体系中上层温度场温度上升速率最快，下层温度场速率上升最慢。③通过不同瓦斯气样反应体系水合过程相同层面温度-时间曲线分析，对于相同层面温度场，高浓度瓦斯反应体系温度场温度上升速率高于低浓度瓦斯反应体系温度场温度上升速率，如表 5-2 所示。

表 5-2　不同瓦斯气样不同层位的温度场分布

时间区间 t/min	不同体系上层平均温度/℃				时间区间 t/min	不同体系中层平均温度/℃				时间区间 t/min	不同体系下层平均温度/℃			
	I	II	III	IV		I	II	III	IV		I	II	III	IV
0	1.00	1.00	1.00	1.00	0	1.00	1.00	1.0	1.00	0	1.00	1.00	1.00	1.00
30	2.18	5.27	5.41	4.69	60	1.99	3.47	2.56	4.14	60	1.49	2.54	2.14	2.68
60	3.28	4.40	5.34	5.97	120	2.24	4.05	4.62	4.86	120	1.67	2.86	3.20	3.60
90	3.03	4.74	5.12	5.94	180	1.93	4.55	4.29	5.32	180	1.86	3.32	3.56	4.13
120	2.57	4.20	4.86	5.75	240	1.62	4.06	3.73	4.92	240	1.99	3.32	3.44	4.66
240	2.07	3.06	3.51	5.07	360	1.32	3.22	3.22	4.29	360	1.57	2.77	3.23	4.02
360	1.61	2.69	2.99	4.29	480	1.04	2.56	2.69	2.98	480	1.38	2.59	2.69	3.27
480	1.28	2.21	2.68	3.06	600	0.96	2.32	2.31	2.49	600	1.27	2.17	2.41	2.79
600	1.16	1.98	2.33	2.41	720	0.93	1.93	1.92	2.02	720	1.20	1.97	2.02	2.25
720	1.12	1.69	1.71	1.98	840	1.05	1.74	1.71	1.66	840	1.25	1.76	1.80	1.84
840	1.17	1.50	1.52	1.69	960	1.10	1.57	1.56	1.34	960	1.23	1.61	1.61	1.51
960	1.19	1.38	1.41	1.38	1080	1.01	1.41	1.27	1.27	1080	1.21	1.52	1.31	1.41
1080	1.16	1.18	1.16	1.17	1200	1.00	1.39	1.25	1.26	1200	1.20	1.43	1.28	1.24

　　本部分主要包含四个研究体系(表 5-3)，主要试剂有：瓦斯气样 1、气样 2、气样 3 和气样 4；蒸馏水(V_L /mL)。

　　气样 1：CH_4 为 55%，N_2 为 37%，O_2 为 3%，CO_2 为 5%；
　　气样 2：CH_4 为 70%，N_2 为 22%，O_2 为 3%，CO_2 为 5%；
　　气样 3：CH_4 为 85%，N_2 为 7%，O_2 为 3%，CO_2 为 5%；
　　气样 4：CH_4 为 99.99%。
　　实验初始条件如表 5-3 所示。

表 5-3　瓦斯水合实验初始条件

实验体系	气样	初始压力/MPa	初始温度/℃	V_L /mL
I	1			
II	2			
III	3	5	1	2121
IV	4			

5.3.1　瓦斯水合分离过程

各实验体系水合成核过程均为过程成核，即水合物边生长边成核，水合物生长过程中晶粒数目逐渐增多。由于各实验水合体系中分布多层位温度传感器，且溶液为复配溶液，水合物成核过程是非均相成核。

实验体系 I，综合观测数据采集系统得到实验过程温度、压力随时间变化曲线 (图 5-3) 和图像采集系统摄录到的瓦斯水合过程典型照片显示：实验进行 18min 时，溶液中出现少量白色可视颗粒状水合物晶粒，如图 5-4(a) 所示 (白色斑块为光源反射光)，同时上层溶液温度开始升高；18~1100min 为水合物生长过程，水合晶粒依附在反应釜壁和传感器表面延伸向外生长形成大量水合物，如图 5-4(b) 所示，溶液温度也快速升高；分析压力-时间变化曲线可以看出，18~320min 压力-时间曲线斜率最大，为水合物快速生长过程，釜内有大量水合物生成，釜内温度上升最快，达到最高温度点，如图 5-4(c) 所示；320~1100min 压力-时间曲线斜率变缓，水合物生长缓慢，釜内溶液温度开始降低；1100min 后压力基本不变，釜内溶液温度也趋于环境温度，水合物生成结束。

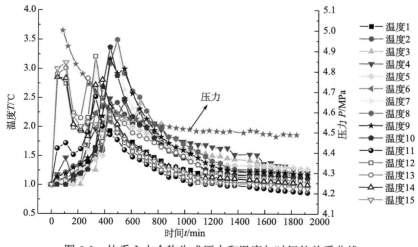

图 5-3　体系 I 水合物生成压力和温度与时间的关系曲线

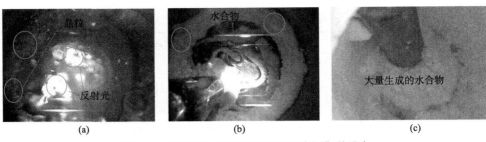

图 5-4　实验体系 I 瓦斯水合反应过程典型照片

　　图 5-5～图 5-7 分别为实验体系 II、III、IV水合物生成压力和温度与时间的关系曲线，具体生成过程不再描述。

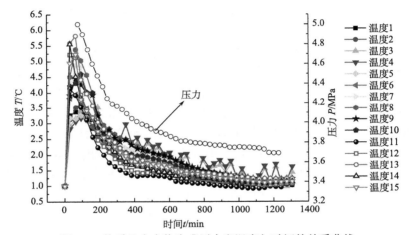

图 5-5　体系 II 水合物生成压力和温度与时间的关系曲线

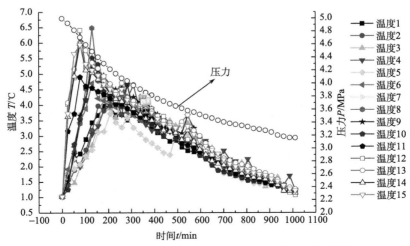

图 5-6　体系III水合物生成压力和温度与时间的关系曲线

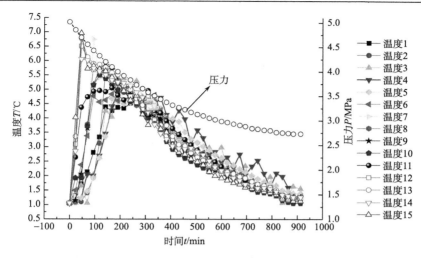

图 5-7　体系Ⅳ水合物生成压力和温度与时间的关系曲线

5.3.2　瓦斯气样对瓦斯水合分离过程温度场分布特征的影响

根据上述实验数据，从相同反应体系不同层面温度场分布特征和不同瓦斯气体反应体系相同层面温度场特征进行对比分析，可以得到以下结果。

1. 相同反应体系不同层面温度场分布特征

水合反应是一种结晶放热过程，从图 5-8～图 5-11 可以看出，结晶放热使反应层面温度升高，当水合物生长速率达到最大值时单位时间内释放热量最大，温度升高至最高点。内热源温度高于周围环境温度时热量开始向外传递，当热量传递速率与热量释放速率平衡时，反应层面温度保持平衡；当热量传递速率高于热量释放速率时，反应层面温度开始下降。

实验体系Ⅰ，从图 5-8 可以看出，水合反应至 165min 时反应体系上层平均温度达到最高点 2.972℃，上升速度 0.018℃/min；水合反应至 385min 时反应体系中平均温度达到最高点 2.674℃，上升速度 0.007℃/min；水合反应至 495min 时反应体系下层平均温度达到最高点 2.186℃，上升速度 0.004℃/min。水合反应体系上层是下层温度上升速度的 4.5 倍，最高温度点高出 0.606℃。

实验体系Ⅱ，从图 5-9 可以看出，水合反应至 128min 时反应体系上层平均温度达到最高点 5.094℃，上升速度 0.040℃/min；水合反应至 224min 时反应体系中层平均温度达到最高点 4.597℃，上升速度 0.021℃/min；水合反应至 352min 时反应体系下层平均温度达到最高点 3.381℃，上升速度 0.010℃/min。水合反应体系上层是下层温度上升速度的 4.0 倍，最高温度点高出 1.713℃。

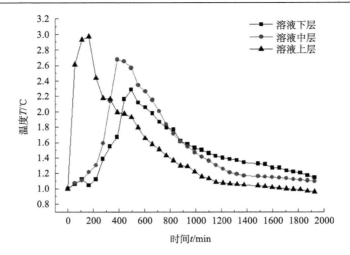

图 5-8　体系Ⅰ不同层面水合物生成温度与时间的关系曲线

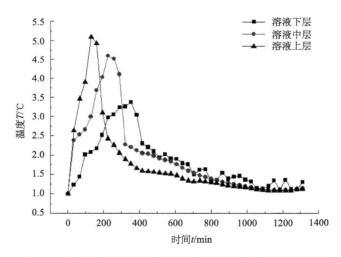

图 5-9　体系Ⅱ不同层面水合物生成温度与时间的关系曲线

实验体系Ⅲ，从图 5-10 可以看出，水合反应至 78min 时反应体系上层平均温度达到最高点 5.850℃，上升速度 0.075℃/min；水合反应至 130min 时反应体系中层平均温度达到最高点 5.490℃，上升速度 0.042℃/min；水合反应至 286min 时反应体系下层平均温度达到最高点 4.094℃，上升速度 0.014℃/min。水合反应体系上层是下层温度上升速度的 5.36 倍，最高温度点高出 1.756℃。

实验体系Ⅳ，从图 5-11 可以看出，水合反应至 48min 时反应体系上层平均温度达到最高点 6.125℃，上升速度 0.128℃/min；水合反应至 96min 时反应体系中层平均温度达到最高点 5.228℃，上升速度 0.054℃/min；水合反应至 192min 时反应体系下层平均温度达到最高点 4.832℃，上升速度 0.025℃/min。水合反应体系上层是下层温度上升速度的 5.12 倍，最高温度点高出 1.293℃。

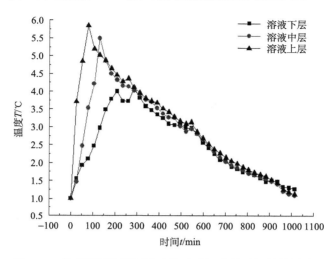

图 5-10　体系Ⅲ不同层面水合物生成温度与时间的关系曲线

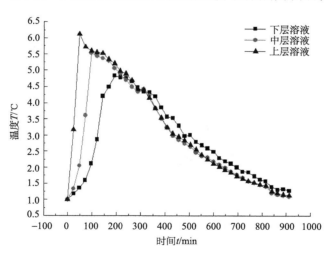

图 5-11　体系Ⅳ不同层面水合物生成温度与时间的关系曲线

2. 不同反应体系相同层面温度场分布特征

从图 5-12 可以看出，体系Ⅳ下层温度场上升速率是体系Ⅰ下层温度场上升速率的 6.25 倍，最高温度点高出 2.546℃；从图 5-13 可以看出，体系Ⅳ中层温度场上升速率是体系Ⅰ中层温度场上升速率的 7.71 倍，最高温度点高出 2.854℃；从

图 5-14 可以看出，体系Ⅳ上层温度场上升速率是体系Ⅰ上层温度场上升速率的
7.11 倍，最高温度点高出 3.153℃。

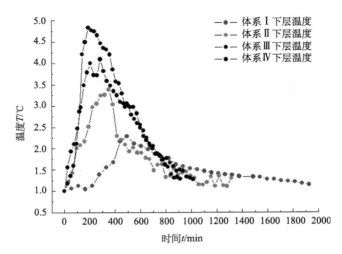

图 5-12　不同体系下层水合物生成温度与时间的关系曲线

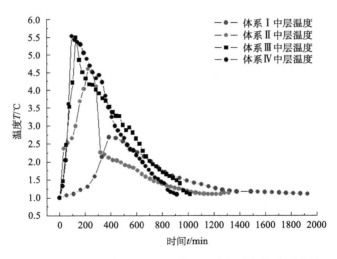

图 5-13　不同体系中层水合物生成温度与时间的关系曲线

　　利用多层位立体分布温度传感器的瓦斯水合分离实验装置，建立四种不同瓦
斯气（CH_4=55%，N_2=37%，O_2=3%，CO_2=5%；CH_4=70%，N_2=22%，O_2=3%，CO_2=5%；
CH_4=85%，N_2=7%，O_2=3%，CO_2=5%；纯甲烷）-THF（1mol/L）-SDS（0.6mol/L）-
水多元水合反应体系，获取了水合物生成过程多层位温度场分布时间-温度曲线
数据图。分析认为：相同多元水合反应体系上层温度场温度上升速率最快，下层

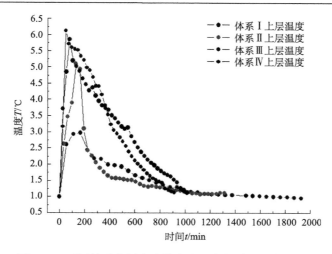

图 5-14　不同体系上层水合物生成温度与时间的关系曲线

温度场速率上升最慢，水合反应后期反应体系各层温度场温度下降速率基本相同；不同多元水合反应体系相同层面内高浓度瓦斯高于低浓度瓦斯水合反应体系温度场温度，且高浓度瓦斯相比低浓度瓦斯水合反应体系温度上升速率快，下降速率慢。

基于第 3 章瓦斯水合物生长动力学计算模型，计算得出从低浓度瓦斯气水合反应体系到高浓度瓦斯气水合反应体系其生长速率分别为 $1.40 \times 10^{-6} \mathrm{m}^3/\mathrm{min}$、$2.60 \times 10^{-6} \mathrm{m}^3/\mathrm{min}$、$3.64 \times 10^{-6} \mathrm{m}^3/\mathrm{min}$ 和 $4.39 \times 10^{-6} \mathrm{m}^3/\mathrm{min}$。对应的到达最高温度的时间分别为：

上层：体系 I 为 165min，体系 II 为 128min，体系III为 78min，体系IV为 48min；

中层：体系 I 为 385min，体系 II 为 224min，体系III为 130min，体系IV为 96min；

下层：体系 I 为 495min，体系 II 为 352min，体系III为 286min，体系IV为 192min。

3. 瓦斯气样对瓦斯水合分离过程温度场分布的影响机理

气-液界面处的成核吉布斯自由能较小，而且界面处主体、客体分子的浓度都非常高，如图 5-15 所示。在界面处，由于吸附作用，浓度较高，利于分子簇的生长。界面处的水合物结构为大量气体与液体的组合提供了模板，晶核最先在气-液界面大量生成；气液混合引起界面的晶体结构向液体内部及周围扩散，水合生长快速向外延伸，且溶液内部多层位温度传感器为水合物成核过程提供了吸附平台，有利于气液成核过程中亚稳态团簇转变为稳定晶核；水合物晶核在气液界面和多层位温度传感器周围形成后，通过虹吸作用向外延伸，形成大量水合物。

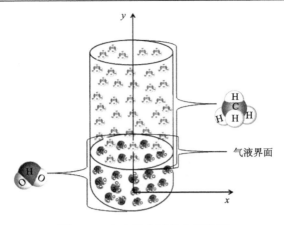

图 5-15　主客体分子分布示意图

　　基于 Mochizuki-Mori 热量传递模型，假定水合物膜形成过程产生的热量以瞬态二维形式传向主体分子(水)、客体分子(气体)和其本身。通过上述定量分析，瓦斯水合反应体系水合物生长过程产生大量热，热量依瞬态形式向四周传递，导致水合反应体系温度升高。高浓度瓦斯相比低浓度瓦斯水合反应体系随着反应体系瓦斯浓度增大，水合物的生长速率呈增大趋势，其中纯甲烷反应系统水合物生长速率是甲烷浓度 55%反应系统水合生长速率的 3.14 倍，增长幅度较为明显；生长速率越大，生成的水合物就越多，产生的热量也越多，那么每一层面的最高温度值也就越大，达到最高温度所需时间也就越短，则高浓度瓦斯水合反应体系水合物生长过程产生热量最多；所以，不同多元水合反应体系相同层面内高浓度瓦斯高于低浓度瓦斯水合反应体系温度场温度，且高浓度瓦斯相比低浓度瓦斯体系温度上升速率快，下降速率慢。

5.4　促进剂 THF 对瓦斯水合反应过程温度场分布的影响

　　为探究促进剂 THF 添加对瓦斯水合反应过程温度场分布影响,利用高精度气流流量计、压力传感器来监测物质变化量并计算出水合物量和水合反应热。在一定的初始条件下(初始温度、初始压力、气液比)利用多层位立体分布温度传感器测定一定的 THF 溶液和空白试验对比探究 THF 对甲烷水合分离过程中温度场特征的影响，并对 THF 的促进机理进行了初步分析。结果表明：THF 溶液加入改变了甲烷水合物生成过程温度场分布特征,通过 THF 添加实验体系和纯水实验体系水合过程温度场特征的比较，THF 改善了甲烷水合物生成热力学条件，提高了水合反应体系温度、单位时间反应热及单位时间温度上升速率。

5.4.1　THF 体系中瓦斯水合反应过程温度场分布

基于瓦斯水合分离实验，采用纯甲烷气样(99.99% CH₄)，研究 2 种体系在初始温度 1℃、压力 5MPa 下，THF 对甲烷水合分离过程中温度场特征的影响。

实验初始条件如表 5-4 所示。

表 5-4　瓦斯水合物实验初始条件

实验体系	THF/(mol/L)	初始温度/℃	初始压力/MPa
Ⅰ	0		
Ⅱ	1	1	5

实验体系Ⅰ，通过数据采集系统得到实验过程温度-时间变化曲线，如图 5-16 所示。结合图像采集系统摄录到瓦斯水合过程典型照片，如图 5-17 所示。综合监测获知：实验进行 22min 时溶液中出现少量白色可视颗粒状水合物晶粒，如图 5-17(a)所示，同时上层溶液温度开始升高；22～1200min 为水合物生长过程，水合晶粒依附在反应釜壁和传感器表面延伸向外生长形成大量水合物，如图 5-17(b)所示，溶液温度也快速升高；分析温度-时间变化曲线可以看出，22～240min 温度-时间曲线斜率最大，为水合物快速生长过程，釜内有大量水合物生成，釜内温度上升最快，达到最高温度点，如图 5-17(c)所示；240～1200min 温度-时间曲线斜率变缓，水合物生长缓慢，釜内溶液温度开始降低；1200min 后釜内溶液温度也趋于环境温度，水合物生成结束。

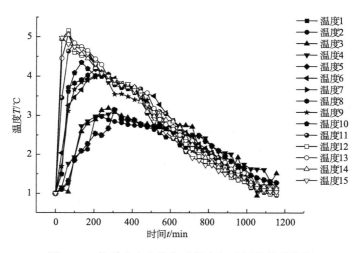

图 5-16　体系Ⅰ水合物生成温度与时间的关系曲线

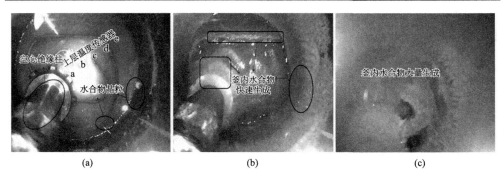

图 5-17　体系 I 实验瓦斯水合固化过程典型照片

图 5-18 为实验体系 II 的水合物生成温度与时间的关系曲线,具体生成过程不再描述。

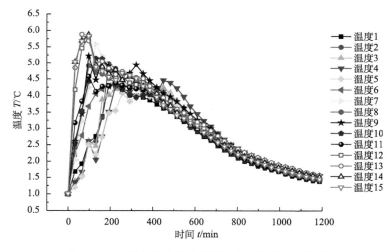

图 5-18　体系 II 水合物生成温度与时间的关系曲线

根据数据采集系统采集水合反应过程中不同时间点压力数据及气相温度数据,结合水合反应热求解方程,每间隔 1h 计算出该时间区域水合反应热量释放量,建立图 5-19 中热量值随时间变化的柱状图。

实验体系 I,如图 5-19 所示,由不同层面溶液热量产生值随时间变化曲线可知,水合反应至 180min 时热量产生总值为 14.669kJ,其中 120~180min 期间热量产生速率为 0.121kJ/min,该时间区内水合反应单位时间内平均产生热量最多,且 130min 时反应体系上层平均温度达到最高点 4.41℃;水合反应 181~360min 热量产生总值为 12.838kJ,其中,181~240min 期间热量产生速率为 0.102kJ/min,该时间区域水合反应单位时间内平均产生热量最多,且 200min 时体系中层平均温度达到最高点 3.763℃；水合反应 361～1400min 热量产生总值为 7.493kJ，其中 361～420min 热量产生速率为 0.031kJ/min，该时间区域水合反应单位时间内平均产生热量最多，且 328min 反应体系下层平均温度达到最高点 2.803℃。体系 I 瓦斯水合反应过程体系变化特征如表 5-5 所示。

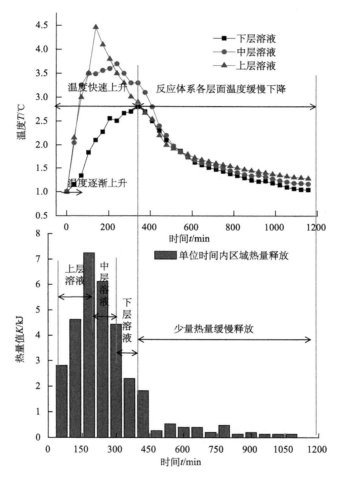

图 5-19　体系 I 不同层面水合物生成温度及产生热量值与时间的关系曲线

表 5-5　体系 I 瓦斯水合反应过程体系变化特征

温度传感器位置	瓦斯水合物生长区间/min	区间内最大产热速率/(kJ/min)	不同层位平均最高温度/℃	水合反应热/kJ
上层位	0～180	0.121	4.41	14.669
中层位	181～360	0.102	3.763	12.838
下层位	361～1400	0.031	2.803	7.493

实验体系Ⅱ，如图 5-20 所示，由不同层面溶液随时间变化曲线可知，水合反应至 180min 时热量产生总值为 28.298kJ，其中 120～180min 期间热量产生速率为 0.204kJ/min，该时间区内水合反应单位时间内平均产生热量最多，且 88min 时反应体系上层平均温度达到最高点 5.429℃；水合反应 181～360min 热量产生总值为 14.202kJ，其中，181～240min 期间热量产生速率为 0.153kJ/min，该时间区域水合反应单位时间内平均产生热量最多，且 196min 时体系中层平均温度达到最高点 4.981℃；水合反应 361～1400min 热量产生总值为 8.738kJ，其中 361～420min 热量产生速率为 0.035kJ/min，该时间区域水合反应单位时间内平均产生热量最多，且 370min 反应体系下层平均温度达到最高点 4.44℃。

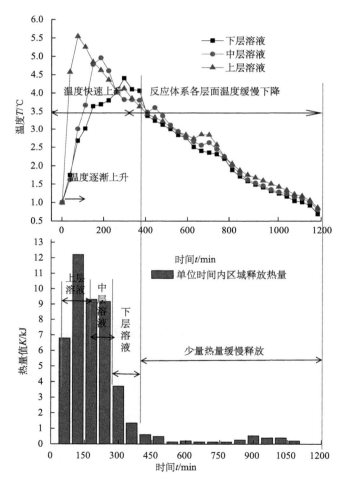

图 5-20　体系Ⅱ不同层面水合物生成温度与时间的关系曲线

5.4.2　THF 对瓦斯水合反应过程温度场分布影响机理

THF 存在条件下，瓦斯组分气体、H_2O 与 THF 络合形成 II 型水合物；而没有 THF 存在条件下，瓦斯气体与 H_2O 形成 I 型水合物；因此，THF 的加入改变了瓦斯水合物构型。水合物生成热力学状态(三相温度和压力)因水合物构型不同而不同，研究表明在 7.25℃条件下，纯 CH_4 在水中生成水合物的相平衡压力为 5.35MPa，而在相同温度条件下，99% CH_4+1% C_3H_8 体系水合物生成相平衡压力为 3.12MPa，添加 1% C_3H_8 可以使水合物生成相平衡压力降低 42%，Sloan 研究指出 C_3H_8 的加入使得水合物构型从 I 型转化为 II 型，构型的改变使得水合物生成相平衡压力降低。与此类比分析，THF 的加入使瓦斯水合物从 I 型转变为 II 型，II 型水合物中小孔数量 16 个，大孔数量 8 个，大小孔比例 1∶2，而 I 型水合物大小孔数量比例为 3∶1，II 型水合物中为大孔承受分压的小孔数量是 I 型水合物的 6 倍，因而 II 型水合物生成压力要远小于 I 型水合物，这是瓦斯水合分离热力学条件改善的原因。

5.5　THF 体系中不同浓度 SDS 作用下瓦斯水合分离过程温度场特征

为研究 THF 体系中不同浓度 SDS 作用下瓦斯水合分离过程温度场特征，利用高精度气流流量计、压力传感器来监测物质变化量并计算出水合物量和水合反应热。在一定的初始条件下(初始温度、初始压力、气液比)利用多层位立体分布温度传感器测定 THF 体系中不同浓度 SDS 作用下瓦斯水合分离过程温度场特征。并对 THF/SDS 的促进机理进行了初步分析。结果表明：THF-SDS 协同作用缩短了水合反应诱导时间，提高了水合物生长速率，改变了瓦斯水合物的导热系数，从而提高了水合物生成过程中单位时间内热量释放速率和总热量值；改变 THF/SDS 中 SDS 浓度，对比分析不同体系作用效果，发现 SDS 浓度为 0.5mol/L 时，体系总热量最大，水合反应体系温度上升速率最快。

基于瓦斯水合分离实验，采用一种合成瓦斯气样 3(85% CH_4，7% N_2，3% O_2，5% CO_2)，研究了 4 种 THF/SDS 复配溶液体系(THF，1mol/L；SDS，0.02mol/L、0.1mol/L、0.5mol/L、0.9mol/L)在初始温度 1℃、压力 5MPa 下对瓦斯水合分离过程中温度场特征的影响。

实验体系及具体实验初始条件如表 5-6 所示。

表 5-6　瓦斯水合物实验初始条件

实验体系	THF/(mol/L)	SDS/(mol/L)	初始温度/℃	初始压力/MPa
Ⅰ		0.02		
Ⅱ		0.1		
Ⅲ	1	0.5	1	5
Ⅳ		0.9		

　　实验体系Ⅰ，结合图像采集系统摄录和数据采集系统，得到瓦斯水合固化过程温度-时间变化曲线(图 5-21)，综合监测获知：13～1150min 为水合物生长过程。实验进行 13min 时溶液中出现少量白色可视颗粒状水合物晶粒，同时上层溶液温度开始升高；分析温度-时间变化曲线可以看出，13～240min 温度-时间曲线斜率最大，溶液温度也快速升高，为水合物快速生长过程，釜内有大量水合物生成，釜内温度上升最快，达到最高温度点。

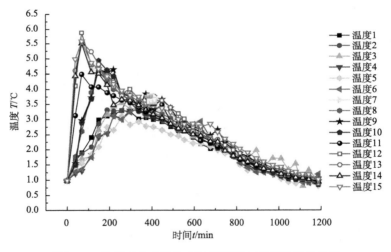

图 5-21　体系Ⅰ水合物生成过程温度与时间的关系曲线

　　图 5-22～图 5-24 分别为实验体系Ⅱ、Ⅲ、Ⅳ水合物生成压力和温度与时间的关系曲线，具体生成过程不再描述。

　　实验体系Ⅰ，如图 5-25 所示，由不同层面溶液产生热量值随时间变化曲线可知，水合反应至 180min 热量产生总值为 16.669kJ，其中 121～180min 期间热量产生速率为 0.140kJ/min，该时间区内水合反应单位时间内平均产生热量最多，且 160min 时反应体系上层平均温度达到最高点 4.72℃；水合反应 181～360min 热量产生总值为 13.838kJ，其中，240～300min 期间热量产生速率为 0.102kJ/min，该时间区域水合反应单位时间内平均产生热量最多，且 300min 时体系中层平均温度

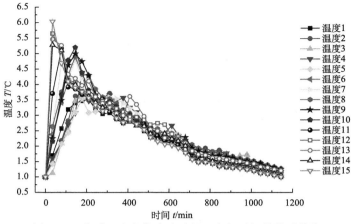

图 5-22　体系Ⅱ水合物生成过程温度与时间的关系曲线

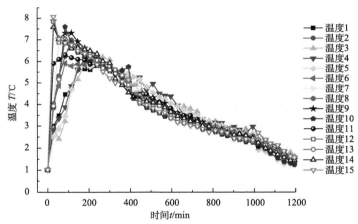

图 5-23　体系Ⅲ水合物生成过程温度与时间的关系曲线

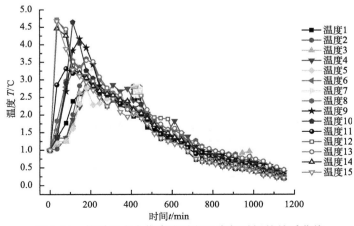

图 5-24　体系Ⅳ水合物生成过程温度与时间的关系曲线

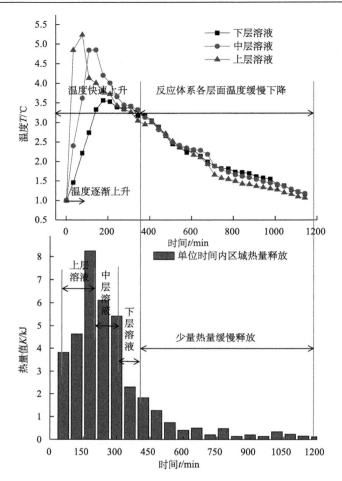

图 5-25　体系Ⅰ不同层面水合物生成温度与时间的关系曲线

达到最高点 4.01℃；水合反应 361~1200min 热量产生总值为 6.738kJ，其中 361~420min 热量产生速率为 0.031kJ/min，该时间区域水合反应单位时间内平均产生热量最多，且 388min 反应体系下层平均温度达到最高点 3.403℃。体系Ⅰ瓦斯水合反应过程体系变化特征如表 5-7 所示。

表 5-7　体系Ⅰ瓦斯水合反应过程体系变化特征

温度传感器位置	瓦斯水合物生长区间 /min	区间内最大产热速率 /(kJ/min)	不同层位平均最高温度/℃	水合反应热/kJ
上层位	0~180	0.140	4.72	16.669
中层位	181~360	0.102	4.01	13.838
下层位	361~1400	0.031	3.403	6.738

　　实验体系Ⅱ，如图 5-26 所示，由不同层面溶液产生热量值随时间变化曲线可知，水合反应至 180min 热量产生总值为 33.233kJ，其中 121～180min 期间热量产生速率为 0.230kJ/min，该时间区内水合反应单位时间内平均产生热量最多，且 100min 时反应体系上层平均温度达到最高点 6.13℃；水合反应 181～360min 热量产生总值为 22.202kJ，其中，181～240min 期间热量产生速率为 0.153kJ/min，该时间区域水合反应单位时间内平均产生热量最多，且 180min 时体系中层平均温度达到最高点 5.051℃；水合反应 361～1200min 热量产生总值为 7.706kJ，其中 361～420min 热量产生速率为 0.043kJ/min，该时间区域水合反应单位时间内平均产生热量最多，且 368min 反应体系下层平均温度达到最高点 3.803℃。体系Ⅱ瓦斯水合反应过程体系变化特征如表 5-8 所示。

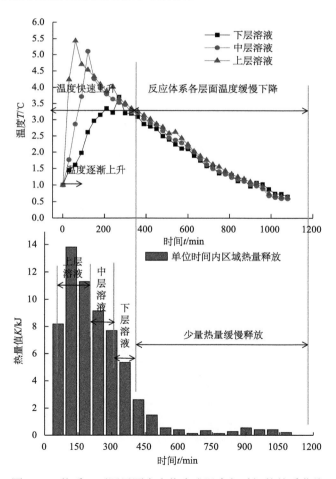

图 5-26　体系Ⅱ不同层面水合物生成温度与时间的关系曲线

表 5-8　体系Ⅱ瓦斯水合反应过程体系变化特征

温度传感器位置	瓦斯水合物生长区间/min	区间内最大产热速率/(kJ/min)	不同层位平均最高温度/℃	水合反应热/kJ
上层位	0~180	0.230	6.13	33.233
中层位	181~360	0.153	5.051	22.202
下层位	361~1400	0.043	3.803	7.706

　　实验体系Ⅲ，如图 5-27 所示，由不同层面溶液随时间变化曲线可知，水合反应至 180min 热量产生总值为 53.81kJ，其中 60~120min 期间热量产生速率为 0.34kJ/min，该时间区内水合反应单位时间内平均产生热量最多，且 60min 时反应体系上层平均温度达到最高点 7.901℃；水合反应 181~360min 热量产生总值为 36.32kJ，其中，181~240min 期间热量产生速率为 0.216kJ/min，该时间区域水合反应单位时间内平均产生热量最多，且 180min 时体系中层平均温度达到最高点

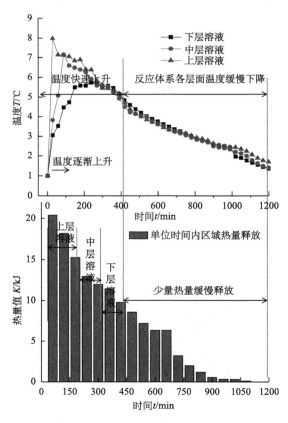

图 5-27　体系Ⅲ不同层面水合物生成温度与时间的关系曲线

7.163℃；水合反应 361～1200min 热量产生总值为 39.241kJ，其中 361～420min 热量产生速率为 0.163kJ/min，该时间区域水合反应单位时间内平均产生热量最多，且 370min 反应体系下层平均温度达到最高点 5.803℃。体系Ⅲ瓦斯水合反应过程体系变化特征如表 5-9 所示。

表 5-9　体系Ⅲ瓦斯水合反应过程体系变化特征

温度传感器位置	瓦斯水合物生长区间 /min	区间内最大产热速率 /(kJ/min)	不同层位平均最高温度/℃	水合反应热/kJ
上层位	0～180	0.340	7.901	53.81
中层位	181～360	0.216	7.163	36.32
下层位	361～1400	0.163	5.803	39.241

实验体系Ⅳ，如图 5-28 所示，由不同层面溶液随时间变化曲线可知，水合反应至 180min 热量产生总值为 14.627kJ，其中 121～180min 期间热量产生速率为

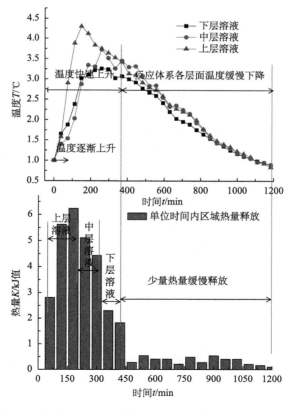

图 5-28　体系Ⅳ不同层面水合物生成温度与时间的关系曲线

0.104kJ/min，该时间区内水合反应单位时间内平均产生热量最多，且 150min 时反应体系上层平均温度达到最高点 4.67℃；水合反应 181～360min 热量产生总值为 11.838kJ，其中，181～270min 期间热量产生速率为 0.085kJ/min，该时间区域水合反应单位时间内平均产生热量最多，且 220min 时体系中层平均温度达到最高点 3.965℃；水合反应 361～1200min 热量产生总值为 5.989kJ，其中 361～420min 热量产生速率为 0.030kJ/min，该时间区域水合反应单位时间内平均产生热量最多，且 388min 反应体系下层平均温度达到最高点 3.11℃。体系Ⅳ瓦斯水合反应过程体系变化特征如表 5-10 所示。

表 5-10　体系Ⅳ瓦斯水合反应过程体系变化特征

温度传感器位置	瓦斯水合物生长区间 /min	区间内最大产热速率 /(kJ/min)	不同层位平均最高 温度/℃	水合反应热/kJ
上层位	0～180	0.104	4.67	14.627
中层位	181～360	0.085	3.965	11.838
下层位	361～1400	0.030	3.11	5.989

5.6　SDS 体系中不同浓度 THF 作用下瓦斯水合分离过程温度场特征

为研究 SDS 体系中不同浓度 THF 作用下瓦斯水合分离过程温度场特征，利用高精度气流流量计、压力传感器来监测物质变化量并计算出水合物量和水合反应热。在一定的初始条件下(初始温度、初始压力、气液比)进行实验。利用多层位立体分布温度传感器测定 THF 体系中不同浓度 SDS 作用下瓦斯水合分离过程温度场特征。并对 THF/SDS 的促进机理进行了初步分析。结果表明：THF-SDS 协同作用缩短了水合反应的诱导时间，提高了水合物生长速率，改变了瓦斯水合物的导热系数，从而提高了水合物生成过程中单位时间内热量释放速率和总热量值；改变 THF/SDS 中 THF 浓度，对比分析不同体系作用效果，发现 THF 浓度为 1mol/L 时，体系总热量最大，水合反应体系温度上升速率最快。

基于瓦斯水合分离实验，采用一种合成瓦斯气样 G(85% CH_4，7% N_2，3% O_2，5% CO_2)，研究了 3 种 THF/SDS 体系(SDS，0.5mol/L；THF，0.6mol/L、1mol/L、1.4mol/L)在初始温度 1℃、压力 5MPa 下对瓦斯水合分离过程中温度场特征的影响。

实验体系如表 5-11 所示，具体实验初始条件如下。

表 5-11　瓦斯水合物实验初始条件

实验体系	SDS/(mol/L)	THF/(mol/L)	初始温度/℃	初始压力/MPa
Ⅰ		0.6		
Ⅱ	0.5	1	1	5
Ⅲ		1.4		

实验体系Ⅰ，结合图像采集系统摄录和数据采集系统，得到瓦斯水合固化过程温度-时间变化曲线(图 5-29)，综合监测获知：12～1150min 为水合物生长阶段。实验进行 13min 时溶液中出现少量白色可视颗粒状水合物晶粒，同时上层溶液温度开始升高；分析温度-时间变化曲线可以看出，12～360min 温度-时间曲线斜率最大，为水合物快速生长阶段，溶液温度也快速升高，为水合物快速生长过程，釜内有大量水合物生成，釜内温度上升最快，达到最高温度点；360～820min 温度-时间曲线斜率变缓，水合物生长缓慢，1150min 后釜内溶液温度开始降低，水合物生成结束。

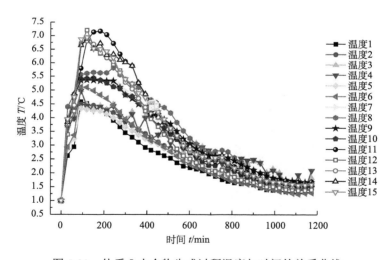

图 5-29　体系Ⅰ水合物生成过程温度与时间的关系曲线

实验体系Ⅱ(THF 优选)与 5.5 节实验体系Ⅲ相同，在此省略不再分析。

实验体系Ⅲ，如图 5-30 所示，由不同层面溶液随时间变化曲线可知，水合反应至 180min 热量产生总值为 34.214kJ，其中 121～180min 期间热量产生速率为0.232kJ/min，该时间区内水合反应单位时间内平均产生热量最多，且 150min 时反应体系上层平均温度达到最高点 7.01℃；水合反应 181～360min 热量产生总值为 21.87kJ，其中，240～300min 期间热量产生速率为 0.109kJ/min，该时间区域水合反应单位时间内平均产生热量最多，且 220min 时体系中层平均温度达到最高点 5.96℃；水合反应 361～1200min 热量产生总值为 10.786kJ，其中 361～420min 热量产生速率为 0.061kJ/min，该时间区域水合反应单位时间内平均产生热量最多，且 380min 反应体系下层平均温度达到最高点 4.91℃。体系Ⅲ瓦斯水合反应过程体系变化特征如表 5-12 所示。

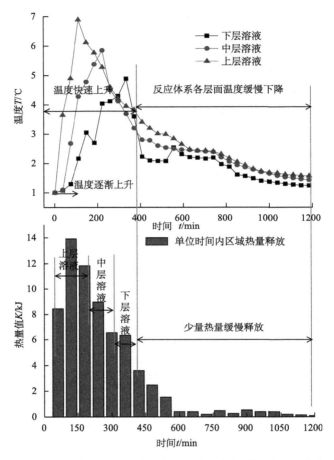

图 5-30　体系Ⅲ不同层面水合物生成温度与时间的关系曲线

表 5-12　体系Ⅲ瓦斯水合反应过程体系变化特征

温度传感器位置	瓦斯水合物生长区间 /min	区间内最大产热速率 /(kJ/min)	不同层位平均最高温度/℃	水合反应热/kJ
上层位	0～180	0.232	7.01	34.214
中层位	181～360	0.109	5.96	21.87
下层位	361～1400	0.061	4.91	10.786

综上分析表明，在 THF 恒定不同浓度 SDS 条件瓦斯水合分离体系中，基于温度-热量-时间变化曲线，改变体系中 SDS 浓度发现，不同体系相同层位平均温度值和单位产热量不同。例如，在Ⅰ、Ⅱ、Ⅲ、Ⅳ体系中，上层平均温度最高值分别为 4.72℃、6.13℃、7.901℃、4.67℃，中层平均温度最高值分别为 4.01℃、5.251℃、7.163℃、3.965℃，下层平均温度最高值分别为 3.403℃、3.803℃、5.803℃、3.11℃；在Ⅰ、Ⅱ、Ⅲ、Ⅳ体系中，前 180min 三体系产热分别为 16.669kJ、33.233kJ、53.81kJ、14.627kJ，181～360min 三体系产热分别为 13.838kJ、22.202kJ、36.32kJ、11.838kJ，361min 至瓦斯水合反应结束三体系产热分别为 6.738kJ、7.706kJ、39.241kJ、5.989kJ。并且随着 SDS 浓度增加发现，在其浓度为 0.5mol/L 时，体系产热速率最高(最高达 0.34kJ/min)，平均温度值最大(达 7.901℃)，瓦斯水合反应量较其他体系多，作用效果最好。促进剂 SDS 作用下，相同体系中不同层位温度变化也不同，研究发现，上层为温度最高，下层为温度最低。

在 SDS 恒定不同浓度 THF 条件瓦斯水合分离体系中，基于温度-热量-时间变化曲线，改变体系中 THF 浓度发现，不同体系相同层位平均温度值和单位产热量不同。例如，在Ⅰ、Ⅱ、Ⅲ体系中，上层平均温度最高值分别为 7.23℃、7.901℃、7.01℃，中层平均温度最高值分别为 5.45℃、7.163℃、5.96℃，下层平均温度最高值分别为 4.51℃、5.803℃、4.91℃；在Ⅰ、Ⅱ、Ⅲ体系中，前 180min 三体系产热分别为 36.234kJ、53.81kJ、34.214kJ，181～360min 三体系产热分别为 25.202kJ、36.32kJ、21.87kJ，361min 至瓦斯水合反应结束三体系产热分别为 10.548kJ、39.241kJ、10.786kJ。并且随着 THF 浓度增加发现，在其浓度为 1mol/L 时，体系产热速率最高(最高达 0.34kJ/min)，平均温度值最大(达 7.901℃)，瓦斯水合反应量较其他体系多，作用效果最好。促进剂 THF 作用下，相同体系中不同层位温度变化也不同，研究发现，上层为温度最高，下层为温度最低。

因此，在复配溶液体系中，当 THF 浓度为 1mol/L、SDS 浓度为 0.5mol/L 时，两者复配效果最好。在 THF 恒定不同浓度 SDS 条件瓦斯水合分离体系中和在 SDS 恒定不同浓度 THF 条件瓦斯水合分离体系中，THF-SDS 对瓦斯水合分离反应体系温度分布特征造成一定影响，最终改变了体系温度场分布特征。

THF 的加入不会改变水合物的生成机理，但可以改变水合物的生成构型。纯水和甲烷生成结构Ⅰ型水合物，既能形成稳定的Ⅰ型结构中的小孔(5^{12})，也可以进入Ⅰ型结构中的大孔($5^{12}6^2$)，加入 THF 以后，生成结构Ⅱ型水合物，THF 分子和甲烷分子分别占据大孔和小孔。THF 作为一种水溶性聚合物，本身可以形成Ⅱ型水合物，THF 的分子尺寸正好完全占据大孔，CH_4、N_2、O_2 等小分子占据在分子簇联结过程中形成的小孔，从而形成更稳定的混合型水合物。THF 具有五元杂环结构,能与水互溶,任何比例的 THF 溶液都可以形成水合物,而且 19wt%[①](摩尔比为 1:17)的 THF 溶液水合温度最高,在大气压下水合温度为 4.4℃,与其他气体水合物生成条件相比要简单得多;因此,很多学者都研究了添加剂对 THF 溶液形成水合物的影响。大多文献研究表明,该物质是常用的水合物热力学促进剂,能有效地降低水合物的生成压力。

　　SDS 有效降低了表面张力,有利于气体分子向溶液中扩散,能够加快气体分子在溶液中达到溶解平衡的速度;成核阶段,SDS 可以降低比表面能,同时在溶液中提供新的成核点,促进水合物成核,提高水合物生成进程。它是一种重要的阴离子表面活性剂,其分子溶于水发生电离后使溶液表面张力显著下降,使烷烃易于溶入液体,促进气体溶解。已有文献显示,科研人员对 SDS 作用效果的研究最为深入,他们做了大量工作并取得了一定成果。他们一致认为 SDS 能够增加水合物的形成速度、提高水合物存储气体能力,是一种对水合物存储气体作用效果较好的表面活性剂。

5.7　瓦斯水合分离过程传热与反应耦合动力学模型

　　为研究一定初始温度、初始压力及反应器尺寸条件下,不同瓦斯气样-促进剂溶液水合分离体系中反应动力学和反应热传递过程的相互作用关系,采用配备阵列式温度场传感器的水合分离装置进一步深入实验研究温度场分布与分离速率的作用关系。基于 5.3~5.5 节实验研究数据,根据三维非稳态内热源、Chen-Guo 模型水合物生长动力学理论,确定热量传递对瓦斯水合分离控制机理,据此优化瓦斯水合分离热力学工艺参数,建立具有耦合特征的传热和反应动力学模型。

5.7.1　物理模型建立

　　假设:①水合物呈单核连续生长;②反应釜中水合物呈圆柱形向水相逐渐增长。

　　在一定温度和压力条件下,水和气通过化学反应形成水合物。其生成过程是一种结晶放热过程,可以用下式表示:

$$m G + n H_2 O \longrightarrow m G \cdot n H_2 O + Q$$

式中,G 为气体;m 为气体分子数;n 水分子数;Q 为水合反应产生热量,J。

　　结合反应釜形态拟建立初始气相温度、液相温度、环境温度相同初始条件下水合物形成过程。通过研究发现,根据水合过程的相态变化,可分为以下步骤:

---

① wt%表示质量分数。

①气体和水直接接触，经过溶解成核后，在液体表面迅速形成水合物层。②气体通过水合物层的孔隙扩散到水合物与水的界面；同时，由于生成水合物体积大于消耗水的体积，部分水将通过水合物壳到达水合物壳的外表面。③水合物层的内外峰面发生水合反应，继续生成水合物。

5.7.2　水合物生成过程传热传质机理

1. 水合过程传质机理

根据上述水合过程分析，可知形成水合物层后的传质过程：①气体由气相主体传递到固态水合物层外表面；②气体通过生成水合物层孔隙到达水合物层内反应锋面；③气体和水发生反应生成水合物；④内反应锋面生成水合物的同时，有部分水通过水合物层到达水合物层外表面，与气体反应生成水合物。

假设：水合物层内外气体的浓度分布如图 5-31 所示。气体反应物在气相气体的浓度为 C_0，通过气膜到达水合物表面，浓度下降为 C_1。由于在水合物层的外反应锋面存在水合反应，在进入水合物层前的浓度为 C_{h1}，在到达水合物壳反应锋面处的浓度为 C_{h2}，未反应液体内部的浓度保持为相平衡的气相浓度 C_{ep}。

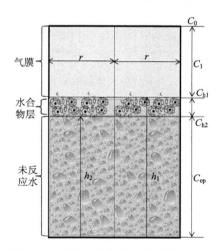

图 5-31　颗粒内外气体浓度分布示意图

2. 水合过程传热机理

根据热量传递的方向不同，水合过程可以分为两个阶段：①在水未达到相平衡温度前，外反应锋面生成的热量向低温气相中传递，内反应锋面上生成的水合热向水中传递，直至预参与反应水达到相平衡温度；②在预参与水合反应的水达到相平衡温度后，水合反应暂时停止，此时，内外反应锋面生成的热量均向周围低温区域中传递，由于水相温度较低，可以认为其传递主体主要为温度较低的水相，当预反应水温度低于相平衡温度时，水合反应继续进行。

　　水合物层在两个阶段的内部温度分布如图 5-32 所示。第一阶段，水合物层内反应锋面温度 T_2 和外反应锋面温度 T_1 可以近似认为均处于相平衡温度 T_{eq}，内部温度 T_w 可认为基本相等。对于水合物层外表的温度边界层之外的气相温度，由于气相温度换热快且环境温度始终保持为特定初始温度，可以认为气相温度保持为定值 T_g。第二阶段，随着热流扩散，反应锋面温度下降至 T_1，水合反应继续进行。

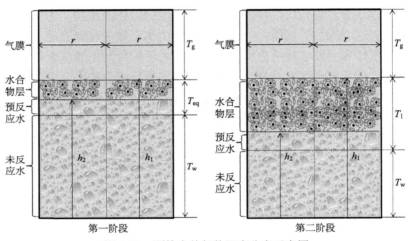

图 5-32　颗粒内外气体温度分布示意图

　　通常在实验制备气体水合物过程中，水合反应的条件总是在气体水合物的形成区域中，如图 5-33 中相平衡曲线的左侧。虽然对于特定的反应装置，其宏观的

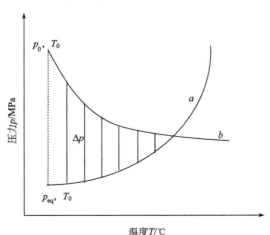

图 5-33　气体水合物相平衡示意图

温度和压力可以方便地确定，但是决定水合物生成速率的条件却是实际反应点处的温度和压力。而实际反应点在相图中的位置取决于传热传质的效果。如果水合物晶体生长面上的传热速率非常高，则结晶过程由气体反应物向水合物晶体生长面的传质速率控制。与之相反的极端情况是传热速率控制结晶过程。

　　静态水合反应体系中，水合物初始生成，以及水合物壳较薄时，气液可以充分接触，传质阻力很小，此时间区域水合物生长速率可以认为是由传热速率所控制的。随着水合物的生长，水合物壳逐渐变厚，气体要穿过水合物相进入水合物相与液相接触面，水合物壳越厚其气体到达反应面的阻力越大，所以，此时水合物的生长速率可以认为是由传质速率所控制的，瓦斯水合分离速率与热量传递相互作用关系机理如图 5-34 所示。

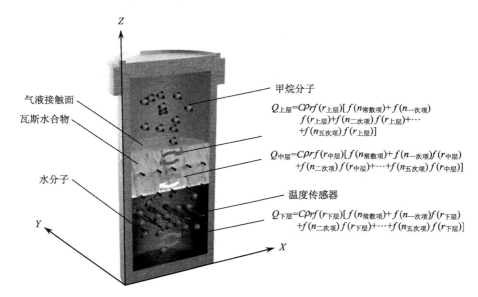

图 5-34　瓦斯水合分离速率与热量传递相互作用关系机理示意图

5.7.3　过程传热与反应耦合动力学模型

　　结合图 5-33，根据 Van der Waals 和 Platteeuw 提出的 Van der Waals-Platteeuw 理论计算 $\theta_1 = \dfrac{C_1 f_g}{1 + C_1 f_g}$，为气体在联结孔中的溶解度，即联结孔的占有率。

　　C 的计算公式为

$$C = \frac{4\pi}{kT} \int_0^a \exp\left[-\frac{W(r_0)}{kT}\right] r_0^2 \mathrm{d}r_0 \tag{5-9}$$

如果考虑外层水分子与气体分子之间的作用，C 用式(5-10)计算：

$$C = \frac{4\pi}{kT} \int_0^a \exp\left[-\frac{W(r_0)-W_1}{kT}\right] r_0^2 \mathrm{d}r_0 \tag{5-10}$$

Chen-Guo 模型：

$$f_g = \exp\left(\frac{\Delta\mu_W}{RT\lambda_2}\right) \times \frac{1}{C_2} \times (1-\theta_1)^{\lambda_1/\lambda_2} \tag{5-11}$$

上述公式中如果已知 C，就可计算任一温度下的生成压力，即为 Chen-Guo 水合物相平衡模型（逸度无量纲，可等同于压力）。

由于多层位立体分布温度传感器的瓦斯水合分离实验装置层位空间较大，因此以瓦斯水合过程为热源变化中心，则瓦斯水合过程热量变化关系方程为

$$Q = Q_{上层} + Q_{中层} + Q_{下层} \tag{5-12}$$

可知，该模型是关于温度的函数。

通常在实验制备气体水合物过程中，水合反应的条件总是在气体水合物的形成区域中，即如图 5-34 中相平衡曲线阴影区域（图中 Δp 区域为阴影区域）。其中，图中 p_{eq} 为初始温度对应相平衡压力，T_0 为实验初始温度，曲线 a 为釜内随反应进行对应 p-T 相平衡示意曲线，即 Chen-Guo 模型 p-T 关系示意图；p_0、T_0 为实验初始压力和温度，曲线 b 为釜内压力随反应进行逐渐降低的示意曲线。

虽然对于特定的反应装置，其宏观的温度和压力可以方便地确定，但是决定水合物生成速率的条件却是实际反应点处的温度和压力。当釜内压力 p 高于实际反应点温度所对应相平衡压力 p_0，即 $\Delta p > 0$，瓦斯水合反应可以正常进行；当釜内压力 p 等于实际反应点温度所对应相平衡压力 p_0，即 $\Delta p = 0$，瓦斯水合反应处于动态平衡状态，即反应热传递速率与释放速率相同，达到一个动态平衡状态；当釜内压力 p 小于实际反应点温度所对应相平衡压力 p_0，即 $\Delta p < 0$，瓦斯水合反应停止。

瓦斯水合反应过程伴随着物质、热量的传递，并且其过程为放热过程，瓦斯水合反应热导致体系温度场变化，使体系温度 T 升高，通过热量传递加速预反应水达到新的相平衡温度，抑制了水合反应；同时，随水合反应进行，瓦斯气体不断消耗，体系气体压力降低，使得其水合反应的驱动力 Δp 降低，影响水合反应的速率。根据 Chen-Guo 模型（图 5-33 中曲线 a）可知，当体系温度升高，所需的相平衡压力 p_{eq} 呈不断升高的趋势。因此，要使得反应顺利进行，可通过以下两种途径来实现：①继续加大气体压力；②加速传输反应生成的热量。对实验研究来说，继续加大气体压力显然不符合实验研究的科学性，因此把水合反应热及时地传递出去，才是解决这一问题的唯一行之有效的途径。

分析认为实际反应点在相图中的位置取决于传热传质的效果。如果水合物晶

体生长面上的传热速率非常高，则结晶过程由气体反应物向水合物晶体生长面的传质速率控制。与之相反的极端情况是传热速率控制结晶过程。

根据瓦斯水合反应过程反应速率对体系温度的影响可知，研究不同气样条件下水合分离体系中传热与反应相互作用耦合关系十分必要。瓦斯水合物形成过程中，水分子先以氢键结合成晶笼，然后吸附甲烷分子进入晶笼孔穴中。由于吸附过程中系统紊乱程度的熵减少和固体表面自由焓的降低，所以水合反应是一种放热过程。因此结合本实验，传热与反应耦合关系等同于反应热与水合反应速率相互作用关系。

由物理模型可知，瓦斯水合物的生长过程在物质传递的同时伴随着热量传递，即该过程为瓦斯水合物的生长速率与热量变化的相互作用过程。

瓦斯水合物反应热公式经变形可得

$$Q = C\rho rtT \tag{5-13}$$

式中，C 为比热容，$J/(kg \cdot K)$；ρ 为溶液密度，g/mL；r 为水合反应速率，cm^3/min；t 为时间，min；T 为温度，$℃$。

则式(5-13)可写为

$$Q_{上层} = Cmt = C\rho rtT = f(r)C\rho rT_{上层} \quad (m为质量，kg)$$

$$Q_{中层} = Cmt = C\rho rtT = f(r)C\rho rT_{中层}$$

$$Q_{下层} = Cmt = C\rho rtT = f(r)C\rho rT_{下层}$$

1. 不同气样条件下耦合动力学模型研究

本部分主要包含四个研究体系(表 5-13)，主要试剂有瓦斯气样 1、气样 2、气样 3、气样 4，以及蒸馏水(V_L / mL)。

气样 1：CH_4 为 55%，N_2 为 37%，O_2 为 3%，CO_2 为 5%；

气样 2：CH_4 为 70%，N_2 为 22%，O_2 为 3%，CO_2 为 5%；

气样 3：CH_4 为 85%，N_2 为 7%，O_2 为 3%，CO_2 为 5%；

气样 4：CH_4 为 99.99%。

表 5-13　瓦斯水合物实验初始条件

实验体系	初始压力/MPa	初始温度/℃	V_L /mL	气样
I				1
II				2
III	5	1	2121	3
IV				4

基于瓦斯水合分离实验研究结果,计算出不同体系的水合反应速率,如表 5-14 所示。

表 5-14　不同体系水合反应速率(cm^3/min)统计表

时间区间 t/min	不同体系上层平均生长速率				时间区间 t/min	不同体系中层平均生长速率				时间区间 t/min	不同体系下层平均生长速率			
	I	II	III	IV		I	II	III	IV		I	II	III	IV
0~30	5.50	9.68	13.83	16.64	0~60	4.00	5.98	8.60	11.22	0~60	3.81	5.60	8.56	10.53
30~60	3.56	3.08	10.48	14.67	60~120	2.33	1.19	7.86	8.84	60~120	2.29	1.09	7.77	8.99
60~90	2.42	1.84	9.14	14.38	120~180	1.55	2.42	8.25	6.55	120~180	1.74	2.42	6.36	6.61
90~120	1.44	4.15	7.65	14.03	180~240	0.58	3.73	8.02	5.99	180~240	0.74	3.93	6.08	6.17
120~240	1.08	1.79	3.17	4.53	240~360	0.28	0.84	3.87	5.05	240~360	0.25	0.85	3.89	4.89
240~360	0.25	3.42	3.02	3.75	360~480	0.07	0.32	3.68	4.06	360~480	0.08	0.34	3.67	4.01
360~480	0.06	1.29	3.07	3.69	480~600	0.24	0.27	1.89	2.24	480~600	0.23	0.26	1.90	2.12
480~600	0.23	0.27	2.59	2.90	600~720	0.02	0.23	1.56	2.21	600~720	0.01	0.23	1.55	2.33
600~720	0.20	0.23	2.16	3.55	720~840	0.03	0.13	1.20	1.34	720~840	0.02	0.13	1.19	1.41
720~840	0.12	0.13	1.85	2.60	840~960	0.13	0.312	0.87	0.94	840~960	0.12	0.31	0.80	0.99
840~960	0.12	0.31	1.52	2.88	960~1080	0.15	0.18	0.41	0.53	960~1080	0.20	0.08	0.12	0.37
960~1080	0.02	0.08	1.43	2.81	1080~1200	0.13	0.05	0.06	0.14	1080~1200	0.12	0.02	0.02	0.04
1080~1200	0.01	0.04	0.1	0.11										

以体系 I 为例,根据表 5-14 中体系 I 的数据,瓦斯水合物生长速率-时间曲线如图 5-35(a)～(c)所示。

再根据曲线拟合出瓦斯水合反应过程不同层位生长速率随时间变化曲线方程 $r=f(t)$:

$$r_{下层}=f(t)=5.78\times10^{-6}t^2-9.27\times10^{-3}t+3.40 \tag{5-14}$$

$$r_{中层}=f(t)=5.93\times10^{-6}t^2-9.44\times10^{-3}t+3.42 \tag{5-15}$$

$$r_{上层}=f(t)=7.02\times10^{-6}t^2-1.11\times10^{-2}t+3.94 \tag{5-16}$$

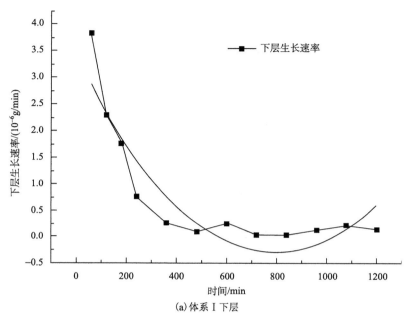

(a)体系 I 下层

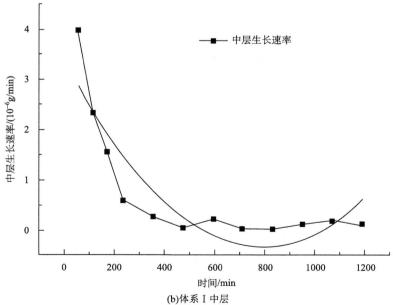

(b)体系 I 中层

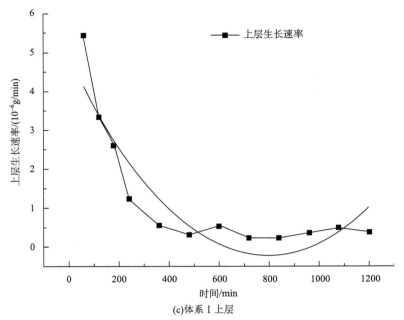

(c)体系Ⅰ上层

图 5-35　体系Ⅰ生长速率和时间的拟合曲线

对式(5-14)～式(5-16)求解经变形可得

$$t = f(r) \tag{5-17}$$

$$t = f(r_{下层}) = 8.02476 \times 10^{-2} + \frac{\sqrt{23.10r + 7.29}}{11.55 \times 10^{-3}} \tag{5-18}$$

$$t = f(r_{中层}) = 7.96 \times 10^{2} + \frac{\sqrt{23.73r - 7.92}}{11.86 \times 10^{-3}} \tag{5-19}$$

$$t = f(r_{上层}) = 7.89 \times 10^{2} + \frac{\sqrt{28.09r - 12.22}}{14.05 \times 10^{-3}} \tag{5-20}$$

由式(5-13)、式(5-17)可得

$$Q = C\rho r f(r) T \tag{5-21}$$

同理可得，不同层面温度随时间拟合曲线 $T = f(t)$：

$$T = a + bt - ct^2 + dt^3 - et^4 + ft^5 \tag{5-22}$$

不同瓦斯气样在不同层位温度拟合曲线对应系数见表 5-15。

由式(5-18)～式(5-20)、式(5-22)可得

$$T = a + bf(r) - cf(r)^2 + df(r)^3 - ef(r)^4 + ff(r)^5 \tag{5-23}$$

由式(5-13)、式(5-18)～式(5-23)可得瓦斯水合反应过程传热与反应耦合关系数学函数规律：

表 5-15　不同层位温度拟合曲线系数

层位	气样 G	甲烷物质的量 n/mol	a	b	c	d	e
下层	G1	2.56	0.91332	0.01246	−5.29968	8.69077	−6.27309
	G2	3.19	1.28668	0.02084	−7.6363	1.15406	−8.11483
	G3	3.96	0.8828	0.02916	−1.07289	1.59331	−1.08089
	G4	4.653	0.95403	0.0484	−1.6946	2.43011	−1.59602
中层	G1	2.56	1.24175	0.01524	−8.81171	1.76083	−1.49244
	G2	3.19	1.52045	0.03695	−1.64025	2.83063	−2.17871
	G3	3.96	1.47556	0.04306	−2.0781	3.8942	−3.24699
	G4	4.653	1.75272	0.06633	−3.07236	5.5874	−4.55929
上层	G1	2.56	1.31311	0.02291	−1.28427	2.56414	−2.19249
	G2	3.19	2.67909	0.02715	−1.5299	2.98194	−2.48418
	G3	3.96	3.0207	0.0238	−1.33904	2.62105	−2.23985
	G4	4.653	3.23802	0.05874	−2.99928	5.71462	−4.79942

$$Q = C\rho rtT = C\rho rf\left(r\right)\left[a + bf\left(r\right) - cf\left(r\right)^2 + df\left(r\right)^3 - ef\left(r\right)^4 + ff\left(r\right)^5\right] \quad (5\text{-}24)$$

已知气样中甲烷含量不同，导致水合反应热产生差异，直接影响到体系温度场温度的变化，因此，建立起体系温度与瓦斯气中甲烷浓度变化的关系，以此修正水合反应过程传热与反应耦合关系规律。

以下层温度随时间变化函数关系为例，根据表 5-15、式(5-22)拟合不同层面温度函数各系数与气样浓度的关系函数，如下：

$$a：f_{常数项} = -0.66 + 1.02n - 0.15n^2 \quad (5\text{-}25)$$

$$b：f_{一次项} = 0.03 - 0.02n + 0.01n^2 \quad (5\text{-}26)$$

$$c：f_{二次项} = -4.43 - 2.48n + 0.69n \quad (5\text{-}27)$$

$$d：f_{三次项} = -67.54 - 34.56n + 4.44n^2 \quad (5\text{-}28)$$

$$e：f_{四次项} = -9.42 - 0.34n + 0.47n^2 \quad (5\text{-}29)$$

$$f：f_{五次项} = 3.35 - 1.58n + 0.37n^2 \quad (5\text{-}30)$$

因此可得

$$T_{下层} = f_{下层}\left(n_{常数项}\right) + f_{下层}\left(n_{一次项}\right)t + \cdots + f_{下层}\left(n_{五次项}\right)t^5 \quad (5\text{-}31)$$

同理，中层、上层可得

$$T_{中层} = f_{中层}\left(n_{常数项}\right) + f_{中层}\left(n_{一次项}\right)t + \cdots + f_{中层}\left(n_{五次项}\right)t^5 \quad (5\text{-}32)$$

$$T_{上层} = f_{上层}\left(n_{常数项}\right) + f_{上层}\left(n_{一次项}\right)t + \cdots + f_{上层}\left(n_{五次项}\right)t^5 \quad (5\text{-}33)$$

可得瓦斯水合反应过程传热与反应耦合关系数学规律：

$$Q_{\text{下层}} = C\rho r t T = C\rho r f\left(r_{\text{下层}}\right)$$

$$\left[f\left(n_{\text{常数项}}\right) + f\left(n_{\text{一次项}}\right) f\left(r_{\text{下层}}\right) + f\left(n_{\text{二次项}}\right) f\left(r_{\text{下层}}\right)^2 + \cdots + f\left(n_{\text{五次项}}\right) f\left(r_{\text{下层}}\right)^5 \right]$$

$$(5\text{-}34)$$

$$Q_{\text{中层}} = C\rho r t T = C\rho r f\left(r_{\text{中层}}\right)$$

$$\left[f\left(n_{\text{常数项}}\right) + f\left(n_{\text{一次项}}\right) f\left(r_{\text{中层}}\right) + f\left(n_{\text{二次项}}\right) f\left(r_{\text{中层}}\right)^2 + \cdots + f\left(n_{\text{五次项}}\right) f\left(r_{\text{中层}}\right)^5 \right]$$

$$(5\text{-}35)$$

$$Q_{\text{上层}} = C\rho r t T = C\rho r f\left(r_{\text{上层}}\right)$$

$$\left[f\left(n_{\text{常数项}}\right) + f\left(n_{\text{一次项}}\right) f\left(r_{\text{上层}}\right) + f\left(n_{\text{二次项}}\right) f\left(r_{\text{上层}}\right)^2 + \cdots + f\left(n_{\text{五次项}}\right) f\left(r_{\text{上层}}\right)^5 \right]$$

$$(5\text{-}36)$$

瓦斯水合反应过程伴随热量的释放，热量传递改变体系原有相平衡，释放的热量越多，反应体系达到新的相平衡时间越短，最终会影响其水合反应。且改变体系不同瓦斯气中甲烷浓度，对体系反应速率、水合反应热将产生影响。因此，要研究瓦斯水合反应过程传热与反应的耦合关系，必须考虑不同瓦斯气样的影响。通过上述对水合过程的分析、拟合，建立了瓦斯水合反应过程传热与反应耦合数学规律，为后续促进剂体系中瓦斯水合物热质传递方程的建立提供借鉴。

2. 促进剂条件下耦合动力学模型

本部分主要包含四个研究体系（表 5-16），主要试剂有：促进剂 THF、SDS；瓦斯气样 3（CH_4 为 85%，N_2 为 7%，O_2 为 3%，CO_2 为 5%）；蒸馏水（V_L/mL）。

表 5-16　瓦斯水合物实验初始条件

实验体系	初始压力/MPa	初始温度/℃	THF、SDS 摩尔浓度	V_L/mL	气样
I			THF（1mol/L）+SDS（0.02mol/L）		
II			THF（1mol/L）+SDS（0.1mol/L）		
III	5	1	THF（1mol/L）+SDS（0.5mol/L）	2121	3
IV			THF（1mol/L）+SDS（0.9mol/L）		

基于不同促进剂浓度的实验条件，根据瓦斯水合分离实验数据分析，计算出不同体系的水合反应速率，如表 5-17 所示。

表 5-17　不同体系水合反应速率统计

时间区间 t/min	不同体系上层平均生长速率				时间区间 t/min	不同体系中层平均生长速率				时间区间 t/min	不同体系下层平均生长速率			
	I	II	III	IV		I	II	III	IV		I	II	III	IV
0~30	2.92	1.13	4.09	1.67	0~60	1.63	1.45	2.91	0.89	0~60	1.45	1.29	2.65	2.65
30~60	1.26	0.92	2.12	1.52	60~120	1.46	1.86	2.23	0.51	60~120	1.46	1.77	2.26	2.26
60~90	1.21	1.43	2.12	0.89	120~180	1.29	1.50	1.82	0.69	120~180	1.41	1.64	1.99	1.99
90~120	1.17	1.62	1.96	0.73	180~240	1.17	1.48	1.62	0.64	180~240	1.21	1.55	1.44	1.44
120~240	1.02	1.51	1.61	0.48	240~360	1.01	1.05	1.26	0.43	240~360	0.90	0.95	1.27	1.29
240~360	1.01	0.92	1.25	0.44	360~480	0.87	0.79	0.90	0.37	360~480	0.75	0.68	0.846	0.84
360~480	0.76	0.68	0.91	0.37	480~600	0.70	0.62	0.72	0.35	480~600	0.66	0.52	0.71	0.71
480~600	0.65	0.52	0.72	0.39	600~720	0.55	0.61	0.89	0.33	600~720	0.52	0.51	0.95	0.95
600~720	0.52	0.51	0.83	0.34	720~840	0.54	0.28	0.84	0.32	720~840	0.50	0.35	0.84	0.84
720~840	0.50	0.34	0.79	0.32	840~960	0.26	0.26	0.57	0.27	840~960	0.26	0.27	0.46	0.46
840~960	0.26	0.33	0.52	0.28	960~1080	0.34	0.31	0.32	0.13	960~1080	0.28	0.31	0.32	0.32
960~1080	0.35	0.38	0.32	0.14	1080~1200			0.22	0.89	1080~1200			0.22	0.22

以体系Ⅲ为例，根据表 5-17 中体系Ⅲ的数据使用绘图软件 Origin8.5 画出生长速率-时间曲线如图 5-36(a)～(c)所示。

根据生长速率-时间曲线，进行数据拟合，可得出瓦斯水合分离过程生长速率随时间变化的曲线方程 $r=f(t)$：

$$r_{下层} = 1.89 \times 10^{-6} t^2 - 4.14 \times 10^{-3} t + 2.65 \quad (5\text{-}37)$$

$$r_{中层} = 2.05 \times 10^{-6} t^2 - 4.39 \times 10^{-3} t + 2.74 \quad (5\text{-}38)$$

$$r_{上层} = 3.04 \times 10^{-6} t^2 - 5.99 \times 10^{-3} + 3.44 \quad (5\text{-}39)$$

经变形可得

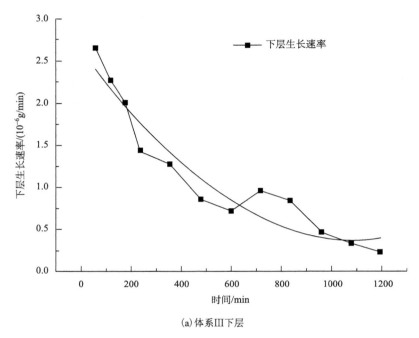

(a) 体系Ⅲ下层

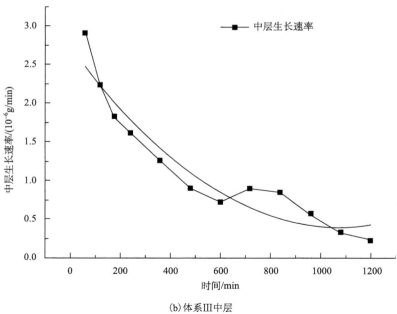

(b) 体系Ⅲ中层

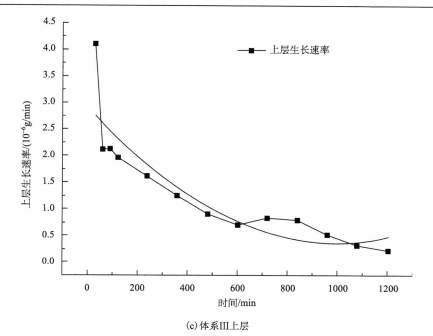

(c) 体系Ⅲ上层

图 5-36　体系Ⅲ生长速率和时间的拟合曲线

$$下层：\quad t=f\left(r_{下层}\right)=1.09\times10^{3}+\frac{\sqrt{7.55r-2.85}}{3.78\times10^{-3}} \qquad (5-40)$$

$$中层：\quad t=f\left(r_{中层}\right)=1.07\times10^{3}+\frac{\sqrt{8.22r-3.24}}{4.11\times10^{-3}} \qquad (5-41)$$

$$上层：\quad t=f\left(r_{上层}\right)=9.84\times10^{2}+\frac{\sqrt{12.18r-5.98}}{6.09\times10^{-3}} \qquad (5-42)$$

不同促进剂浓度体系在不同层位温度拟合曲线对应系数见表 5-18。

表 5-18　不同层位温度拟合曲线系数

层位	气样	促进剂浓度/(mol/L)	a	b	c	d	e	f
下层	G1	THF(1mol/L)+SDS(0.02mol/L)	0.7629	0.0290	−1.0358	1.4767	−9.5147	2.2778
	G2	THF(1mol/L)+SDS(0.1mol/L)	0.8024	0.0170	−3.6230	2.1953	9.3769	−3.1817
	G3	THF(1mol/L)+SDS(0.5mol/L)	0.8714	0.0526	−1.8885	2.7825	−1.8850	4.7960
	G4	THF(1mol/L)+SDS(0.9mol/L)	0.7142	0.0192	−6.2165	7.1093	−3.1189	3.0039
中层	G1	THF(1mol/L)+SDS(0.02 mol/L)	1.2198	0.0434	−2.0527	3.7904	−3.1269	9.5559
	G2	THF(1mol/L)+SDS(0.1mol/L)	0.9658	0.0352	−1.3281	2.0099	−1.3900	3.6043
	G3	THF(1mol/L)+SDS(0.5mol/L)	1.9470	0.0644	−2.9209	5.1374	−4.0137	1.1558
	G4	THF(1mol/L)+SDS(0.9mol/L)	0.9625	0.0362	−1.7419	3.2064	−2.6330	8.0133

续表

层位	气样	促进剂浓度/(mol/L)	a	b	c	d	e	f
上层	G1	THF(1mol/L)+SDS(0.02mol/L)	2.6747	0.0267	−1.4525	2.8385	−2.4410	7.77234
	G2	THF(1mol/L)+SDS(0.1mol/L)	2.3866	0.0308	−1.3772	2.3028	−1.7072	4.6525
	G3	THF(1mol/L)+SDS(0.5mol/L)	3.5960	0.0504	−2.4867	4.5080	−3.5827	1.0439
	G4	THF(1mol/L)+SDS(0.9mol/L)	2.3249	0.0190	−1.08542	2.1079	−1.8006	5.6755

　　根据相同瓦斯气样不同促进剂浓度的影响可知，随瓦斯气中促进剂含量增加，水合反应热也随之增大，因此应考虑促进剂浓度对瓦斯水合反应的影响，需对公式进行修正。

　　已知相同气样中促进剂浓度不同，导致水合反应热产生差异，直接影响到体系温度场温度的变化，因此，建立起体系温度与瓦斯气中促进剂浓度变化关系，以此修正水合反应过程传热与反应耦合关系规律。

　　以体系Ⅲ下层温度随时间变化函数关系为例，根据表5-18，公式拟合不同层面温度函数各系数与气样浓度的关系函数，如下：

$$a: f_{常数项} = 0.75088 + 10.59194n - 0.70285n^2 \tag{5-43}$$

$$b: f_{一次项} = 0.01701 + 0.13705n - 0.14815n^2 \tag{5-44}$$

$$c: f_{二次项} = -2.36976 + 4.8444n - 9.94787n^2 \tag{5-45}$$

$$d: f_{三次项} = 1.87753 - 2.43013n + 9.10644n^2 \tag{5-46}$$

$$e: f_{四次项} = -2.31722 + 19.3176n - 23.57554n^2 \tag{5-47}$$

$$f: f_{五次项} = -0.78392 + 13.86273n - 10.31357n^2 \tag{5-48}$$

可得瓦斯水合反应过程传热与反应耦合关系数学规律：

$$Q^c_{下层} = C\rho rtT = C\rho rf(r_{下层})$$
$$\left[f(n_{常数项}) + f(n_{一次项})f(r_{下层}) + f(n_{二次项})f(r_{下层})^2 + \cdots + f(n_{五次项})f(r_{下层})^5 \right] \tag{5-49}$$

$$Q^c_{中层} = C\rho rtT = C\rho rf(r_{中层})$$
$$\left[f(n_{常数项}) + f(n_{一次项})f(r_{中层}) + f(n_{二次项})f(r_{中层})^2 + \cdots + f(n_{五次项})f(r_{中层})^5 \right] \tag{5-50}$$

$$Q^c_{上层} = C\rho rtT = C\rho rf(r_{上层})$$
$$\left[f(n_{常数项}) + f(n_{一次项})f(r_{上层}) + f(n_{二次项})f(r_{上层})^2 + \cdots + f(n_{五次项})f(r_{上层})^5 \right] \tag{5-51}$$

参 考 文 献

[1] Zhang B Y, Wu Q. Thermodynamic promotion of tetrahydrofuran on methane separation from low-concentration coal mine methane based on hydrate[J]. Energy and Fuels, 2010, 24: 2530-2535.

[2] Wu Q, Zhang B Y. Memory effect on the pressure-temperature condition and induction time of gas hydrate nucleation [J]. Journal of Natural Gas Chemistry, 2010, 19(4): 446-451.

[3] 王海秀, 王树立, 武雪红, 等. SDBS 的表面张力对天然气水合物生成的影响[J]. 应用化工, 2007, 36(12): 1169-1171.

[4] 杜建伟, 唐翠萍, 樊栓狮, 等. Span20 促进甲烷水合物生成的实验研究[J]. 西安交通大学学报, 2009, 42(9): 1165-1168.

[5] 吴强, 张保勇. THF-SDS 对矿井瓦斯水合分离影响研究[J]. 中国矿业大学学报, 2010, 39(4): 484-489.

[6] 张保勇, 吴强, 朱玉梅. THF 对低浓度瓦斯水合化分离热力学条件促进作用[J]. 中国矿业大学学报, 2009, 38(2): 203-208.

[7] 吴强, 张保勇, 王永敬. 瓦斯水合物分解热力学研究[J]. 中国矿业大学学报, 2006, 35(5): 658-661.

[8] 张保勇, 吴强. 表面活性剂在瓦斯水合物生成过程中动力学作用[J]. 中国矿业大学学报, 2007, 36(4): 478-481.

[9] 张保勇, 吴强, 王永敬. 表面活性剂对气体水合物生成诱导时间的作用机理[J]. 吉林大学学报, 2007, 37(1): 239-244.

[10] 吴强, 王永敬, 张保勇. 瓦斯水合物在煤表面活性剂溶液体系中的生成[J]. 黑龙江科技学院学报, 2006, 16(1): 1-4.

[11] Jr Slona E D. Clathrate Hydartes of Nuatarl Gases[M]. 2nd ed. New York: Macrel Dekker, 1998.

[12] 陈文胜, 潘长虹, 刘传海, 等. THF 对甲烷水合过程温度场影响的实验研究[J]. 煤炭学报, 2014, 39(5): 886-890.

[13] Zhao Z W, Shang X C. Analysis for temperature and pressure fields in process of hydrate dissociation by depressurization[J]. International Journal for Numerical & Analytical Methods in Gromechanics, 2010, 34: 1831-1845.

[14] Wang Z Y, Sun B J, Cheng H Q, et al. Prediction of gas hydrate formation region in the well bore of deepwater drilling[J]. Petroleum Exploration and Development, 2008, 35(6): 731-735.

[15] 李刚, 唐良广, 黄冲, 等. 热盐水开采天然气水合物的热力学评价[J]. 化工学报, 2006, 57(9): 2033-2038.

[16] Yamano M, Uyeda S. Estimates of heat flow derived from gas hydrates[J]. Geology, 1982, 10: 339-343.

[17] Selim M S, Sloan E D. Heat and mass transfer during the dissociation of hydrates in porous media[J]. AICHE Journal, 1989, 35(6): 1049-1052.

[18] Ullerich J W, Selim M S, Sloan E D. Theory and measurement of hydrate dissociation[J]. AICHE Journal, 1987, 33(5): 747-752.

[19] 赵振伟, 尚新春. 天然气水合物降压开采理论模型及分析[J]. 中国矿业, 2010, 19(9):

102-105, 112.

[20] Freij-Ayoub R, Tan C, Clennell B, et al. A wellbore stability model for hydrate bearing sediments[J]. Journal of Petroleum Science and Engineering, 2007, 57: 209-220.

[21] 钟栋梁, 刘道平, 邬志敏, 等. 悬垂水滴表面天然气水合物的传热生长模型[J]. 上海理工大学学报, 2009, 31(3): 228-232.

[22] Kamath V A, Holder G D, Angert P F. Three phase interfacial heat transfter during the dissociation of propane hydrates[J]. Chemical Engineering Science, 1984, 39(10): 1435-1442.

[23] 程远方, 沈海超, 赵益忠. 天然气水合物藏开采物性变化的流固耦合研究[J]. 石油学报, 2010, 31(4): 607-611.

[24] 杜燕, 何世辉, 黄冲, 等. 多孔介质中水合物生成与分解二维实验研究[J]. 化工学报, 2008, 59(3): 673-680.

[25] 栾锡武, 秦蕴珊, 张训华, 等. 东海陆坡及相邻槽底天然气水合物的稳定域分析[J]. 地球物理学报, 2003, 46(4): 467-475.

[26] Henninges J, Schrötter J, Erbas K, et al. Temperature field of the Mallik gas hydrate occurrence-implications on phase changes and thermal property[R]. Ottawa: Geological Survey of Canada, 2005.

[27] Stern L A, Susan C, Stephen H K. Anomalous preservation of pure methane hydrate at 1 atm[J]. Journal of Physical Chemistry, 2001, 105(9): 1756-1762.

[28] Shirota H, Aya I, Namie S, et al. Measurement of methane hydrate dissociation for application to narural gas storage and transporation[C]//Proceedings of the Fourth International Conference on Gas Hydrates, Yokohama, 2002: 972-977.

[29] Giavarini G, Maccioni F. Self-preservation at low pressure of methane hydrates with various gas contents[J]. Industrial & Engineering Chemistry Research, 2004, 43(20): 6616-6621.

[30] 何松, 梁德青, 李栋梁, 等. 微波场中乙烷及丙烷气体水合物的分解特性[J]. 物理化学学报, 2010, 26(6): 1473-1480.

[31] Pang W X, Xu W Y, Sun C Y. Methane hydrate dissociation experiment in a middle-sized quiescent reactor using thermal method[J]. Fuel, 2009, 88: 497-503.

[32] 唐建峰, 李旭光, 李玉星, 等. 天然气水合物稳定性试验[J]. 天然气工业, 2008, 28(5): 125-128, 155.

[33] Tonnet N, Herri J M. Methane hydrates bearing synthetic sediments-experimental and numerical approaches of the dissociation[J]. Chemical Engineering Science, 2009, 64: 4089-4100.

[34] Ma Z W, Zhang P, Wang R Z. Forced flow and convective melting heat transfer of clathrate hydrate slurry in tubes[J]. International Journal of Heat and Mass Transfer, 2010, 53: 3745-3757.

[35] Kamath V A, Holder G D. Dissociation heat transfer characteristics of methane hydrate[J]. AICHE Journal, 1987, 33(2): 347-350.

[36] 林微. 气体水合物分解动力学研究现状[J]. 过程工程学报, 2004, 4(1): 69-74.

[37] Jamaluddin A K M, Kalogerakis N, Bishnoi P R. Modelling of decomposition of a synthetic core of methane gas hydrate by coupling intrinsic kinetics with heat transfer rates[J]. Canadian Journal of Chemical Engineering, 1989, 67(6): 948-954.

[38] 孙长宇. 水合法分离气体混合物相关基础研究[D]. 北京: 中国石油大学, 2001.

[39] 陈文胜, 吴强, 潘长虹. 煤矿瓦斯水合分解过程热量传递机理研究进展[J]. 油气储运, 2013, 32(5): 457-461.

[40] 陈文胜, 李增华, 吴强, 等. 甲烷水合物生成过程温度场分布与生长速率关系实验研究[J]. 煤炭学报, 2015, 40(5): 1065-1069.

[41] 吴强. 矿井瓦斯水合机理实验研究[D]. 徐州: 中国矿业大学, 2005: 94-96.

[42] 陈光进, 孙长宇, 马庆兰. 气体水合物科学与技术[M]. 北京: 化学工业出版社, 2008: 37.

[43] 王如竹. 吸附式制冷[M]. 北京: 机械工业出版社, 2002.

[44] 陈文胜, 康宇. 甲烷水合固化过程反应热实验研究[J]. 黑龙江科技学院学报, 2013, 23(2): 112-114.

[45] 陈思维. 天然气固化工艺研究[D]. 成都: 西南石油学院, 2003: 16-17.

第6章 瓦斯混合气水合分离拉曼光谱分析

瓦斯气体水合物是在一定温度、压力条件下由水(主体分子)与瓦斯气体组分(CH$_4$、CO$_2$、N$_2$等客体分子)反应生成类冰的、非化学计量的笼形晶体化合物[1],瓦斯水合反应过程中,水分子形成5种纳米级半径的开启网状孔穴[即小孔穴(S-)、混合型孔穴(M-)和大孔穴(L-)],客体气体分子充填这些孔穴后形成Ⅰ型、Ⅱ型和H型晶体结构的水合物,其晶胞结构理想分子式分别为8M·46H$_2$O、24M·136H$_2$O、6M·34H$_2$O(式中,M 表示客体分子),也可用 M·nH$_2$O 统一表示水合物晶胞结构分子式(式中,n 为水合指数)。由上可知,瓦斯水合物是一种非化学计量型晶体化合物,因此,水合物晶体结构、孔穴占有率、水合指数等是衡量水合分离产物特性的关键指标[2-4]。

作为一种基本研究方法,显微激光拉曼(Raman)光谱技术已经广泛应用于水合物晶体微观结构研究中,它是基于对物质分子及其内部振动模式的检测来获取结构及性质的相关信息,不同的物质分子有不同的振动和转动能级,因而有不同的位移,且其谱线强度与入射光强度和样品分子浓度成正比,据此,拉曼光谱可对物质进行定性及定量分析。该技术可以在不受周围物质干扰的情况下,实现水合物晶体生长过程的在线观测,准确获得所照样品微区的有关化学成分、晶体结构、孔穴占有率及水合指数等信息[3]。

6.1 激光拉曼观测气体水合物

近年来,随着气体水合物的深入研究,各种测定水合物的新方法不断地被应用于此领域,其中拉曼光谱技术、粉末 X 射线衍射技术(PXRD)、核磁共振波谱法(NMR)及差示扫描量热仪(DSC)等先进观测和测试手段与更有效的实验装置已广泛应用于研究气体水合物生成和分解过程中[5,6]。这些测试手段建立在不同的原理上,具有各自的优势,它们将引领水合物研究朝着更加精细、精确的方向发展。而研究发现,拉曼对于水合物晶体微观指标原位测定具有一定优势[7-10]。

6.1.1 气体水合物拉曼光谱特征

拉曼光谱可在不受水干扰的情况下,获得所测定样品的化学成分、结构类型及笼占有率等多种信息。因每一物质分子有着其特定的振动、转动能级,所以不同物质有着不同的拉曼位移,这是拉曼光谱能够作为分子结构分析测定的重要理论依据。拉曼光谱可测定水合物晶腔中气体分子振动在不同孔穴中的拉曼位移，见表 6-1[11-14]。

表 6-1　水合物晶腔中气体分子拉曼位移

客体分子	振动类型	结构类型	拉曼位移/cm^{-1}
CO_2	ν_3 C—O 不对称伸缩	I 大孔穴($5^{12}6^2$)	2335.0
		I 小孔穴(5^{12})	2347.0
		II 小孔穴(5^{12})	2345.0
	ν_2 CO_2 弯曲振动	I 大孔穴($5^{12}6^2$)	660.0
		I 小孔穴(5^{12})	655.0
		II 小孔穴(5^{12})	655.0
CH_4	ν_1 C—H 对称伸缩振动	I 大孔穴($5^{12}6^2$)	2904.8
		I 小孔穴(5^{12})	2915.0
		II 大孔穴($5^{12}6^4$)	2903.7
		II 小孔穴(5^{12})	2913.7
		H 大孔穴($5^{12}6^8$)	—
		H 中孔穴($4^3 5^6 6^3$)	2905.0
		H 小孔穴(5^{12})	2912.8
C_2H_6	C—H 费米共振	I 大孔穴($5^{12}6^2$)	2891.2
			2946.2
		II 大孔穴($5^{12}6^4$)	2887.3
			2942.3
	C—C 对称伸缩	I 大孔穴($5^{12}6^2$)	1000.9
		I 小孔穴(5^{12})	1020.0
		II 大孔穴($5^{12}6^4$)	992.9
		II 小孔穴(5^{12})	1020.0
N_2			2322.4

　　结合水合物客体分子振动拉曼位移可初步判断水合物晶体结构类型。气体水合物主要有 I 型、II 型和 H 型 3 种笼形结构。表 6-1 中，CH_4 水合物在大孔穴中的拉曼位移为 2904.8cm^{-1}，在小孔穴中的拉曼位移为 2915.0cm^{-1}。这是由于在 I 型水合物中，大孔穴数和小孔穴数的数量比为 3:1，占据大孔穴的 CH_4 分子数要比占据小孔穴的多，所以大孔穴的频带要比小孔穴的频带强得多。大孔穴与小孔穴的面积比基本反映了占据两种孔穴的分子数比[15]。即通过拉曼光谱技术可得到气体水合物不同孔穴中分子填充情况。对于多组分气体水合物来说，也同样能测定不同孔穴的分子占有率。由于每一种物质都有其特定的拉曼光谱，它是物质基本化学成分和结构的"指纹"，因此，在水合物中由分子振动引发的拉曼光谱可用

于鉴别水合物晶体结构、形成/分解机理、孔穴占有率、水合指数等因素。

6.1.2　激光拉曼观测气体水合物热力学

　　气体水合物生成热力学的研究目标是确定水合物的热力学生成条件，即给定温度下的生成压力或给定压力下的生成温度。从而利用水合物特有的物理性质来达到为人类服务的目的。在水合物热力学实验中，现较为成熟的为 Van der Waals-Platteeuw 模型和 Chen-Guo 模型，将拉曼光谱技术与热力学模型相结合研究水合物生成的热力学条件，使结果更加准确。例如，Amano[16]等测定了氢气和氩气混合气体水合物的拉曼光谱,得出氢气与氩气混合气体水合物在生成过程中，氢气分子的拉曼峰逐渐分裂成三个峰，（$4132cm^{-1}$、$4143cm^{-1}$ 和 $4151cm^{-1}$：$4132cm^{-1}$ 代表氢气分子占据水合物的小笼，$4143cm^{-1}$ 和 $4151cm^{-1}$ 代表氢气分子占据水合物的大笼），而在平衡压力大于 25MPa 时有水合物相出现，小于 25MPa 时水合物相消失。所以氢气和氩气混合气体水合物的生成(分解)压力为 25MPa，如图 6-1 所示。

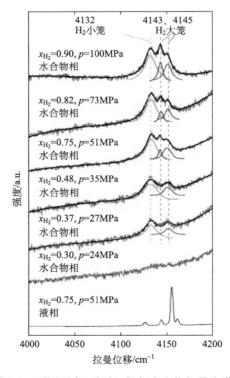

图 6-1　不同压力下氢气-氩气水合物拉曼光谱图

利用拉曼光谱技术可以测定水合物生成时的压力或温度，这种方法相较于以往的图形法及直接观测法准确性更高。

6.1.3　激光拉曼观测气体水合物动力学

水合物动力学的研究是天然气水合物资源能否利用的关键，因此，气体水合物动力学研究相对于水合物热力学来说更具有挑战性。

气体水合物生成动力学过程是一个由液相向固相转变的过程，主要研究水合物生成诱导时间、生长速率等变化规律，它是当前水合物领域的研究重点。气体水合物生成动力学的研究对于水合物形成的形成机理及水合物结构变化等方面都有十分重要的意义[3]。开展水合物生成动力学的理论和实验研究存在较大的难度，还远未成熟。

Al-Otaibi 等[17]通过在半间歇式搅拌反应容器中运用原位粒度分析仪和拉曼光谱仪研究丙烷和乙烷合成的结构 II 型气体水合物动力学。丙烷在 II 型水合物的本征速率可由水合物生成实验数据回归得出，并发现丙烷水合物的固有速率常数在 0.42~0.52mol/(m^2·MPa·s)。

另外，Luzi 等[18]研究在一定温度、压力条件下，与其他除甲烷外并含有约 2% 烃类混合气水合物相比，2% n-C$_4$H$_{10}$-98% CH$_4$ 的混合气体水合物有最大的生长速率。由此可见客体分子的大小影响水合物的生成速率。

6.1.4　气体水合物拉曼定性分析理论

拉曼光谱分析技术是一种分子结构表征技术，是以拉曼效应为基础建立起来的，具有指纹特性。拉曼光谱有如下特点。

(1)每种具有拉曼活性的物质都有自己独特的特征拉曼光谱。拉曼位移的数值大到几千波数(cm^{-1})，小到几波数(cm^{-1})。

(2)每种物质的拉曼位移与入射光的频率无关。

(3)对于各条谱线而言，拉曼谱线的偏振特性和强度是不同的。

客体分子的拉曼振动光谱对水合物的结构、形成/分解的机理、孔穴占有率、水合指数、水合物的组成和分子动力学研究提供了重要信息。可以通过对照已知的拉曼位移数据表或结合其他谱图提供的信息综合考虑，推断出水合物的基本类型。

6.1.5　气体水合物拉曼定量分析理论

对于一般多物质成分的拉曼光谱强度，Placzek 基于分子极化理论量化了斯托克斯散射强度：

$$A \propto \int_{\upsilon_1}^{\upsilon_2} \sigma_a \left(\upsilon_0 - \upsilon_{vib} \right) \mathrm{d}\upsilon N(V) I(\upsilon_0) \Omega_C \tag{6-1}$$

式中，υ_0 为激光光源的发射波长；υ_{vib} 为分子振动的发射波长；σ_a 为拉曼散射截面；$N(V)$ 为拉曼散射体积内的分子数量；I 为样品辐照度（irradiance）；Ω_C 为接收立体角。

基于式（6-1），混合物中各组分的拉曼光谱强度是组分浓度、散射截面、样品辐照度和接收立体角的函数。

如果不同组分的拉曼光谱测量时间间隔较短，可以认为各光谱的散射截面、样品辐照度和固定接收立体角相同。基于这个假设定义了拉曼光谱定量分析原理[19]，对于两组分系统：

$$\frac{C_A}{C_B} = \left(\frac{A_A}{A_B} \right) \left(\frac{\sigma_B}{\sigma_A} \right) \left(\frac{\eta_A}{\eta_B} \right) = \left(\frac{A_A}{A_B} \right) \left(\frac{F_B}{F_A} \right) \tag{6-2}$$

式中，A 为拉曼光谱谱线的面积（强度）；σ 为 RNDRS 散射截面；η 为所使用光谱仪的效率；F 为拉曼光谱强度量化系数（结合了散射截面和仪器参数等影响因素）。

水合物孔穴占有率比为 θ_L/θ_s，θ_L 和 θ_s 分别是大孔穴（$5^{12}6^2$）和小孔穴（5^{12}）的充填度。在 I 型结构水合物中，大笼与小笼数量比为 3:1，因此理论上笼占有率比值 θ_s/θ_L 可以由拉曼强度（峰面积）比 $3I_s/I_L$ 来获得；在 II 型结构水合物中，大笼与小笼数量比为 1:2，θ_s/θ_L 可以由 $I_s/2I_L$ 来获得[19]。因此，对于甲烷水合物，甲烷分子在大笼和小笼中的占有率比用式（6-3）表示[20]：

$$\frac{\theta_s}{\theta_L} = \frac{I_{s,CH_4}}{3I_{L,CH_4}} \tag{6-3}$$

式中，θ_L、θ_s 分别为大孔穴和小孔穴中的绝对占有率；I_L 和 I_s 分别是拉曼谱图上的大孔穴和小孔穴的拉曼强度（峰面积）。甲烷水合物晶格化学式的统计热力学表达式[20]：

$$\mu_w(h) - \mu_w(h_0) = -\frac{RT}{23} \left[3\ln\left(1 - \theta_{L,CH_4} \right) + \ln\left(1 - \theta_{s,CH_4} \right) \right] \tag{6-4}$$

式中，$\mu_w(h)$ 为水合物晶格中水分子的化学势；$\mu_w(h_0)$ 为自由水分子的化学势。在平衡状态时，有下列关系式[20]：

$$\mu_w(h) - \mu_w(h_0) = \Delta\mu_{w,H} \tag{6-5}$$

式中，$\Delta\mu_{w,H}$ 为水分子在水合物晶格与自由水中的化学势之差。通常，$\Delta\mu_{w,H}$ 取 1.297 J/mol[21]。

对于多元体系，如 CH_4-CO_2 水合物的孔穴占有率的计算与甲烷水合物孔穴占有率的计算类似。首先从拉曼图谱中计算出 CH_4 及 CO_2 的相对占有率 $\theta_{s,CH_4}/\theta_{s,CO_2}, \theta_{L,CH_4}/\theta_{L,CO_2}, \theta_{L,CH_4}/\theta_{s,CH_4}, \theta_{L,CO_2}/\theta_{s,CO_2}$。并结合 Van der Waals-

Platteeuw 模型计算 CO_2 在大孔穴及 CH_4 在大、小孔穴中的占有率，计算公式为[19]

$$\Delta\mu_{w,H} = -\frac{RT}{23}\left[\ln\left(1-\theta_{L,CO_2}-\theta_{L,CH_4}\right)+\ln\left(1-\theta_{s,CO_2}-\theta_{s,CH_4}\right)\right] \tag{6-6}$$

将上述公式联立即可算出 CH_4、CO_2 在大小孔穴中的占有率。

气体水合物的分子式可以表示为 $M \cdot nH_2O$，n 为水合指数。根据水合物孔穴占有率及水合物晶格化学式可求得 θ_1 和 θ_s 值。故甲烷水合物水合指数可由式(6-7)计算[20]：

$$n = \frac{23}{3\theta_{L,CH_4}+\theta_{s,CH_4}} \tag{6-7}$$

CH_4-CO_2 水合物的水合指数公式如下[20]：

$$n = \frac{23}{3\theta_{L,CO_2}+3\theta_{L,CH_4}+\theta_{s,CO_2}+\theta_{s,CH_4}} \tag{6-8}$$

6.2　纯水体系中高 CO_2 浓度瓦斯水合分离拉曼光谱

6.2.1　高 CO_2 浓度瓦斯水合物拉曼特征测定实验体系

实验用瓦斯气样组分：G1：$\varphi(CO_2)$=80%，$\varphi(CH_4)$=6%，$\varphi(N_2)$=14%；G2：$\varphi(CO_2)$=75%，$\varphi(CH_4)$=11%，$\varphi(N_2)$=14%；G3：$\varphi(CO_2)$=70%，$\varphi(CH_4)$=16%，$\varphi(N_2)$=14%，具体实验初始条件见表 6-2。

表 6-2　实验初始条件

实验体系	气样	溶液体积/mL	实验初始环境条件	
			初始温度/℃	初始压力/MPa
I	80% CO₂+6% CH₄+14% N₂			4.84
II	75% CO₂+11% CH₄+14% N₂	1.5	2	4.92
III	70% CO₂+16% CH₄+14% N₂			4.97

6.2.2　高 CO_2 浓度瓦斯水合物拉曼特征测定过程

CO_2-CH_4-N_2 瓦斯混合气水合物在容积 3mL、带有直径为 1.5cm 蓝宝石视窗的高压反应釜中合成。实验前准备工作：量取去离子水、准备气样和管线连接。实验操作如下所述。

(1)1.5mL 去离子水注入高压反应釜，将反应釜安装完毕。

(2)用实验气样对反应釜中残留空气进行 2 次置换，具体操作步骤：打开气瓶，缓慢打开压力调节器，待数据采集器显示压力达到 0.5～1MPa，关闭压力调节器和气瓶，打开放气阀将反应釜及管线内的气体释放，待压力显示为 0MPa 后，关闭放气阀，再重复以上操作一次，即置换完毕。

(3)打开恒温控制箱，调节到设定温度，对反应釜进行降温。

(4)当温度稳定在实验所需温度后，压入实验瓦斯气样，并通过气体进样增压系统配合压力调节阀控制反应釜内压力达到所需实验要求，加压完毕后关闭所有阀门，打开摄录系统并做好实验记录，同时开启拉曼光谱仪准备测试，选用 50 倍长焦物镜，532nm 激光器，发射功率 40mW，共焦孔 400μm，狭缝 200μm，积分时间 60s。

测试前，首先用单晶硅(拉曼位移 520.7cm^{-1})对拉曼光谱进行校正，以便得到更为准确的拉曼光谱信息。校正之后待高压原位反应釜内呈现水合物后，每间隔 20min 对水合物相进行拉曼扫谱，分析谱图特征。

实验过程对反应釜内气、水合物相变化过程进行了观测，体系 I 实验过程典型图片如图 6-2 所示。当实验进行至 60min 时，实验釜内气液接触面出现白色颗粒状水合物，如图 6-2(a)所示，压力降至 4.25MPa；随反应进行，白色水合物出现区域增多，并沿着反应釜壁与反应釜视窗向上继续生长，透明实验釜视窗逐渐模糊，釜内可见度降低，如图 6-2(b)所示；随着实验的继续进行，水合反应至 180min 时，白色雪状水合物基本充满整个实验釜，气相压力几乎不发生变化，水合反应达到平衡，水合物生成结束，如图 6-2(c)所示；保持 3～5 天后进行拉曼原位测试。

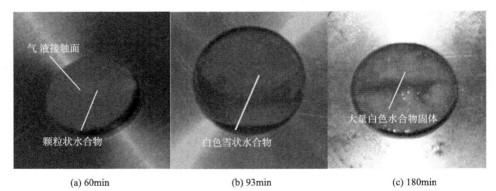

(a) 60min　　　　　　　　(b) 93min　　　　　　　　(c) 180min

图 6-2　水合物生长过程典型图片

6.2.3　高 CO_2 浓度瓦斯混合气拉曼光谱特征

本书中，应用激光拉曼光谱仪在线观测高 CO_2 浓度瓦斯气在拉曼原位反应装置中水合分离反应。应用激光拉曼光谱仪，每间隔 20min 对反应气体进行一次扫谱。

CO_2 分子有 4 种振动模式，这 4 种振动模式包括对称拉伸振动 υ_1、非对称拉

伸振动 υ_3，以及两个具有相同频率弯曲振动 υ_2 和 υ_4[22]。对称拉伸振动模式与 υ_2 的红外活性第二能级具有几乎相同的能量，这个能级由两个次能级组成，即 $2\upsilon_2^0$ 和 $2\upsilon_2^2$。由于能级 $2\upsilon_2^0$ 和 υ_1 是具有相近能量的两种不同振动，就形成常说的简并能级；因此这些简并能级具有同样的振动形式。因为它们偶然具有相同的能量和相同的振动形式，所以在激发态时，它们相互干扰，同时出现拉曼活性，这就是常说的费米共振(Fermi resonance)[23]。

　　研究表明，费米共振引起混合激发态分裂,在拉曼光谱中表现出两条强的 CO_2 特征谱线。如图 6-3 所示,它们是 υ_1-$2\upsilon_2$ 费米共振二重峰,频率分别为 1387cm^{-1}(高频)和 1284cm^{-1}(低频)。在费米共振峰的侧面分别有一小峰,这种峰被称为热峰(hot band),是由一种过渡态产生的,这种过渡态是因为分子热能导致激发振动态的能量比基态高引起的[24]。热峰的位置分别在 1264cm^{-1} 和 1409cm^{-1}。图中反映出瓦斯混合气中 N_2 分子 N—N 键伸缩振动拉曼位移在 2326cm^{-1}，同样从图中可以看出 CH_4 分子 C—H 键对称伸缩振动 υ_1 拉曼位移在 2916cm^{-1}。

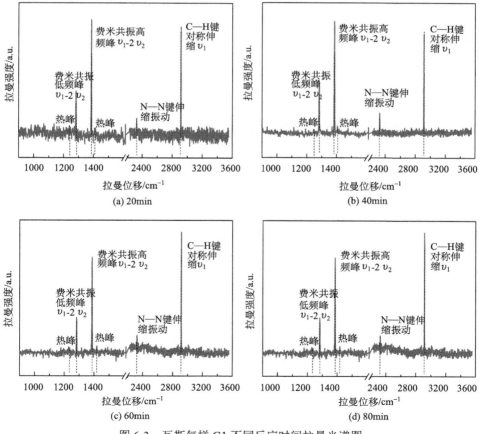

图 6-3　瓦斯气样 G1 不同反应时间拉曼光谱图

　　图 6-3(a)为高 CO_2 浓度瓦斯混合气水合分离反应进行 20min 时,应用激光拉曼光谱进行的气相扫谱。从图中可以看出,当水合分离反应进行到 20min 时,CO_2 气体费米共振高频峰拉曼强度大于 CH_4 气体拉曼强度,远远大于 N_2 气体拉曼强度。我们认为气体浓度越高,拉曼峰峰值越大,摩尔分数很小时信号会非常弱,此时,三种气体的浓度由大到小依次为 CO_2、CH_4、N_2。

　　图 6-3(b)为高 CO_2 浓度瓦斯混合气水合分离反应进行 40min 时,应用激光拉曼光谱进行的气相扫谱。从中可以看出,当水合分离反应进行到 40min 时,CO_2 气体费米共振高频峰拉曼强度仍大于 CH_4 气体拉曼强度与 N_2 气体拉曼强度;三种气体的浓度由大到小依次为 CH_4、CO_2、N_2。此时,CO_2 费米共振高频峰强度与图 6-3(a)中高频峰相比明显减小,而低频峰略微增大;N_2 拉曼强度与图 6-3(a)相比有所增加,CH_4 拉曼强度与图 6-3(a)中相比也有微小的减小。说明随着瓦斯混合气水合分离反应的进行,瓦斯混合气中有更多的 CO_2 气体进入水合物晶笼中,导致混合气中原有气体组分浓度发生变化,促使 CH_4 或 N_2 浓度有所增高,拉曼峰强度增加。

　　图 6-3(c)为高 CO_2 浓度瓦斯混合气水合分离反应进行 60min 时,应用激光拉曼光谱进行的气相扫谱。从中可以看出,当水合分离反应进行到 60min 时,CO_2 气体费米共振高频峰拉曼强度低于 CH_4 气体拉曼强度,远远大于 N_2 气体拉曼强度;三种气体的浓度由大到小依次为 CH_4、CO_2、N_2。此时,CO_2 费米共振高频峰强度与图 6-3(b)中高频峰比有所减小,而低频峰略微增大;N_2 拉曼强度与图 6-3(b)相比明显增加,CH_4 拉曼强度与图 6-3(b)中相比有所增加。说明随着瓦斯混合气水合分离反应的进行,瓦斯混合气中仍有 CO_2 气体进入水合物晶笼中,导致混合气中原有气体组分浓度发生变化,促使 CH_4 和 N_2 浓度均有所增高,拉曼峰强度均增加。

　　图 6-3(d)为高 CO_2 浓度瓦斯混合气水合分离反应进行 80min 时,应用激光拉曼光谱进行的气相扫谱。从中可以看出,当水合分离反应进行到 80min 时,CO_2 气体费米共振高频峰拉曼强度低于 CH_4 气体拉曼强度,远远大于 N_2 气体拉曼强度;三种气体的浓度由大到小依次为 CH_4、CO_2、N_2。此时,CO_2 费米共振高频峰强度与图 6-3(c)中高频峰相比几乎未发生变化,而低频峰明显降低;N_2 拉曼强度与图 6-3(c)相比明显减小,CH_4 拉曼强度与图 6-3(c)中相比增加幅度较大。说明随着瓦斯混合气水合分离反应的继续进行,瓦斯混合气中仍有大量的 CO_2 气体进入水合物晶笼中,导致混合气中气体组分浓度再次变化,促使 CH_4 浓度均有所增高,拉曼峰强度增加。

　　图 6-4 所示,费米共振二重峰 υ_1-$2\upsilon_2$ 频率分别为 1386cm^{-1}(高频)和 1283cm^{-1}(低频)。在费米共振峰的侧面分别有一小峰——热峰。热峰的位置分别在 1263cm^{-1} 和 1408cm^{-1}。图中反映出瓦斯混合气中 N_2 分子 N—N 键伸缩振动拉曼位移在

2324cm^{-1}，同样从图中可看出 CH$_4$ 分子 C—H 键对称伸缩振动 υ_1 拉曼位移在 2917cm^{-1}。

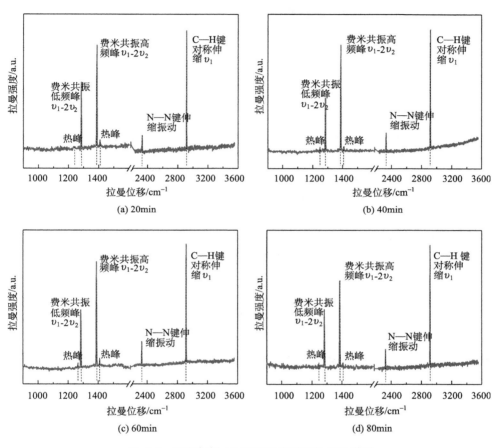

图 6-4　瓦斯气样 G2 不同反应时间拉曼光谱图

图 6-4(a)为高 CO$_2$ 浓度瓦斯混合气水合分离反应进行 20min 时，应用激光拉曼光谱进行的气相扫谱。从中可以看出，当水合分离反应进行到 20min 时，CO$_2$ 气体费米共振高频峰拉曼强度小于 CH$_4$ 气体拉曼强度，远大于 N$_2$ 气体拉曼强度。我们认为气体浓度越高，拉曼峰峰值越大，摩尔分数很小时信号会非常弱，此时，三种气体的浓度由大到小依次为 CH$_4$、CO$_2$、N$_2$。

图 6-4(b)为高 CO$_2$ 浓度瓦斯混合气水合分离反应进行 40min 时，应用激光拉曼光谱进行的气相扫谱。从中可以看出，当水合分离反应进行到 40min 时，CO$_2$ 气体费米共振高频峰拉曼强度仍小于 CH$_4$ 气体拉曼强度，并大于 N$_2$ 气体拉曼强度；三种气体的浓度由大到小依次为 CH$_4$、CO$_2$、N$_2$。此时，CO$_2$ 费米共振高频

峰强度与图 6-4(a)中高频峰比几乎未发生变化，而低频峰略微增大；N_2 拉曼强度与图 6-4(a)相比有所减小，CH_4 拉曼强度与图 6-4(a)中相比未有明显的变化。说明在瓦斯水合分离反应 20～40min 期间，瓦斯混合气中仅有少量或没有 CO_2 气体进入水合物晶笼中，导致混合气中原有气体组分浓度几乎未发生变化。

　　图 6-4(c)为高 CO_2 浓度瓦斯混合气水合分离反应进行 60min 时，应用激光拉曼光谱进行的气相扫谱。从中可以看出，当水合分离反应进行到 60min 时，CO_2 气体费米共振高频峰拉曼强度低于 CH_4 气体拉曼强度，远远大于 N_2 气体拉曼强度；三种气体的浓度由大到小依次为 CH_4、CO_2、N_2。此时，CO_2 费米共振高频峰强度与图 6-4(b)中高频峰比几乎未变，而低频峰拉曼强度略微减小；N_2 拉曼强度与图 6-4(b)相比明显增加，CH_4 拉曼强度与图 6-4(b)中相比几乎未变。说明随着瓦斯混合气水合分离反应的进行，瓦斯混合气中有少量 CO_2 气体进入水合物晶笼中，导致混合气中原有气体组分浓度发生变化，促使 N_2 浓度有所增高，拉曼峰强度增加。

　　图 6-4(d)为高 CO_2 浓度瓦斯混合气水合分离反应进行 80min 时，应用激光拉曼光谱进行的气相扫谱。从中可以看出，当水合分离反应进行到 80min 时，CO_2 气体费米共振高频峰拉曼强度低于 CH_4 气体拉曼强度，大于 N_2 气体拉曼强度；三种气体的浓度由大到小依次为 CH_4、CO_2、N_2。此时，CO_2 费米共振高频峰强度与图 6-4(c)中高频峰比明显减小，而低频峰拉曼强度未发生明显变化；N_2 拉曼强度与图 6-4(c)相比略微增加，CH_4 拉曼强度与图 6-4(c)中相比略微增加。说明随着瓦斯混合气水合分离反应的继续进行，瓦斯混合气中有较多的 CO_2 气体进入水合物晶笼中，导致混合气中气体组分浓度再次变化，促使 CO_2 浓度明显减少，拉曼峰强度减小。

　　如图 6-5 所示，费米共振二重峰 υ_1-$2\upsilon_2$ 频率分别为 1386cm^{-1}(高频)和 1284cm^{-1}(低频)。在费米共振峰的侧面分别有一小峰——热峰。热峰的位置分别在 1263cm^{-1} 和 1408cm^{-1}。图中反映出瓦斯混合气中 N_2 分子 N—N 键伸缩振动拉曼位移在 2326cm^{-1}，同样从图中可看出 CH_4 分子 C—H 键对称伸缩振动 υ_1 拉曼位移在 2916cm^{-1}。

　　图 6-5(a)为高 CO_2 浓度瓦斯混合气水合分离反应进行 20min 时，应用激光拉曼光谱进行的气相扫谱。从中可以看出，当水合分离反应进行到 20min 时，CO_2 气体费米共振高频峰拉曼强度小于 CH_4 气体拉曼强度，大于 N_2 气体拉曼强度。分析认为：此时高 CO_2 浓度瓦斯混合气水合分离反应已有较多的 CO_2 分子填充在水合物晶笼中，促使原有混合气组分浓度发生改变，三种气体的浓度由大到小依次为 CO_2、CH_4、N_2。

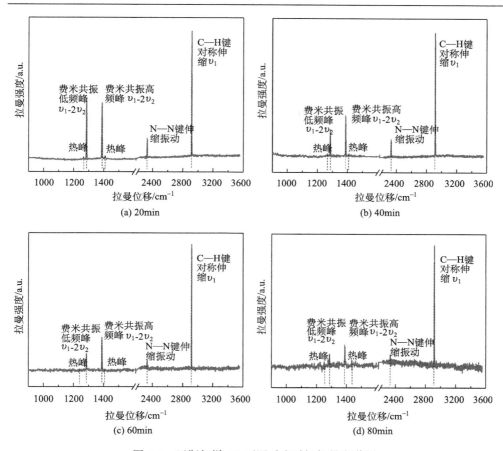

图 6-5　瓦斯气样 G3 不同反应时间拉曼光谱图

图 6-5(b)为高 CO_2 浓度瓦斯混合气水合分离反应进行 40min 时，应用激光拉曼光谱进行的气相扫谱。从中可以看出，当水合分离反应进行到 40min 时，CO_2 气体费米共振高频峰拉曼强度远小于 CH_4 气体拉曼强度，略大于 N_2 气体拉曼强度；三种气体的浓度由大到小依次为 CH_4、CO_2、N_2。此时，CO_2 费米共振高频峰强度与图 6-5(a)中高频峰比明显减小，低频峰同样减小；N_2 拉曼强度与图 6-5(a)相比没发生明显变化，CH_4 拉曼强度与图 6-5(a)中相比有微小的增加。说明随着瓦斯混合气水合分离反应的进行，瓦斯混合气中有更多的 CO_2 气体进入水合物晶笼中，导致混合气中原有气体组分浓度发生变化，促使 CH_4 或 N_2 浓度有所增高，拉曼峰强度增加。

图 6-5(c)为高 CO_2 浓度瓦斯混合气水合分离反应进行 60min 时，应用激光拉曼光谱进行的气相扫谱。从中可以看出，当水合分离反应进行到 60min 时，CO_2 气体费米共振高频峰拉曼强度低于 CH_4 气体拉曼强度，略大于 N_2 气体拉曼强度；

三种气体的浓度由大到小依次为 CH_4、CO_2、N_2。此时，CO_2 费米共振高频峰强度与图 6-5(b)中高频峰拉曼强度相比明显减小，低频峰拉曼强度同样减小；N_2 拉曼强度与图 6-5(b)相比略微减小，CH_4 拉曼强度与图 6-5(b)中相比有所增加。说明随着瓦斯混合气水合分离反应的进行，瓦斯混合气中仍有较多的 CO_2 气体进入水合物晶笼中，导致混合气中原有气体组分浓度继续发生变化，促使 CH_4 浓度增高，CO_2 浓度降低。

图 6-5(d)为高 CO_2 浓度瓦斯混合气水合分离反应进行 80min 时，应用激光拉曼光谱进行的气相扫谱。从中可以看出，当水合分离反应进行到 80min 时，CO_2 气体费米共振高频峰拉曼强度远远低于 CH_4 气体拉曼强度，略大于 N_2 气体拉曼强度；三种气体的浓度由大到小依次为 CH_4、CO_2、N_2。此时，CO_2 费米共振高频峰强度与图 6-5(c)中高频峰拉曼强度相比明显减小，低频峰明显降低；N_2 拉曼强度与图 6-5(c)相比有所减小，CH_4 拉曼强度与图 6-5(b)中相比有所增高。说明随着瓦斯混合气水合分离反应的继续进行，瓦斯混合气中仍有大量的 CO_2 气体进入水合物晶笼中，导致混合气中气体组分浓度再次变化，促使 CH_4 浓度有所增高，拉曼峰强度增加。

6.2.4 高 CO_2 浓度瓦斯水合物拉曼光谱特征

为了探讨瓦斯水合分离反应过程水合物激光拉曼光谱图特征，开展瓦斯水合物相激光拉曼扫谱工作，测定开始时间为肉眼观察瓦斯水合物出现时刻，每间隔 20min 进行一次扫谱，共进行 4 个时间段的扫谱工作。具体拉曼谱图如图 6-6～图 6-8 所示。

气样 G1 在水合分离反应不同时刻水合物拉曼光谱如图 6-6 所示，图 6-6(a)为高 CO_2 浓度瓦斯混合气水合分离反应进行至 25min 时，应用激光拉曼光谱仪对水合物相进行的扫谱，从中可以看出，低波数处存在两个拉曼强度较低的峰位，分别为 $1272cm^{-1}$ 及 $1378cm^{-1}$，该位移为 CO_2 分子在水合物相中费米共振双峰，并且为占据大孔穴的 CO_2 分子，实验过程中，CO_2 气体分子没能进入其小孔穴，而仅仅进入了 I 型水合物形成的十四面体($5^{12}6^2$)大孔穴；该时刻未在拉曼谱图上检测到 N_2 及 CH_4 气体存在于水合物晶笼内，2900～$3600cm^{-1}$ 为水宽峰拉曼位移。

图 6-6(b)为高 CO_2 浓度瓦斯混合气水合分离反应进行至 45min 时，应用激光拉曼光谱仪对水合物相进行的扫谱，从中可以看出，低波数处仍然存在两个拉曼强度较低的峰位，分别为 $1272cm^{-1}$ 及 $1378cm^{-1}$，该位移为 CO_2 分子在水合物相中费米共振双峰，并且为占据大孔穴的 CO_2 分子，实验过程中，CO_2 气体分子没能进入其小孔穴，而仅仅进入了 I 型水合物形成的十四面体($5^{12}6^2$)大孔穴；该时刻在拉曼谱图上仍然未检测到 N_2 及 CH_4 气体存在于水合物晶笼内，2900～$3600cm^{-1}$ 为水宽峰拉曼位移。

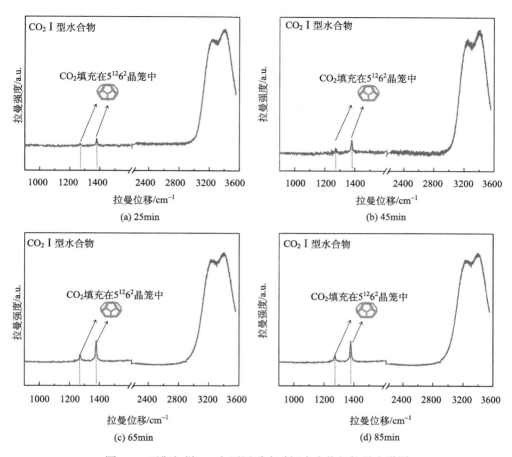

图 6-6　瓦斯气样 G1 在不同反应时间水合物相拉曼光谱图

　　图 6-6(c)为高 CO_2 浓度瓦斯混合气水合分离反应进行至 65min 时，应用激光拉曼光谱仪对水合物相进行的扫谱，从中可以看出，低波数处仍然存在两个拉曼强度较低的峰位，分别为 1272cm^{-1} 及 1378cm^{-1}，该位移为 CO_2 分子在水合物相中费米共振双峰，并且为占据大孔穴的 CO_2 分子，实验过程中，CO_2 气体分子没能进入其小孔穴，而仅仅进入了 I 型水合物形成的十四面体 ($5^{12}6^2$) 大孔穴；该时刻在拉曼谱图上仍然未检测到 N_2 及 CH_4 气体存在于水合物晶笼内，2900～3600cm^{-1} 为水宽峰拉曼位移。

　　图 6-6(d)为高 CO_2 浓度瓦斯混合气水合分离反应进行至 85min 时，应用激光拉曼光谱仪对水合物相进行的扫谱，从中可以看出，低波数处仍然存在两个拉曼强度较低的峰位，分别为 1272cm^{-1} 及 1378cm^{-1}，该位移为 CO_2 分子在水合物相中费米共振双峰，并且为占据大孔穴的 CO_2 分子，实验过程中，CO_2 气体分子没

能进入其小孔穴，而仅仅进入了Ⅰ型水合物形成的十四面体($5^{12}6^2$)大孔穴；该时刻在拉曼谱图上仍然未检测到 N_2 及 CH_4 气体存在于水合物晶笼内，2900～3600cm^{-1} 为水宽峰拉曼位移。

从图 6-6 中可以看出，随着反应时间的增加，低波数存在的 CO_2 气体水合物拉曼峰强度逐渐增强，增幅不明显。截止反应进行到 85min 时，水合物晶笼中仅有 CO_2 分子填充，CH_4 和 N_2 气体分子未进入水合物晶笼内。水分子拉曼峰形几乎未发生任何变化，表现出拉曼强度较大的宽峰。

瓦斯气样 G2 在水合分离反应不同时刻水合物拉曼光谱如图 6-7 所示，图 6-7(a)为高 CO_2 浓度瓦斯混合气水合分离反应进行至 25min 时，应用激光拉曼光谱仪对水合物相进行的扫谱，从中可以看出，低波数处存在两个拉曼强度较低的峰位，分别为 1272cm^{-1} 及 1378cm^{-1}，该位移为 CO_2 分子在水合物相中费米共振双峰，并且为占据大孔穴的 CO_2 分子，实验过程中，CO_2 气体分子没能进入其小

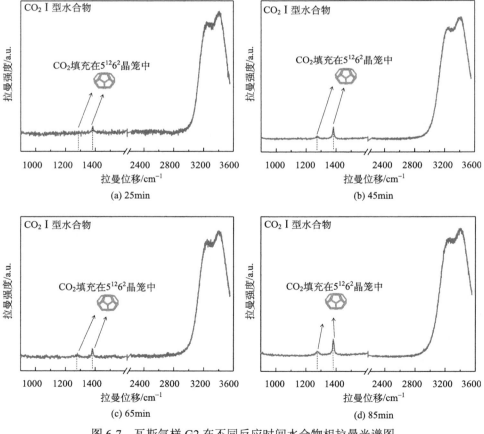

图 6-7　瓦斯气样 G2 在不同反应时间水合物相拉曼光谱图

孔穴，而仅仅进入了 I 型水合物形成的十四面体 $(5^{12}6^2)$ 大孔穴；该时刻未在拉曼谱图上检测到 N_2 及 CH_4 气体存在于水合物晶笼内，$2900\sim3600cm^{-1}$ 为水宽峰拉曼位移。

图 6-7(b)为高 CO_2 浓度瓦斯混合气水合分离反应进行至 45min 时，应用激光拉曼光谱仪对水合物相进行的扫谱，从中可以看出，低波数处仍然存在两个拉曼强度较低的峰位，分别为 $1272cm^{-1}$ 及 $1378cm^{-1}$，该位移为 CO_2 分子在水合物相中费米共振双峰，并且为占据大孔穴的 CO_2 分子，实验过程中，CO_2 气体分子没能进入其小孔穴，而仅仅进入了 I 型水合物形成的十四面体 $(5^{12}6^2)$ 大孔穴；该时刻在拉曼谱图上仍然未检测到 N_2 及 CH_4 气体存在于水合物晶笼内，$2900\sim3600cm^{-1}$ 为水宽峰拉曼位移。

图 6-7(c)为高 CO_2 浓度瓦斯混合气水合分离反应进行至 65min 时，应用激光拉曼光谱仪对水合物相进行的扫谱，从中可以看出，低波数处仍然存在两个拉曼强度较低的峰位，分别为 $1272cm^{-1}$ 及 $1378cm^{-1}$，该位移为 CO_2 分子在水合物相中费米共振双峰，并且为占据大孔穴的 CO_2 分子，实验过程中，CO_2 气体分子没能进入其小孔穴，而仅仅进入了 I 型水合物形成的十四面体 $(5^{12}6^2)$ 大孔穴；该时刻在拉曼谱图上仍然未检测到 N_2 及 CH_4 气体存在于水合物晶笼内，$2900\sim3600cm^{-1}$ 为水宽峰拉曼位移。

图 6-7(d)为高 CO_2 浓度瓦斯混合气水合分离反应进行至 85min 时，应用激光拉曼光谱仪对水合物相进行的扫谱，从中可以看出，低波数处仍然存在两个拉曼强度较低的峰位，分别为 $1272cm^{-1}$ 及 $1378cm^{-1}$，该位移为 CO_2 分子在水合物相中费米共振双峰，并且为占据大孔穴的 CO_2 分子，实验过程中，CO_2 气体分子没能进入其小孔穴，而仅仅进入了 I 型水合物形成的十四面体 $(5^{12}6^2)$ 大孔穴；该时刻在拉曼谱图上仍然未检测到 N_2 及 CH_4 气体存在于水合物晶笼内，$2900\sim3600cm^{-1}$ 为水宽峰拉曼位移。

从图 6-7 中可以看出，随着反应时间的增加，低波数存在的 CO_2 气体水合物拉曼峰强度逐渐增强，增幅不明显。截止反应进行到 85min 时，水合物晶笼中仅有 CO_2 分子填充，CH_4 和 N_2 气体分子未进入水合物晶笼内。水分子拉曼峰形几乎未发生任何变化，表现出拉曼强度较大的宽峰。

瓦斯气样 G3 在水合分离反应不同时刻水合物拉曼光谱如图 6-8 所示，图 6-8(a)为高 CO_2 浓度瓦斯混合气水合分离反应进行至 25min 时，应用激光拉曼光谱仪对水合物相进行的扫谱，从中可以看出，低波数处存在两个拉曼强度较低的峰位，分别为 $1272cm^{-1}$ 及 $1378cm^{-1}$，该位移为 CO_2 分子在水合物相中费米共振双峰，并且为占据大孔穴的 CO_2 分子，实验过程中，CO_2 气体分子没能进入其小孔穴，而仅仅进入了 I 型水合物形成的十四面体 $(5^{12}6^2)$ 大孔穴；该时刻未在拉

曼谱图上检测到 N_2 及 CH_4 气体存在于水合物晶笼内，2900～3600cm^{-1} 为水宽峰拉曼位移。

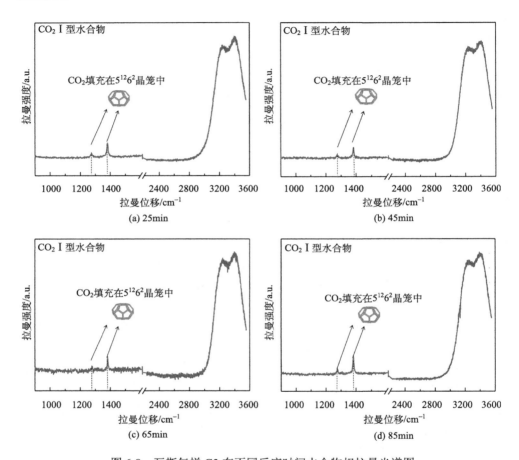

图 6-8　瓦斯气样 G3 在不同反应时间水合物相拉曼光谱图

图 6-8(b) 为高 CO_2 浓度瓦斯混合气水合分离反应进行至 45min 时，应用激光拉曼光谱仪对水合物相进行的扫谱，从中可以看出，低波数处仍然存在两个拉曼强度较低的峰位，分别为 1272cm^{-1} 及 1378cm^{-1}，该位移为 CO_2 分子在水合物相中费米共振双峰，并且为占据大孔穴的 CO_2 分子，实验过程中，CO_2 气体分子没能进入其小孔穴，而仅仅进入了 I 型水合物形成的十四面体 ($5^{12}6^2$) 大孔穴；该时刻在拉曼谱图上仍然未检测到 N_2 及 CH_4 气体存在于水合物晶笼内，2900～3600cm^{-1} 为水宽峰拉曼位移。

图 6-8(c) 为高 CO_2 浓度瓦斯混合气水合分离反应进行至 65min 时，应用激光拉曼光谱仪对水合物相进行的扫谱，从中可以看出，低波数处仍然存在两个拉曼

强度较低的峰位，分别为 $1272cm^{-1}$ 及 $1378cm^{-1}$，该位移为 CO_2 分子在水合物相中费米共振双峰，并且为占据大孔穴的 CO_2 分子，实验过程中，CO_2 气体分子没能进入其小孔穴，而仅仅进入了 I 型水合物形成的十四面体 $(5^{12}6^2)$ 大孔穴；该时刻在拉曼谱图上仍然未检测到 N_2 及 CH_4 气体存在于水合物晶笼内，$2900\sim3600cm^{-1}$ 为水宽峰拉曼位移。

图 6-8(d) 为高 CO_2 浓度瓦斯混合气水合分离反应进行至 85min 时，应用激光拉曼光谱仪对水合物相进行的扫谱，从中可以看出，低波数处仍然存在两个拉曼强度较低的峰位，分别为 $1272cm^{-1}$ 及 $1378cm^{-1}$，该位移为 CO_2 分子在水合物相中费米共振双峰，并且为占据大孔穴的 CO_2 分子，实验过程中，CO_2 气体分子没能进入其小孔穴，而仅仅进入了 I 型水合物形成的十四面体 $(5^{12}6^2)$ 大孔穴；该时刻在拉曼谱图上仍然未检测到 N_2 及 CH_4 气体存在于水合物晶笼内，$2900\sim3600cm^{-1}$ 为水宽峰拉曼位移。

从图 6-8 中可以看出，随着反应时间的增加，低波数存在的 CO_2 气体水合物拉曼峰强度逐渐增强，增幅不明显。截止反应进行到 85min 时，水合物晶笼中仅有 CO_2 分子填充，CH_4 和 N_2 气体分子未进入水合物晶笼内。水分子拉曼峰形几乎未发生任何变化，表现出拉曼强度较大的宽峰。

6.2.5　高 CO_2 浓度瓦斯气水合分离产物晶体结构特征计算

1. 水合物晶体结构分析

本书分析高 CO_2 浓度瓦斯气水合分离产物晶体结构特征计算均以 3 种瓦斯气样水合分离反应结束点为研究对象，分析其水合分离产物晶体结构、孔穴占有率、水合指数等参数。

客体分子的拉曼振动光谱对水合物的结构、形成/分解的机理、孔穴占有率、水合指数、水合物的组成和分子动力学研究提供了重要的信息。可以通过对照已知的拉曼位移数据表或结合其他谱图提供的信息综合考虑，推断出水合物的基本类型。图 6-9~图 6-11 分别为 CO_2 浓度是气样 G1、G2、和 G3 合成的瓦斯水合分离产物拉曼光谱图，相关拉曼谱图信息见表 6-3。

表 6-3　不同瓦斯气样合成水合物拉曼光谱信息

气样	拉曼位移 P/cm^{-1}	峰面积 A
G1	1275	186.1
	1381	649.5
	2901	43.7
	2913	54.1

气样	拉曼位移 P/cm^{-1}	峰面积 A
G2	1277	310.3
	1383	526.6
	2899	389.5
	2915	420.3
G3	1272	329.4
	1381	512.5
	2898	248.1
	2914	327.0

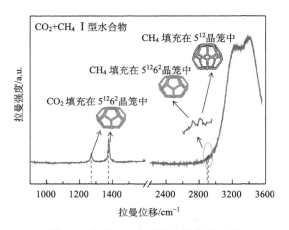

图 6-9　气样 G1 合成水合物拉曼光谱

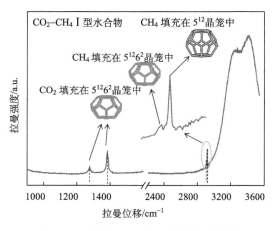

图 6-10　气样 G2 合成水合物拉曼光谱

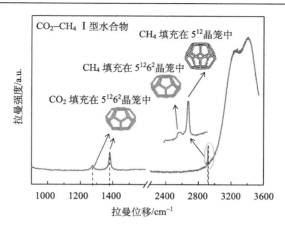

图 6-11　气样 G3 合成水合物拉曼光谱

从图 6-9～图 6-11 中可以看出，瓦斯气样 G1、G2 和 G3 均合成 CO_2-CH_4 水合物，N_2 未参与水合分离反应；图 6-9 中 CO_2 伸缩振动和弯曲振动倍频的拉曼强度远大于 CH_4 的 C—H 伸缩频率的拉曼强度，图 6-10、图 6-11 中 CO_2 伸缩振动和弯曲振动倍频的拉曼强度与 CH_4 的 C—H 伸缩频率的拉曼强度几乎相同。

根据水合物的"松笼-紧笼"(loose cage-tight cage)模型[25]，捕捉在"松笼"-大孔穴里的 CH_4 分子，其 C—H 的伸缩频率与自由气体的 CH_4 分子相比，发生明显的"蓝移"；而"紧笼"-小孔穴里的 CH_4 分子，其 C—H 的伸缩频率与自由气体的 CH_4 分子接近。故可以判断，在 2901cm^{-1}、2899cm^{-1} 和 2898cm^{-1} 附近为 CH_4 分子在水合物大孔穴的频率，而在 2913cm^{-1}、2915cm^{-1} 和 2914cm^{-1} 附近为 CH_4 分子在水合物小孔穴的频率。

目前对于 CO_2-CH_4 水合物研究较少，其中 CO_2 分子能否占据水合物小孔穴不是很明确。依据 CO_2 水合物气体分子笼占据状态的第一性原理[26]，认为 CO_2 分子仅占据水合物大笼。故可初步判断瓦斯气样 G1、G2、G3 在相同驱动力条件下、初始温度为 2℃时均形成 CO_2-CH_4 水合物，且均为Ⅰ型结构水合物。

实验测试所得气样 G1 水合分离产物中，水合物中 CO_2 伸缩振动和弯曲振动倍频的拉曼位移分别为 1275cm^{-1} 和 1381cm^{-1}，均为 CO_2 分子填充水合物大孔穴的频率，CH_4 分子分别填充水合物的大孔穴和小孔穴，其 C—H 的伸缩频率分别为 2901cm^{-1} 和 2913cm^{-1}。气样 G2 水合分离产物中，水合物中 CO_2 伸缩振动和弯曲振动倍频的拉曼位移分别为 1277cm^{-1} 和 1383cm^{-1}，均为 CO_2 分子填充水合物大孔穴的频率，CH_4 分子分别填充水合物的大孔穴和小孔穴，其 C—H 的伸缩频率分别为 2899cm^{-1} 和 2915cm^{-1}；气样 G3 水合分离产物中，水合物中 CO_2 伸缩振动和弯曲振动倍频的拉曼位移分别为 1272cm^{-1} 和 1381cm^{-1}，均为 CO_2 分子填充水合物大孔穴的频率，CH_4 分子分别填充水合物的大孔穴和小孔穴，其 C—H 的

伸缩频率分别为 $2898cm^{-1}$ 和 $2914cm^{-1}$。随着 CO_2 浓度的增加、CH_4 浓度的减少，混合气体水合物的拉曼位移有一定的变化。

2. 瓦斯水合物孔穴占有率和水合指数计算

将拉曼光谱谱带的面积比（对应于小孔穴与大孔穴）与统计热力学方程相结合可以用来计算水合物的孔穴占有率及水合指数[27-30]。在 I 型结构水合物中，大孔穴的数量是小孔穴数量的 3 倍，因此，占据大孔穴中的客体分子总数要大于占据小孔穴的客体分子数，所以大孔穴所对应的频带要强得多，二者的面积对比反映了占据两种笼的客体分子数比。客体分子在大孔穴和小孔穴中的孔穴占有率比用式(6-9)表示[31-34]：

$$\theta_L / \theta_S = I_L / 3I_S \tag{6-9}$$

式中，θ_L 和 θ_S 分别为大孔穴和小孔穴中的绝对占有率；I_L 和 I_S 分别为拉曼谱图上的大孔穴和小孔穴的峰面积。

多元体系水合物的孔穴占有率与纯气体水合物的计算类似，由于本节 3 种瓦斯气样水合分离实验均得到的是 CO_2-CH_4 水合物，故首先通过褶积的方法从拉曼光谱图中计算出 CH_4 及 CO_2 的相对占有率 $\theta_{S,CH_4} / \theta_{S,CO_2}$、$\theta_{L,CH_4} / \theta_{L,CO_2}$、$\theta_{L,CH_4} / \theta_{L,CH_4}$、$\theta_{L,CO_2} / \theta_{S,CO_2}$。为了得到 CO_2 和 CH_4 在大、小孔穴中的占有率，同样需要使用 Van der Waals-Platteeuw 水合物统计热力学模型，其方法与纯气体水合物中孔穴占有率的计算方法一致。

$$\Delta\mu_{w,H} = -\frac{RT}{23}\left[3\ln\left(1 - \theta_{L,CO_2} - \theta_{L,CH_4}\right) + \ln\left(1 - \theta_{S,CO_2} - \theta_{S,CH_4}\right)\right] \tag{6-10}$$

$$\Delta\mu_{w,H} = \Delta\mu_{w,L} \tag{6-11}$$

当处于气-水-水合物三相平衡时，分子在 I 型空水合物晶格与 I 型水合物中的化学位差 $\Delta\mu_{w,H}$ 通常取 $1297J/mol$[33]。将相对占有率比 $\theta_{S,CH_4} / \theta_{S,CO_2}$、$\theta_{L,CH_4} / \theta_{L,CO_2}$、$\theta_{L,CH_4} / \theta_{S,CH_4}$、$\theta_{L,CO_2} / \theta_{S,CO_2}$ 与式(6-10)、式(6-11)联立即可计算出 CO_2 和 CH_4 在大、小孔穴中的占有率。

水合指数计算公式如下[35]：

$$n = \frac{23}{3\theta_{L,CO_2} + 3\theta_{L,CH_4} + \theta_{S,CO_2} + \theta_{S,CH_4}} \tag{6-12}$$

计算得到：气样 G1 中 $\theta_{L,CH_4} / \theta_{L,CO_2} = 0.19$，$\theta_{L,CH_4} / \theta_{S,CH_4} = 0.94$；气样 G2 中 $\theta_{L,CH_4} / \theta_{L,CO_2} = 0.47$，$\theta_{L,CH_4} / \theta_{S,CH_4} = 0.93$；气样 G3 中 $\theta_{L,CH_4} / \theta_{L,CO_2} = 0.30$，$\theta_{L,CH_4} / \theta_{S,CH_4} = 0.76$。依据式(6-2)～式(6-4)可得 CO_2 浓度为 80% 的瓦斯气样水合分离产物孔穴占有率 $\theta_{L,CO_2} = 94.00\%$，$\theta_{S,CH_4} = 18.28\%$，$\theta_{L,CH_4} = 4.70\%$，大孔

穴占有率为 98.70%，小孔穴占有率为 18.28%，水合指数 n 为 7.32；CO_2 浓度为 75% 的瓦斯气样水合分离产物孔穴占有率 $\theta_{L,CO_2} = 67.02\%$，$\theta_{S,CH_4} = 33.87\%$，$\theta_{L,CH_4} = 31.50\%$，大孔穴占有率为 98.52%，小孔穴占有率为 33.87%，水合指数 n 为 6.98；CO_2 浓度为 70% 的瓦斯气样水合分离产物孔穴占有率 $\theta_{L,CO_2} = 75.82\%$，$\theta_{S,CH_4} = 29.93\%$，$\theta_{L,CH_4} = 22.75\%$，大孔穴占有率达到 98.57%，小孔穴占有率仅为 29.93%，水合指数 n 为 7.14。气样 G1、G2 与气样 G3 合成水合物的水合指数比较接近，均大于 I 型结构气体水合物水合指数理论值；瓦斯混合气水合物的大孔穴几乎被客体分子所填满，而小孔穴中仅有少量的 CH_4 分子填充。实验所得 3 种瓦斯水合物中，CO_2 分子占据水合物大孔穴的概率远大于 CH_4 分子，初步分析认为是气样中甲烷的浓度远小于二氧化碳的原因，致使大量的 CO_2 分子填充大孔穴，而仅有少量的 CH_4 分子填充大孔穴，故在相同驱动力、相同温度条件下瓦斯混合气中客体分子填充大、小孔穴的能力与客体分子浓度呈正相关趋势。

6.3　TBAB 溶液体系中高 CO_2 浓度瓦斯水合分离激光拉曼光谱

作为热力学促进剂，四丁基溴化铵(TBAB)和水可生成半笼形水合物晶体，部分气体分子可进入其形成的笼形结构从而能大幅度降低水合物生成条件，缩短诱导时间并提高生成速率，因此开展含 TBAB 瓦斯水合物研究工作具有重要的科学意义。

6.3.1　TBAB 溶液中高 CO_2 浓度瓦斯水合分离拉曼光谱测定实验体系

开展 TBAB 溶液中高 CO_2 浓度瓦斯水合分离拉曼光谱测定实验具体初始条件见表 6-4。

表 6-4　瓦斯水合分离实验初始条件表

实验体系	气样	TBAB 浓度 /(mol/L)	溶液体积 /mL	实验初始环境条件 初始温度 /℃	实验初始环境条件 初始压力 /MPa
I	G1 (80% CO_2+6% CH_4+14% N_2)	0.4			4.84
II	G2 (75% CO_2+11% CH_4+14% N_2)	0.8	1.5	2	4.92
III	G3 (70% CO_2+16% CH_4+14% N_2)	0.2			4.97

6.3.2　TBAB 溶液中高 CO_2 浓度瓦斯气水合物拉曼光谱特征

四丁基溴化铵盐和水也能生成水合物，其含由溴离子和水分子组成的笼状结构，且部分笼状结构因捕获四丁基铵分子作为客体而形成 TBAB 水合物晶体，TBAB 晶笼含有 3 种孔穴、3 个 5^{12} 小孔穴、2 个 $5^{12}6^2$ 大孔穴和 2 个 $5^{12}6^3$ 大孔穴。TBA^+ 占据其中大孔穴，而小孔穴为空。利用显微激光拉曼光谱技术并结合实验室自主研制的原位高压反应釜，可实现对瓦斯水合物的在线无损鉴定，也避免瓦斯水合物在常压下易分解的问题。

　　为了探讨含 TBAB 溶液瓦斯水合分离反应过程水合物激光拉曼光谱图特征，开展瓦斯水合物相激光拉曼扫谱工作，测定开始时间为肉眼观察瓦斯水合物出现时刻，每间隔 20min 进行一次扫谱，共进行 4 个时间点的扫谱工作。具体拉曼谱图如图 6-12～图 6-14 所示。

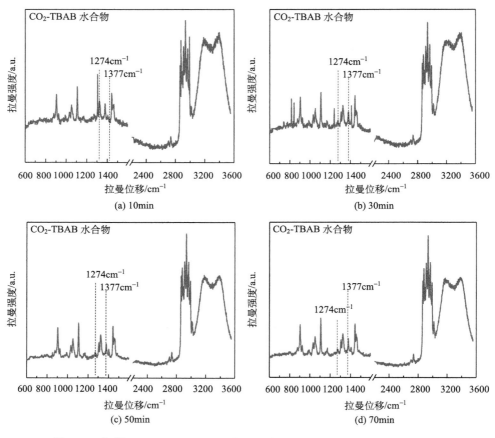

图 6-12　气样 G1-0.4mol/L TBAB 合成水合物在不同反应时间的拉曼光谱图

　　图 6-12 为瓦斯气样 G1-0.4mol/L TBAB 溶液体系水合分离反应不同时刻水合物拉曼光谱，图 6-12(a) 为高 CO_2 浓度瓦斯混合气水合分离反应进行至 10min 时，原位高压反应釜内出现肉眼可见的水合物，应用激光拉曼光谱仪对水合物相进行

的扫谱，从图中可以看出，水合物相 TBAB 分子特征峰的拉曼位移位于 700～1500cm^{-1} 和 2800～3000cm^{-1}；且可以看出，CO_2 分子在水合物相中费米共振双峰存在，拉曼位移分别为 1274cm^{-1} 及 1377cm^{-1}；该时刻未在拉曼谱图上检测到 N_2 气体存在于水合物晶笼内，而水合物相中 CH_4 分子的拉曼位移处于 TBAB 特征拉曼峰位置处，故无法检测到是否有 CH_4 气体存在于水合物晶笼内，只能进一步做相关气相色谱分析；2900～3600cm^{-1} 为水宽峰拉曼位移。

图 6-12(b) 为高 CO_2 浓度瓦斯混合气水合分离反应进行至 30min 时，应用激光拉曼光谱仪对水合物相进行的扫谱，从图中可以看出水合物相 TBAB 分子特征峰的拉曼位移位于 700～1500cm^{-1} 和 2800～3000cm^{-1}；且可以看出，CO_2 分子在水合物相中费米共振双峰存在，拉曼位移分别为 1274cm^{-1} 及 1377cm^{-1}；该时刻未在拉曼谱图上检测到 N_2 气体存在于水合物晶笼内，而水合物相中 CH_4 分子的拉曼位移处于 TBAB 特征拉曼峰位置处，故无法检测到是否有 CH_4 气体存在于水合物晶笼内，只能进一步做相关气相色谱分析；2900～3600cm^{-1} 为水宽峰拉曼位移。

图 6-12(c) 为高 CO_2 浓度瓦斯混合气水合分离反应进行至 50min 时，应用激光拉曼光谱仪对水合物相进行的扫谱，从图中可以看出水合物相 TBAB 分子特征峰的拉曼位移位于 700～1500cm^{-1} 和 2800～3000cm^{-1}；且可以看出，CO_2 分子在水合物相中费米共振双峰存在，拉曼位移分别为 1274cm^{-1} 及 1377cm^{-1}；该时刻未在拉曼谱图上检测到 N_2 气体存在于水合物晶笼内，而水合物相中 CH_4 分子的拉曼位移处于 TBAB 特征拉曼峰位置处，故无法检测到是否有 CH_4 气体存在于水合物晶笼内，只能进一步做相关气相色谱分析；2900～3600cm^{-1} 为水宽峰拉曼位移。

图 6-12(d) 为高 CO_2 浓度瓦斯混合气水合分离反应进行至 70min 时，应用激光拉曼光谱仪对水合物相进行的扫谱，从图中可以看出水合物相 TBAB 分子特征峰的拉曼位移位于 700～1500cm^{-1} 和 2800～3000cm^{-1}；且可以看出，CO_2 分子在水合物相中费米共振双峰存在，拉曼位移分别为 1274cm^{-1} 及 1377cm^{-1}；该时刻未在拉曼谱图上检测到 N_2 气体存在于水合物晶笼内，而水合物相中 CH_4 分子的拉曼位移处于 TBAB 特征拉曼峰位置处，故无法检测到是否有 CH_4 气体存在于水合物晶笼内，只能进一步做相关气相色谱分析；2900～3600cm^{-1} 为水宽峰拉曼位移。

从图 6-12(a)～(d) 中可以看出，随着水合分离反应的持续进行，水合物相 TBAB 分子特征峰的拉曼位移位于 700～1500cm^{-1} 和 2800～3000cm^{-1} 未发生任何变化，且拉曼强度没有变化；CO_2 分子在水合物相中费米共振双峰存在，拉曼位移分别为 1274cm^{-1} 及 1377cm^{-1}，拉曼强度仅有微小的变化；未检测到 N_2 分子在水合物相中的拉曼信号；由于水合物相 CH_4 气体分子拉曼位移被 TBAB 拉曼信号覆盖，故可初步判断有微量或没有 CH_4 气体分子进入水合物晶笼内；G1-0.4mol/L TBAB 溶液在本实验条件下合成 CO_2-TBAB 水合物。

图 6-13 为瓦斯气样 G2-0.8mol/L TBAB 溶液体系水合分离反应不同时刻水合

物拉曼光谱，图 6-13（a）为高 CO_2 浓度瓦斯混合气水合分离反应进行至 5min 时，原位高压反应釜内出现肉眼可见的水合物，应用激光拉曼光谱仪对水合物相进行的扫谱，从图中可以看出，水合物相 TBAB 分子特征峰的拉曼位移位于 700～1500cm^{-1} 和 2800～3000cm^{-1}；且可以看出，CO_2 分子在水合物相中费米共振双峰存在，拉曼位移分别为 1278cm^{-1} 及 1383cm^{-1}；该时刻未在拉曼谱图上检测到 N_2 气体存在于水合物晶笼内，而水合物相中 CH_4 分子的拉曼位移处于 TBAB 特征拉曼峰位置处，故无法检测到是否有 CH_4 气体存在于水合物晶笼内，只能进一步做相关气相色谱分析；2900～3600cm^{-1} 为水宽峰拉曼位移。

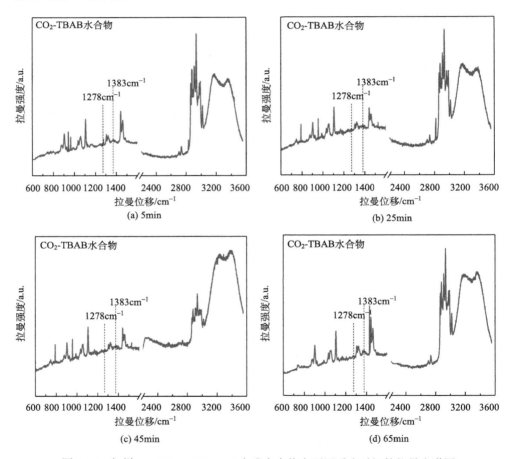

图 6-13　气样 G2-0.8mol/L TBAB 合成水合物在不同反应时间的拉曼光谱图

图 6-13（b）为高 CO_2 浓度瓦斯混合气水合分离反应进行至 25min 时，应用激光拉曼光谱仪对水合物相进行的扫谱，从图中可以看出，水合物相 TBAB 分子特征峰的拉曼位移位于 700～1500cm^{-1} 和 2800～3000cm^{-1}；且可以看出，CO_2 分子

在水合物相中费米共振双峰存在，拉曼位移分别为 $1278cm^{-1}$ 及 $1383cm^{-1}$；该时刻未在拉曼谱图上检测到 N_2 气体存在于水合物晶笼内，而水合物相中 CH_4 分子的拉曼位移处于 TBAB 特征拉曼峰位置处，故无法检测到是否有 CH_4 气体存在于水合物晶笼内，只能进一步做相关气相色谱分析；$2900\sim3600cm^{-1}$ 为水宽峰拉曼位移。

图 6-13(c) 为高 CO_2 浓度瓦斯混合气水合分离反应进行至 45min 时，应用激光拉曼光谱仪对水合物相进行的扫谱，从图中可以看出，水合物相 TBAB 分子特征峰的拉曼位移位于 $700\sim1500cm^{-1}$ 和 $2800\sim3000cm^{-1}$；且可以看出，CO_2 分子在水合物相中费米共振双峰存在，拉曼位移分别为 $1278cm^{-1}$ 及 $1383cm^{-1}$；该时刻未在拉曼谱图上检测到 N_2 气体存在于水合物晶笼内，而水合物相中 CH_4 分子的拉曼位移处于 TBAB 特征拉曼峰位置处，故无法检测到是否有 CH_4 气体存在于水合物晶笼内，只能进一步做相关气相色谱分析；$2900\sim3600cm^{-1}$ 为水宽峰拉曼位移。

图 6-13(d) 为高 CO_2 浓度瓦斯混合气水合分离反应进行至 65min 时，应用激光拉曼光谱仪对水合物相进行的扫谱，从图中可以看出，水合物相 TBAB 分子特征峰的拉曼位移位于 $700\sim1500cm^{-1}$ 和 $2800\sim3000cm^{-1}$；且可以看出，CO_2 分子在水合物相中费米共振双峰存在，拉曼位移分别为 $1278cm^{-1}$ 及 $1383cm^{-1}$；该时刻未在拉曼谱图上检测到 N_2 气体存在于水合物晶笼内，而水合物相中 CH_4 分子的拉曼位移处于 TBAB 特征拉曼峰位置处，故无法检测到是否有 CH_4 气体存在于水合物晶笼内，只能进一步做相关气相色谱分析；$2900\sim3600cm^{-1}$ 为水宽峰拉曼位移。

从图 6-13(a)～(d) 中可以看出，随着水合分离反应的持续进行，水合物相 TBAB 分子特征峰的拉曼位移位于 $700\sim1500cm^{-1}$ 和 $2800\sim3000cm^{-1}$ 未发生任何变化，且拉曼强度没有变化；CO_2 分子在水合物相中费米共振双峰存在，拉曼位移分别为 $1278cm^{-1}$ 及 $1383cm^{-1}$，拉曼强度仅有微小的变化；未检测到 N_2 分子在水合物相中的拉曼信号；由于水合物相 CH_4 气体分子拉曼位移被 TBAB 拉曼信号覆盖，故可初步判断有微量或没有 CH_4 气体分子进入水合物相；G2-0.8mol/L TBAB 溶液在本实验条件下合成 CO_2-TBAB 水合物。

图 6-14 为瓦斯气样 G3-0.2mol/L TBAB 溶液体系水合分离反应不同时刻水合物拉曼光谱，图 6-14(a) 为高 CO_2 浓度瓦斯混合气水合分离反应进行至 3min 时，原位高压反应釜内出现肉眼可见的水合物，应用激光拉曼光谱仪对水合物相进行的扫谱，从图中可以看出，水合物相 TBAB 分子特征峰的拉曼位移位于 $700\sim1500cm^{-1}$ 和 $2800\sim3000cm^{-1}$；且可以看出，CO_2 分子在水合物相中费米共振双峰不存在；该时刻未在拉曼谱图上检测到 N_2 气体存在于水合物晶笼内，而水合物相中 CH_4 分子的拉曼位移处于 TBAB 特征拉曼峰位置处，故无法检测到是否有 CH_4 气体存在于水合物晶笼内，只能进一步做相关气相色谱分析；$2900\sim3600cm^{-1}$ 为水宽峰拉曼位移；此时仅形成 TBAB 半笼形水合物。

图 6-14(b) 为高 CO_2 浓度瓦斯混合气水合分离反应进行至 23min 时，应用激

光拉曼光谱仪对水合物相进行的扫谱，从图中可以看出，水合物相 TBAB 分子特征峰的拉曼位移位于 $700 \sim 1500 \mathrm{cm}^{-1}$ 和 $2800 \sim 3000 \mathrm{cm}^{-1}$；且可以看出，$CO_2$ 分子在水合物相中费米共振双峰不存在；该时刻未在拉曼谱图上检测到 N_2 气体存在于水合物晶笼内，而水合物相中 CH_4 分子的拉曼位移处于 TBAB 特征拉曼峰位置处，故无法检测到是否有 CH_4 气体存在于水合物晶笼内，只能进一步做相关气相色谱分析；$2900 \sim 3600 \mathrm{cm}^{-1}$ 为水宽峰拉曼位移；此时仅形成 TBAB 半笼形水合物。

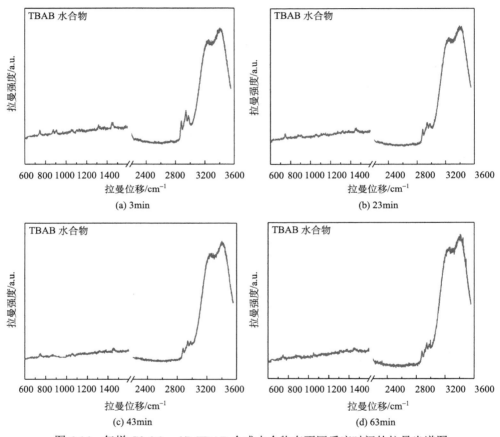

图 6-14　气样 G3-0.2mol/L TBAB 合成水合物在不同反应时间的拉曼光谱图

图 6-14(c) 为高 CO_2 浓度瓦斯混合气水合分离反应进行至 43min 时，应用激光拉曼光谱仪对水合物相进行的扫谱，从图中可以看出，水合物相 TBAB 分子特征峰的拉曼位移位于 $700 \sim 1500 \mathrm{cm}^{-1}$ 和 $2800 \sim 3000 \mathrm{cm}^{-1}$；且可以看出，$CO_2$ 分子在水合物相中费米共振双峰不存在；该时刻未在拉曼谱图上检测到 N_2 气体存在于水合物晶笼内，而水合物相中 CH_4 分子的拉曼位移处于 TBAB 特征拉曼峰位置处，故无法检测到是否有 CH_4 气体存在于水合物晶笼内，只能进一步做相关气相色谱

分析；2900～3600cm^{-1}为水宽峰拉曼位移；此时仅形成 TBAB 半笼形水合物。

图 6-14(d)为高 CO$_2$ 浓度瓦斯混合气水合分离反应进行至 63min 时，应用激光拉曼光谱仪对水合物相进行的扫谱，从图中可以看出，水合物相 TBAB 分子特征峰的拉曼位移位于 700～1500cm^{-1} 和 2800～3000cm^{-1}；且可以看出，CO$_2$ 分子在水合物相中费米共振双峰不存在；该时刻未在拉曼谱图上检测到 N$_2$ 气体存在于水合物晶笼内，而水合物相中 CH$_4$ 分子的拉曼位移处于 TBAB 特征拉曼峰位置处，故无法检测到是否有 CH$_4$ 气体存在于水合物晶笼内，只能进一步做相关气相色谱分析；2900～3600cm^{-1}为水宽峰拉曼位移；此时仅形成 TBAB 半笼形水合物。

从图 6-14(a)～(d)中可以看出，随着水合分离反应的持续进行，水合物相 TBAB 分子特征峰的拉曼位移位于 700～1500cm^{-1} 和 2800～3000cm^{-1} 未发生任何变化，且拉曼强度没有变化；从水合分离反应出现可视晶体时刻至反应进行至 63min，未在水合物相中检测到 CO$_2$ 分子在水合物相拉曼位移；未检测到 N$_2$ 分子在水合物相中的拉曼信号；由于水合物相 CH$_4$ 气体分子拉曼位移被 TBAB 拉曼信号覆盖，故可初步判断有微量或没有 CH$_4$ 气体分子进入水合物相。初步认为瓦斯气样 G3 与 0.2mol/L TBAB 溶液在本实验条件下仅合成 TBAB 半笼形水合物。

6.4　TBAB-SDS 复配溶液体系中高 CO$_2$ 浓度瓦斯混合气水合分离激光拉曼光谱

四丁基溴化铵(TBAB)、十二烷基硫酸钠(SDS)作为一类化学促进手段，国内外许多学者针对其在天然气水合物生成过程的影响进行了一些研究[36-41]，但关于 TBAB-SDS 复配体系对水合物生成影响的研究报道较少[42]，且前人的研究体系与作者所研究的 CO$_2$-CH$_4$-N$_2$ 瓦斯体系有明显不同。因此，应用激光拉曼光谱技术开展 TBAB-SDS 复配体系对 CH$_4$-N$_2$-O$_2$ 瓦斯水合分离的影响研究具有十分重要的意义。

6.4.1　TBAB-SDS 溶液中高 CO$_2$ 浓度瓦斯水合分离拉曼测定实验体系

瓦斯气样、TBAB(杂质含量低于 0.022%)、SDS(分析纯)，去离子水，实验初始条件见表 6-5。

表 6-5　瓦斯水合分离实验初始条件表

实验体系	气样	TBAB-SDS 浓度/(mol/L)	溶液体积/mL	实验初始环境条件	
				初始温度/℃	初始压力/MPa
I	G1 (80% CO$_2$+6% CH$_4$+14% N$_2$)	0.4～0.3			4.84
II	G2 (75% CO$_2$+11% CH$_4$+14% N$_2$)	0.8～0.5	1.5	2	4.92
III	G3 (70% CO$_2$+16% CH$_4$+14% N$_2$)	0.2～0.3			4.97

6.4.2　TBAB-SDS 溶液中高 CO_2 浓度瓦斯水合物拉曼光谱特征

四丁基溴化铵盐和水能够生成水合物,其含由溴离子和水分子组成的笼状结构,且部分笼状结构因捕获四丁基铵分子作为客体而形成 TBAB 水合物晶体。SDS 的加入有效降低了表面张力,有利于气体分子向溶液中扩散,能够加快气体分子在溶液中达到平衡的速度[43],缩短水合物成核诱导时间。为了分析 TBAB-SDS 复配溶液对高 CO_2 浓度瓦斯混合气水合分离产物的影响,利用显微激光拉曼光谱技术并结合实验室自主研制的原位高压反应釜,对相应浓度 TBAB-SDS 复配溶液中合成的瓦斯水合物进行测试,获得 TBAB-SDS 对其影响,为瓦斯水合分离技术向纵向应用发展奠定基础。

为了探讨 TBAB-SDS 复配溶液体系瓦斯水合分离反应过程水合物激光拉曼光谱图特征,开展瓦斯水合物相激光拉曼扫谱工作,测定开始时间为肉眼观察瓦斯水合物出现时刻,每间隔 20min 进行一次扫谱,共进行 4 个时间点的扫谱工作。具体拉曼谱图如图 6-15～图 6-17 所示。

图 6-15 为瓦斯气样 G1-0.4mol/L TBAB-0.3mol/L SDS 复配溶液体系水合分离反应不同时刻水合物拉曼光谱,图 6-15(a)为高 CO_2 浓度瓦斯混合气水合分离反应进行至 22min 时,原位高压反应釜内出现肉眼可见的水合物,应用激光拉曼光谱仪对水合物相进行的扫谱。从图中可以看出,水合物相 TBAB 分子特征峰的拉曼位移位于 700～1500cm^{-1} 和 2800～3000cm^{-1};且可以看出,CO_2 分子在水合物相中费米共振双峰存在,拉曼位移分别为 1274cm^{-1} 及 1379cm^{-1};该时刻未在拉曼谱图上检测到 N_2 气体存在于水合物晶笼内,而水合物相中 CH_4 分子的拉曼位移处于 TBAB 特征拉曼峰位置处,故无法检测到是否有 CH_4 气体存在于水合物晶笼内,只能进一步做相关气相色谱分析;体系中存在 SDS 后,拉曼光谱图低波数段 600～1600cm^{-1} 基线整体偏高,从谱图中也可看出 SDS 高频峰拉曼位移存在于 C—H 伸缩键 1050～1500cm^{-1} 和 C—C 伸缩对称键 2800～3000cm^{-1}。

图 6-15(b)为高 CO_2 浓度瓦斯混合气水合分离反应进行至 42min 时,原位高压反应釜内出现肉眼可见的水合物,应用激光拉曼光谱仪对水合物相进行的扫谱。从图中可以看出,水合物相 TBAB 分子特征峰的拉曼位移位于 700～1500cm^{-1} 和 2800～3000cm^{-1};且可以看出,CO_2 分子在水合物相中费米共振双峰存在,拉曼位移分别为 1274cm^{-1} 及 1379cm^{-1};该时刻未在拉曼谱图上检测到 N_2 气体存在于水合物晶笼内,而水合物相中 CH_4 分子的拉曼位移处于 TBAB 特征拉曼峰位置处,故无法检测到是否有 CH_4 气体存在于水合物晶笼内,只能进一步做相关气相色谱分析;体系中存在 SDS 后,拉曼光谱图低波数段 600～1600cm^{-1} 基线整体偏高,从谱图中也可看出 SDS 高频峰拉曼位移存在于 C—H 伸缩键 1050～1500cm^{-1} 和 C—C 伸缩对称键 2800～3000cm^{-1}。

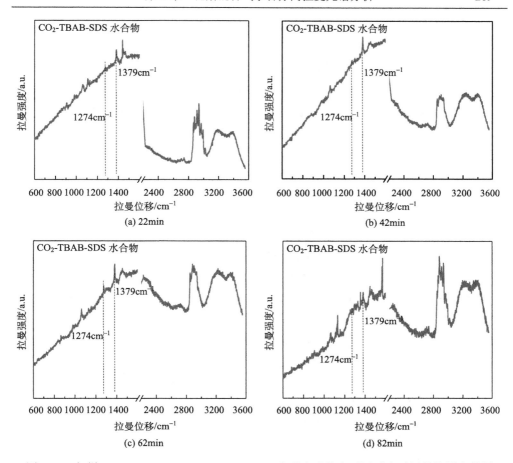

图 6-15　气样 G1-0.4mol/L TBAB-0.3mol/L SDS 合成水合物在不同反应时间的拉曼光谱图

图 6-15(c)为高 CO_2 浓度瓦斯混合气水合分离反应进行至 62min 时，原位高压反应釜内出现肉眼可见的水合物,应用激光拉曼光谱仪对水合物相进行的扫谱。从图中可以看出，水合物相 TBAB 分子特征峰的拉曼位移位于 700～1500cm^{-1} 和 2800～3000cm^{-1}；且可以看出，CO_2 分子在水合物相中费米共振双峰存在，拉曼位移分别为 1274cm^{-1} 及 1379cm^{-1}；该时刻未在拉曼谱图上检测到 N_2 气体存在于水合物晶笼内,而水合物相中 CH_4 分子的拉曼位移处于 TBAB 特征拉曼峰位置处，故无法检测到是否有 CH_4 气体存在于水合物晶笼内，只能进一步做相关气相色谱分析；体系中存在 SDS 后，拉曼光谱图低波数段 600～1600cm^{-1} 基线整体偏高，从谱图中也可看出 SDS 高频峰拉曼位移存在于 C—H 伸缩键 1050～1500cm^{-1} 和 C—C 伸缩对称键 2800～3000cm^{-1}。

图 6-15(d)为高 CO_2 浓度瓦斯混合气水合分离反应进行至 82min 时，原位高压反应釜内出现肉眼可见的水合物,应用激光拉曼光谱仪对水合物相进行的扫谱。

从图中可以看出，水合物相 TBAB 分子特征峰的拉曼位移位于 700～1500cm^{-1} 和 2800～3000cm^{-1}；且可以看出，CO_2 分子在水合物相中费米共振双峰存在，拉曼位移分别为 1274cm^{-1} 及 1379cm^{-1}；该时刻未在拉曼谱图上检测到 N_2 气体存在于水合物晶笼内，而水合物相中 CH_4 分子的拉曼位移处于 TBAB 特征拉曼峰位置处，故无法检测到是否有 CH_4 气体存在于水合物晶笼内，只能进一步做相关气相色谱分析；体系中存在 SDS 后，拉曼光谱图低波数段 600～1600cm^{-1} 基线整体偏高，从谱图中也可看出 SDS 高频峰拉曼位移存在于 C—H 伸缩键 1050～1500cm^{-1} 和 C—C 伸缩对称键 2800～3000cm^{-1}。

图 6-16 为瓦斯气样 G2-0.8mol/L TBAB-0.5mol/L SDS 复配溶液体系水合分离反应不同时刻水合物拉曼光谱，图 6-16（a）为高 CO_2 浓度瓦斯混合气水合分离反应进行至 22min 时，原位高压反应釜内出现肉眼可见的水合物，应用激光拉曼光谱仪对水合物相进行的扫谱。从图中可以看出，水合物相 TBAB 分子特征峰的拉曼位移位于 700～1500cm^{-1} 和 2800～3000cm^{-1}；且可以看出，CO_2 分子在水合物相中费米共振双峰存在，拉曼位移分别为 1274cm^{-1} 及 1379cm^{-1}；该时刻未在拉曼谱图上检测到 N_2 气体存在于水合物晶笼内，而水合物相中 CH_4 分子的拉曼位移处于 TBAB 特征拉曼峰位置处，故无法检测到是否有 CH_4 气体存在于水合物晶笼内，只能进一步做相关气相色谱分析；体系中存在 SDS 后，拉曼光谱图低波数段 600～1600cm^{-1} 基线整体偏高，从谱图中也可看出 SDS 高频峰拉曼位移存在于 C—H 伸缩键 1050～1500cm^{-1} 和 C—C 伸缩对称键 2800～3000cm^{-1}。

图 6-16（b）为高 CO_2 浓度瓦斯混合气水合分离反应进行至 42min 时，原位高压反应釜内出现肉眼可见的水合物，应用激光拉曼光谱仪对水合物相进行的扫谱。从图中可以看出，水合物相 TBAB 分子特征峰的拉曼位移位于 700～1500cm^{-1} 和 2800～3000cm^{-1}；且可以看出，CO_2 分子在水合物相中费米共振双峰存在，拉曼位移分别为 1274cm^{-1} 及 1379cm^{-1}；该时刻未在拉曼谱图上检测到 N_2 气体存在于水合物晶笼内，而水合物相中 CH_4 分子的拉曼位移处于 TBAB 特征拉曼峰位置处，故无法检测到是否有 CH_4 气体存在于水合物晶笼内，只能进一步做相关气相色谱分析；体系中存在 SDS 后，拉曼光谱图低波数段 600～1600cm^{-1} 基线整体偏高，从谱图中也可看出 SDS 高频峰拉曼位移存在于 C—H 伸缩键 1050～1500cm^{-1} 和 C—C 伸缩对称键 2800～3000cm^{-1}。

图 6-16（c）为高 CO_2 浓度瓦斯混合气水合分离反应进行至 62min 时，原位高压反应釜内出现肉眼可见的水合物，应用激光拉曼光谱仪对水合物相进行的扫谱。从图中可以看出水合物相 TBAB 分子特征峰的拉曼位移位于 700～1500cm^{-1} 和 2800～3000cm^{-1}；且可以看出，CO_2 分子在水合物相中费米共振双峰存在，拉曼位移分别为 1274cm^{-1} 及 1379cm^{-1}；该时刻未在拉曼谱图上检测到 N_2 气体存在于水合物晶笼内，而水合物相中 CH_4 分子的拉曼位移处于 TBAB 特征拉曼峰位置处，

故无法检测到是否有 CH_4 气体存在于水合物晶笼内，只能进一步做相关气相色谱分析；体系中存在 SDS 后，拉曼光谱图低波数段 $600\sim1600cm^{-1}$ 基线整体偏高，从谱图中也可看出 SDS 高频峰拉曼位移存在于 C—H 伸缩键 $1050\sim1500cm^{-1}$ 和 C—C 伸缩对称键 $2800\sim3000cm^{-1}$。

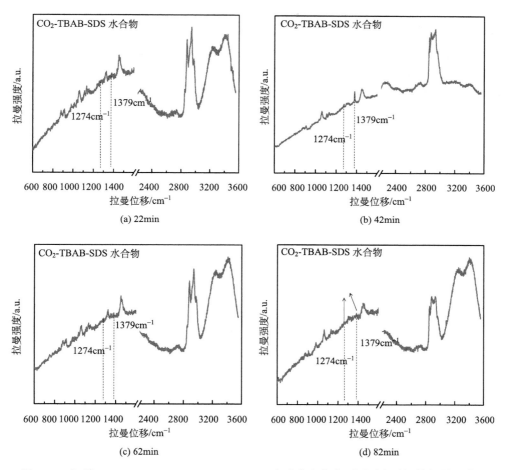

图 6-16　气样 G2-0.8mol/L TBAB-0.5mol/L SDS 合成水合物在不同反应时间的拉曼光谱图

图 6-16(d) 为高 CO_2 浓度瓦斯混合气水合分离反应进行至 82min 时，原位高压反应釜内出现肉眼可见的水合物，应用激光拉曼光谱仪对水合物相进行的扫谱。从图中可以看出水合物相 TBAB 分子特征峰的拉曼位移位于 $700\sim1500cm^{-1}$ 和 $2800\sim3000cm^{-1}$；且可以看出，CO_2 分子在水合物相中费米共振双峰存在，拉曼位移分别为 $1274cm^{-1}$ 及 $1379cm^{-1}$；该时刻未在拉曼谱图上检测到 N_2 气体存在于水合物晶笼内，而水合物相中 CH_4 分子的拉曼位移处于 TBAB 特征拉曼峰位置处，

故无法检测到是否有 CH_4 气体存在于水合物晶笼内，只能进一步做相关气相色谱分析；体系中存在 SDS 后，拉曼光谱图低波数段 $600\sim1600cm^{-1}$ 基线整体偏高，从谱图中也可看出 SDS 高频峰拉曼位移存在于 C—H 伸缩键 $1050\sim1500cm^{-1}$ 和 C—C 伸缩对称键 $2800\sim3000cm^{-1}$。

图 6-17 为瓦斯气样 G3-0.2mol/L TBAB-0.3mol/L SDS 复配溶液体系水合分离反应不同时刻水合物拉曼光谱，图 6-17(a)为高 CO_2 浓度瓦斯混合气水合分离反应进行至 22min 时，原位高压反应釜内出现肉眼可见的水合物，应用激光拉曼光谱仪对水合物相进行的扫谱。从图中可以看出，水合物相 TBAB 分子特征峰的拉曼位移位于 $700\sim1500cm^{-1}$ 和 $2800\sim3000cm^{-1}$；且可以看出，CO_2 分子在水合物相中费米共振双峰存在，拉曼位移分别为 $1274cm^{-1}$ 及 $1379cm^{-1}$；该时刻未在拉曼谱图上检测到 N_2 气体存在于水合物晶笼内，而水合物相中 CH_4 分子的拉曼位移处

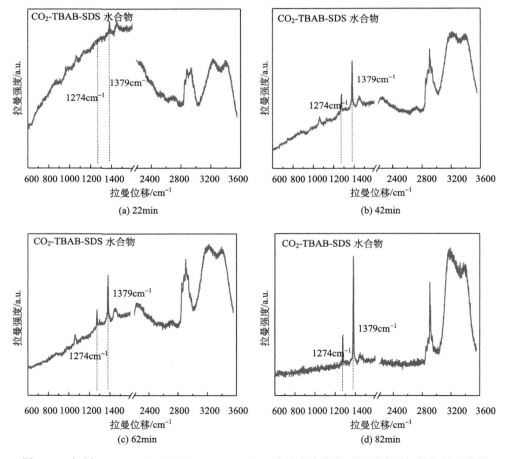

图 6-17　气样 G3-0.2mol/L TBAB-0.3mol/L SDS 合成水合物在不同反应时间的拉曼光谱图

于 TBAB 特征拉曼峰位置处,故无法检测到是否有 CH_4 气体存在于水合物晶笼内,只能进一步做相关气相色谱分析;体系中存在 SDS 后,拉曼光谱图低波数段 $600\sim$ $1600cm^{-1}$ 基线整体偏高,从谱图中也可看出 SDS 高频峰拉曼位移存在于 C—H 伸缩键 $1050\sim1500cm^{-1}$ 和 C—C 伸缩对称键 $2800\sim3000cm^{-1}$。

图 6-17(b)为高 CO_2 浓度瓦斯混合气水合分离反应进行至 42min 时,原位高压反应釜内出现肉眼可见的水合物,应用激光拉曼光谱仪对水合物相进行的扫谱。从图中可以看出,水合物相 TBAB 分子特征峰的拉曼位移位于 $700\sim1500cm^{-1}$ 和 $2800\sim3000cm^{-1}$;且可以看出,CO_2 分子在水合物相中费米共振双峰存在,拉曼位移分别为 $1274cm^{-1}$ 及 $1379cm^{-1}$;该时刻未在拉曼谱图上检测到 N_2 气体存在于水合物晶笼内,而水合物相中 CH_4 分子的拉曼位移处于 TBAB 特征拉曼峰位置处,故无法检测到是否有 CH_4 气体存在于水合物晶笼内,只能进一步做相关气相色谱分析;体系中存在 SDS 后,拉曼光谱图低波数段 $600\sim1600cm^{-1}$ 基线整体偏高,从谱图中也可看出 SDS 高频峰拉曼位移存在于 C—H 伸缩键 $1050\sim1500cm^{-1}$ 和 C—C 伸缩对称键 $2800\sim3000cm^{-1}$。

图 6-17(c)为高 CO_2 浓度瓦斯混合气水合分离反应进行至 62min 时,原位高压反应釜内出现肉眼可见的水合物,应用激光拉曼光谱仪对水合物相进行的扫谱。从图中可以看出,水合物相 TBAB 分子特征峰的拉曼位移位于 $700\sim1500cm^{-1}$ 和 $2800\sim3000cm^{-1}$;且可以看出,CO_2 分子在水合物相中费米共振双峰存在,拉曼位移分别为 $1274cm^{-1}$ 及 $1379cm^{-1}$;该时刻未在拉曼谱图上检测到 N_2 气体存在于水合物晶笼内,而水合物相中 CH_4 分子的拉曼位移处于 TBAB 特征拉曼峰位置处,故无法检测到是否有 CH_4 气体存在于水合物晶笼内,只能进一步做相关气相色谱分析;体系中存在 SDS 后,拉曼光谱图低波数段 $600\sim1600cm^{-1}$ 基线整体偏高,从谱图中也可看出 SDS 高频峰拉曼位移存在于 C—H 伸缩键 $1050\sim1500cm^{-1}$ 和 C—C 伸缩对称键 $2800\sim3000cm^{-1}$。

图 6-17(d)为高 CO_2 浓度瓦斯混合气水合分离反应进行至 82min 时,原位高压反应釜内出现肉眼可见的水合物,应用激光拉曼光谱仪对水合物相进行的扫谱。从图中可以看出,水合物相 TBAB 分子特征峰的拉曼位移位于 $700\sim1500cm^{-1}$ 和 $2800\sim3000cm^{-1}$;且可以看出,CO_2 分子在水合物相中费米共振双峰存在,拉曼位移分别为 $1274cm^{-1}$ 及 $1379cm^{-1}$;该时刻未在拉曼谱图上检测到 N_2 气体存在于水合物晶笼内,而水合物相中 CH_4 分子的拉曼位移处于 TBAB 特征拉曼峰位置处,故无法检测到是否有 CH_4 气体存在于水合物晶笼内,只能进一步做相关气相色谱分析;体系中存在 SDS 后,拉曼光谱图低波数段 $600\sim1600cm^{-1}$ 基线整体偏高,从谱图中也可看出 SDS 高频峰拉曼位移存在于 C—H 伸缩键 $1050\sim1500cm^{-1}$ 和 C—C 伸缩对称键 $2800\sim3000cm^{-1}$。

国内外关于开展复配溶液体系下瓦斯混合气水合物拉曼光谱研究尚未见报

道,应用激光拉曼光谱技术对复杂体系水合物进行拉曼光谱分析存在一定不足,仅能从定性的角度对水合物拉曼光谱图进行分析,如需进一步对复杂体系水合物进行定量的微观分析则需要结合 X 射线衍射仪、核磁共振等设备共同分析。

6.5　瓦斯浓度影响下水合物晶体结构拉曼光谱特征

瓦斯水合物是在一定温度、压力条件下由水与瓦斯气体组分(CH_4、C_2H_6、N_2 等)生成的类冰状笼形晶体化合物,具有储气量高、生成条件温和等优点[44]。水合物法分离与储运技术作为一种煤矿瓦斯综合利用新方法而被深入研究。目前在瓦斯水合物诱导时间、生长速率等宏观研究方面已取得一定进展,但对瓦斯水合物晶体结构微观研究仍较为有限。瓦斯水合物晶体结构可由水合物结构类型、孔穴占有率、水合指数等参数精确界定,上述因素对水合物稳定性及储气量起决定性作用[45],因此水合物晶体结构准确表征对于完善瓦斯水合化利用技术理论体系尤为重要。

水合物晶体结构表征常用测试手段有显微激光拉曼光谱(MLRM)、X 射线衍射(XRD)、核磁共振(NMR)等。MLRM 相比其他测试手段在水合物研究领域更为成熟,具有灵敏度高、无伤检测等特点,现已作为一种鉴定水合物晶体结构的分析测试手段而被广泛应用。国内外学者已获取 CH_4、N_2 等一元气体水合物的拉曼光谱[46,47],其特征峰位移相比气相均有所偏移,并结合 Van der Waals-Platteeuw 模型计算一元水合物孔穴占有率及水合指数。Subramanian 等进一步对 CH_4-CO_2、CH_4-C_2H_6 等[48,49]以 CH_4 为主的二元水合物开展了拉曼谱图测试,发现客体分子特征峰位移与水合物晶体结构及孔穴种类有关,且水合物结构类型受气体组分影响[50],并通过计算得出水合物中客体分子在大孔穴占有率高于小孔穴等结论。矿井瓦斯相比上述气体组分浓度更为复杂,因此可能导致水合物结构特征变化。

据此,本书通过开展瓦斯(CH_4-C_2H_6-N_2)水合产物拉曼光谱测试及定量分析,从孔穴占有率、水合指数、水合物结构类型等角度探讨不同浓度瓦斯对水合物晶体结构拉曼光谱特征的影响,为瓦斯水合物晶体结构提供数据及理论基础,为瓦斯水合化利用技术提供数据支持。

瓦斯水合实验采用三种浓度气样,依据煤矿瓦斯主要成分进行配比,具体为:G1:$\varphi(CH_4)$=54%,$\varphi(C_2H_6)$=36%,$\varphi(N_2)$=10%;G2:$\varphi(CH_4)$=67.5%,$\varphi(C_2H_6)$=22.5%,$\varphi(N_2)$=10%;G3:$\varphi(CH_4)$=81%,$\varphi(C_2H_6)$=9%,$\varphi(N_2)$=10%。

首先利用单晶硅特征峰 520.7cm^{-1} 对拉曼光谱仪进行校正,以保证实验精度;清洗反应釜后注入 1.5mL 蒸馏水,启动低温恒温槽保持反应釜温度在 2℃,向釜内充入瓦斯气样并进行置换 2 次;随后充入瓦斯气样至 5MPa,并立即对气相进行拉曼测试;随后水合物逐渐生成,待 48h 后反应釜内压力不再变化时,对水合产物进行拉曼测试。实验过程中温度、压力以 G1 为例，如图 6-18 所示。

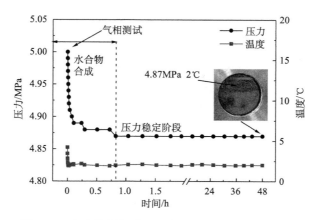

图 6-18　水合物制备过程温度、压力随时间变化曲线

6.5.1　瓦斯水合物拉曼测试

目前常见的气体水合物晶体类型有 Ⅰ 型(sⅠ)、Ⅱ 型(sⅡ)和 H 型结构(sH)，Ⅰ 型水合物包含 5^{12} 和 $5^{12}6^2$ 两种大、小不同孔穴结构，Ⅱ 型包含 5^{12} 和 $5^{12}6^4$ 两种孔穴结构，H 型则有 5^{12}、$4^35^66^3$、$5^{12}6^4$ 三种孔穴结构[51]。由于拉曼强度受物质浓度影响，拉曼位移取决于分子键振动模式及所处化学环境，不同晶体结构水合物中客体分子的拉曼位移也不同，据此判断水合物晶体结构类型及客体分子组分。

图 6-19～图 6-21 中 a、b、c 分别为瓦斯水合体系气相拉曼光谱图，其中 b 为 N_2 特征峰，位于 $2327cm^{-1}$ 处，为 N—N 键伸缩振动(v_1)，c 中间较高位于 $2917cm^{-1}$ 处是 CH_4 特征峰，为 C—H 键对称伸缩振动(v_1)。C_2H_6 由于分子结构相比 N_2 和 CH_4 较为复杂，共有三个特征峰，$995\ cm^{-1}$ 处为 C—C 键伸缩振动(v_3)，$2900cm^{-1}$ 处为 C—H 键对称伸缩振动(v_1)，$2955cm^{-1}$ 处为 CH_3 键扭曲伸缩振动。

图 6-19～图 6-21 中 d、e、f 分别为三种瓦斯气样水合产物拉曼光谱图，气体组分在水合物相中拉曼位移相较其气相均有一定偏移。其中 2 号峰($2322\ cm^{-1}$)为水合物中 N_2 特征峰，相比气相向左偏移了 $5cm^{-1}$，Lee 和 Qin 等认为其分子直径较小，在与其他分子直径较大的气体混合形成水合物时，进入小孔穴的优先级较高[52,53]。f 中间的 4 号和 5 号峰为 CH_4 特征峰，CH_4 分子进入大、小不同孔穴，化学环境发生变化从而特征峰分裂，三种瓦斯气样水合产物中 CH_4 同时存在于大、小孔穴中，其中 $2904cm^{-1}$ 处为 CH_4 分子在大孔穴的特征峰，$2915cm^{-1}$ 处为小孔穴特征峰。而 N_2 和 CH_4 在不同结构类型水合物相中拉曼位移相差较小，因此无法根据其位移判断气体水合产物的结构类型。

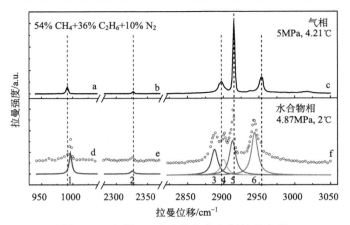

图 6-19　气样 G1 水合物相与气相拉曼光谱

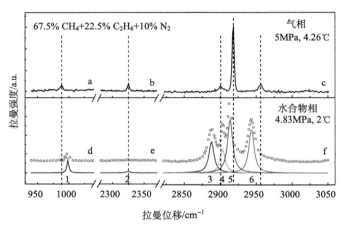

图 6-20　气样 G2 水合物相与气相拉曼光谱

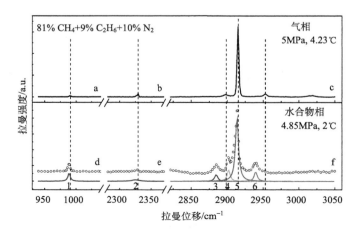

图 6-21　气样 G3 水合物相与气相拉曼光谱

水合物相中 C_2H_6 特征峰与气相类似，仍为 3 个特征峰，但图 6-19、图 6-20 中的 1 号峰 C_2H_6 C—C 键振动特征峰为 $1001cm^{-1}$，相比于气相向右偏移了约 $7cm^{-1}$，而图 6-21 中的 1 号特征峰则处于 $993cm^{-1}$，相比气相向左偏移了约 $1cm^{-1}$，且 6 号峰 C_2H_6 的 CH_3 振动特征峰偏移情况也有所不同，水合物相中 CH_3 特征峰位移与气样 G1、气样 G2 体系相比气样 G3 体系分别大 $4cm^{-1}$ 和 $3cm^{-1}$，根据相关文献 [48] 可以判断出气样 G1 和气样 G2 水合产物为 I 型结构水合物，气样 G3 水合产物为 II 型结构水合物。

6.5.2　瓦斯水合产物晶体结构参数计算

由于客体分子在主体水分子所形成笼形孔穴中分布是随机的，水合物大、小孔穴不能被客体分子完全占据，因此水合物是一种非化学计量化合物。孔穴占有率是水合物参数计算的基础，通过计算大、小孔穴占有率，从而对水合物进行定量分析。首先利用 PeakFit 对三种瓦斯水合产物的拉曼谱图进行分峰拟合处理，并褶积得出各组分在拉曼谱图中的面积，其结果如表 6-6 所示。

表 6-6　水合物相拉曼峰拟合数据

体系	参数	拟合峰					
		1	2	3	4	5	6
G1	面积	7378.17	1350.29	2.19×10^4	1.34×10^4	2.93×10^4	3.65×10^4
	振幅	948.16	139.59	1342.32	823.81	1797.65	2240.21
	中心峰位	1001.26	2322.76	2890.47	2904.21	2915.82	2946.67
G2	面积	9647.51	2451.06	5.54×10^4	4.20×10^4	9.53×10^4	7.83×10^4
	振幅	1686.51	179.20	4146.57	3142.99	7127.59	5861.85
	中心峰位	1001.19	2322.69	2890.45	2903.98	2915.65	2946.41
G3	面积	3742.39	1981.51	3447.02	5987.77	3.30×10^4	4915.92
	振幅	535.89	87.13	421.75	732.61	4037.24	601.47
	中心峰位	993.93	2322.39	2887.36	2903.82	2914.55	2941.59

两种结构水合物孔穴占有率计算方法相似，I 型结构水合物中大孔穴数量为小孔穴的 3 倍，因此占据大孔穴的客体分子数量较多，其相应谱带面积较大；II 型结构水合物中小孔穴数量为大孔穴的 2 倍，其小孔穴谱带面积较大，客体分子在大、小孔穴的占有率用式 (6-13) 和式 (6-14) 表示 [54]：

$$s\,I: \quad \frac{\theta_L}{\theta_S} = \frac{A_L}{3A_S} \tag{6-13}$$

$$\text{s II} : \quad \frac{\theta_L}{\theta_S} = \frac{2A_L}{A_S} \tag{6-14}$$

式中，θ_L、θ_S 分别为瓦斯水合产物中大、小孔穴总的占有率，A_L、A_S 分别为大、小孔穴中客体分子特征峰的总面积。利用各组分特征峰面积还可分别确定相同孔穴中各组分所占比例为 $\theta_{L,CH_4}/\theta_{L,C_2H_6}$、$\theta_{S,CH_4}/\theta_{S,N_2}$，结合 Van der Waals-Platteeuw 模型中水在空水合物晶格和水合物化学位差可计算水合物孔穴占有率：

$$\Delta\mu_{w,H} = \Delta\mu(h) - \Delta\mu(h^0) \tag{6-15}$$

$$\text{s I} : \quad \Delta\mu_{w,H} = \frac{-RT}{23}\left[\ln\left(1 - \theta_{S,CH_4} - \theta_{S,N_2}\right) + 3\ln\left(1 - \theta_{L,CH_4} - \theta_{L,C_2H_6}\right)\right] \tag{6-16}$$

$$\text{s II} : \quad \Delta\mu_{w,H} = \frac{-RT}{17}\left[2\ln\left(1 - \theta_{S,CH_4} - \theta_{S,N_2}\right) + \ln\left(1 - \theta_{L,CH_4} - \theta_{L,C_2H_6}\right)\right] \tag{6-17}$$

式中，$\Delta\mu_{w,H}$ 为水分子在水合物晶格与自由水中的化学位差，已经被国外诸多专家研究确定[55]，本书中 I 型水合物 $\Delta\mu_{w,H}$ 取 1297J/mol，II 型水合物 $\Delta\mu_{w,H}$ 取 937J/mol。由式(6-13)～式(6-17)，可计算出 CH_4、C_2H_6 在水合物相中大孔穴的占有率 θ_{L,CH_4}、θ_{L,C_2H_6} 及 CH_4、N_2 在小孔穴的占有率 θ_{S,CH_4}、θ_{S,N_2}，计算结果如表 6-7 所示。

表 6-7　气体水合物客体分子孔穴占有率

体系	结构	孔穴占有率 θ			
		θ_{L,C_2H_6}	θ_{L,CH_4}	θ_{S,CH_4}	θ_{S,N_2}
G1	s I	0.81	0.17	0.80	0.04
G2	s I	0.76	0.22	0.60	0.02
G3	s II	0.62	0.30	0.84	0.05

从表 6-7 中可以发现两种结构瓦斯水合产物大孔穴几乎都被填满，而小孔穴只有部分被填满，N_2 在水合物相中小孔穴占有率相比 CH_4 相差较大，其主要由于 N_2 在气样中分压较低且吸附能力较弱。气样 G1 和气样 G2 生成 I 型水合物的大孔穴占有率大于气样 G3 生成的 II 型水合物，水合物相中 CH_4 和 C_2H_6 的大孔穴占有率随气样中 CH_4 和 C_2H_6 浓度变化呈正相关趋势。在 I 型水合物中 N_2 占有率变化较小，CH_4 小孔穴占有率随着 CH_4 浓度的升高反而降低，导致小孔穴占有率逐渐降低，相比气样 G3 体系水合物小孔穴占有率较低，大孔穴占有率较高。

瓦斯水合产物分子式可以表示为 $M\cdot nH_2O$。其中，M 为水合物相中客体分子，可以根据水合物中各气体组分构成得出；n 为水合物中水与气体的摩尔比。CH_4 在水合物相中所占比例可由式(6-18)和式(6-19)计算：

$$s\,I:\quad X_{CH_4}=\frac{3\theta_{L,CH_4}+\theta_{S,CH_4}}{3\left(\theta_{L,CH_4}+\theta_{L,C_2H_6}\right)+\theta_{S,CH_4}+\theta_{S,N_2}} \tag{6-18}$$

$$s\,II:\quad X_{CH_4}=\frac{\theta_{L,CH_4}+2\theta_{S,CH_4}}{\theta_{L,CH_4}+\theta_{L,C_2H_6}+2\left(\theta_{S,CH_4}+\theta_{S,N_2}\right)} \tag{6-19}$$

N_2、C_2H_6 在水合物相中所占比例计算方法与 CH_4 类似，根据计算结果绘制水合物相中各气体组分比随气样变化曲线(图 6-22)。

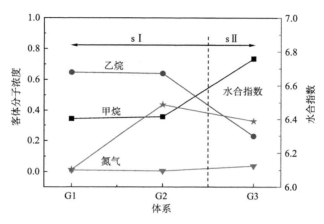

图 6-22　客体分子浓度与水合指数关系

由图 6-22 可知，N_2 在水合物相中占有率始终较低，小于 5%。$s\,I$ 型水合物的 CH_4 及 C_2H_6 含量随气体组分变化不明显，两种水合物相中 CH_4 含量分别为 34.4%和 35.7%，C_2H_6 含量分别为 64.6%和 63.9%，而 $s\,II$ 型水合物中 CH_4 及 C_2H_6 含量与 $s\,I$ 型水合物有显著变化，CH_4 和 C_2H_6 含量分别为 73.5%和 22.8%。

若水合物中大、小孔穴完全被客体分子占据，$s\,I$ 型水合物分子式可以表示为 $M\cdot 5.75H_2O$，根据水合物中水与气体的摩尔比(n)计算得出 $1m^3$ 水可储存 $216.43m^3$ 瓦斯，II 型水合物分子式可以表示为 $M\cdot 5.67H_2O$，可储存 $219.48m^3$ 瓦斯。理论上 II 型水合物相比于 I 型水合物水合指数较小，储气量较多，实际水合物水合指数可由式(6-20)和式(6-21)计算：

$$s\,I:\quad n=\frac{23}{3\left(\theta_{L,CH_4}+\theta_{L,C_2H_6}\right)+\theta_{S,CH_4}+\theta_{S,N_2}} \tag{6-20}$$

$$s\,II:\quad n=\frac{17}{\theta_{L,CH_4}+\theta_{L,C_2H_6}+2\left(\theta_{S,CH_4}+\theta_{S,N_2}\right)} \tag{6-21}$$

在瓦斯水合实验测试中，三种气样水合物的水合指数分别为 6.10、6.49、6.39，三种瓦斯气样水合产物水合指数先升高再降低，计算得出瓦斯水合物储气量分别为 203.87m³、191.81m³、194.81m³，其中 I 型水合物中 C_2H_6 浓度较高时其水合指数较小，储气量较高，其水合物相中主要成分为 C_2H_6。随着气样中 C_2H_6 浓度降低，水合指数呈先增加再减少的趋势，当水合物结构为 s II 型时，含气量比 G2 多，其主要成分为 CH_4，实验表明水合物的储气量与气样中各组分浓度有关。

根据上述计算得出水合物气体比例和水合指数，可对三种瓦斯水合物进行准确表征：气样 G1 水合产物分子式为 $0.34CH_4 \cdot 0.65C_2H_6 \cdot 0.01N_2 \cdot 6.10H_2O$、气样 G2 水合产物分子式为 $0.36CH_4 \cdot 0.64C_2H_6 \cdot 0.05N_2 \cdot 6.49H_2O$，气样 G3 水合产物分子式为 $0.74CH_4 \cdot 0.23C_2H_6 \cdot 0.37N_2 \cdot 6.39H_2O$。

6.6 驱动力影响下 CH_4-C_2H_6-N_2-H_2O 体系水合产物拉曼光谱

气体水合物作为高效清洁能源、气体储存载体等而被作为热点研究，主要集中在以下几个方面：①深海海底、高山冻土地带的天然气水合物的大规模安全开采[56-58]；②利用水合物进行混合气体分离[59]；③利用水合物的高含气率储运天然气、氢[60-63]；④"CH_4-CO_2 置换法"开采海底天然气[64,65]，这些热点研究都会考虑压力（p）这一重要因素的影响，而水合物生成驱动力（Δp）又是压力研究的重要组成部分。David 等通过研究不同驱动力下的 CO_2-CH_4-H_2O 体系水合反应，推导出了偏摩尔吉布斯自由能 Δg 与 Δp 的关系式[66]；Dong-Liang Zhong 等[67]发现在 CH_4-N_2-CP-H_2O 体系中低驱动力（Δp=2.3MPa）条件下，CH_4 优先形成水合物，而较高驱动力（Δp=3.5MPa）时 N_2 则与 CH_4"竞争"；V. Mohebbi 在多组实验的基础上指出气体消耗速率与 Δp 存在指数关系[68]。国内外学者在驱动力对水合物特性的影响方面已有一定的研究，但大多专注于宏观方面，对微观特性方面的研究鲜见报道。本书编者利用实验室自主设计搭建的瓦斯水合物拉曼光谱原位测试实验平台，在 2℃、三种驱动力（2.5MPa、3.0MPa、3.5MPa）条件下对瓦斯气样（67% CH_4+22.9% C_2H_6+10.1% N_2）分别进行了无损测试，避免了瓦斯水合物在测试时易分解的问题，以期获得该四元体系在不同驱动力下水合产物的晶体结构、孔穴占有率、水合指数、晶体结构等微观信息及其变化规律，研究驱动力对瓦斯水合物的微观结构影响。

6.6.1 实验体系

本实验中初始条件如表 6-8 所示，其中相平衡预测值由 Sloan 的相平衡预测软件 Hydoff 得出。首先利用单晶硅对光谱仪进行校准，清洗反应釜，注入 1.5mL 蒸馏水，将透明釜放入夹套内安装完毕，然后开启低温恒温槽将反应釜内温度降到 2℃并维持在该温度，再利用瓦斯气样置换釜内空气 3 次，其后充入瓦斯气体达到目标值，并立即对瓦斯气样进行气相拉曼测试，再待其反应 3 天，釜内压力不再发生变化后进行水合产物拉曼测试。

表 6-8　实验初始条件

条件	反应溶液体积 /mL	实验温度/℃	相平衡压力/MPa	驱动力 Δp /MPa	实验压力 /MPa
参数	1.5	2.0	2.38	2.5	4.88
				3.0	5.38
				3.5	5.88

6.6.2　不同驱动力下反应体系水合物相拉曼光谱

图 6-23 所示是 CH_4、C_2H_6、N_2 在三种驱动力（2.5MPa、3.0MPa、3.5MPa）条件下的拉曼光谱图。从图中可以看出：①气相拉曼峰高而尖，水合物峰低而宽，CH_4 峰尤其明显，这是由于气体分子处于自由空间，分子间距离大，超过了范德瓦耳斯力影响范围，没有范德瓦耳斯力的束缚，自由 CH_4 分子所处化学环境均一，水合物相则相反[69]；②相对于各客体分子的气相拉曼峰，它们的水合物峰均发生了一定程度的向左偏移，这种偏移被称为"蓝移"，其偏移量 Δ_{BS} 取决于客体分子

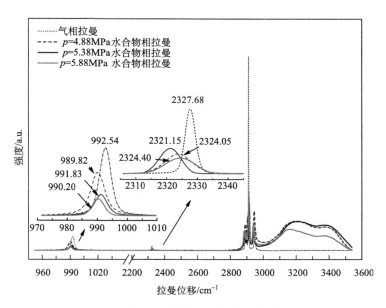

图 6-23　瓦斯水合物拉曼光谱图

的键长和反应能[70]; ③CH_4水合物相拉曼峰发生了"分裂"呈现双峰,且向低波数迁移,产生这种现象的原因是 CH_4 分子分别填充在水合物大($5^{12}6^4$)、小(5^{12})孔穴中,其与大小孔穴的作用力存在差异,所处化学环境存在差异,从而使得 CH_4 分子拉曼谱峰产生分裂[71]; ④在 3000~3500cm^{-1} 出现相对较宽的"驼峰"谱,这是水合物中 H_2O 分子的 O—H 键对称伸缩振动和弯曲谐振模式,测试结果与 Ratcliffe、Irish 和 Walrafen 等[72-76]的结果相符合,其较宽谱峰其实是由 4 个谱峰——3241cm^{-1} 处的带氢键 O—H 键对称伸缩振动峰,3415cm^{-1} 处带氢键的 O—H 键反对称伸缩振动峰,3540cm^{-1} 处不带氢键的 O—H 键对称伸缩振动峰,3617cm^{-1} 处不带氢键的 O—H 键反对称伸缩振动峰叠加而成。图中 992.54cm^{-1} 为气相 C_2H_6 的 C—C 键对称伸缩振动(υ_3),2327.68cm^{-1} 为 N_2 的 N—N 键对称伸缩振动峰(υ_1)。

图 6-24 是三种驱动力条件下的 2860~2980cm^{-1} 段拉曼光谱图,图中尖锐的 2916.1cm^{-1} 表示气相 CH_4 分子 C—H 键对称伸缩振动峰(υ_1),2898.2cm^{-1}、2954.2cm^{-1} 分别为气相 C_2H_6 分子的两个气相峰——前者为 C—H 键对称伸缩振动峰(υ_1),后者为 CH_3 键扭曲振动峰($2\upsilon_{11}$)。由图 6-24 中 CH_4、C_2H_6 分子拉曼特征峰位,依据相关文献可知,三种驱动力条件下生成的瓦斯水合产物都为 sⅡ型结构。实验还显示,C_2H_6、N_2 分别仅占据水合物的大、小孔穴,这与 C_2H_6、N_2 分子直径尺寸相对较大和较小(表 6-9),分别只能进入水合物的大、小孔穴有关。这是由于 N_2 分子直径相对于水合物孔穴尺寸较小,在多种客体分子形成水合物中,其进入 5^{12} 孔穴的优先级较高。图 6-24 还显示,C_2H_6 分子相对于 CH_4、N_2

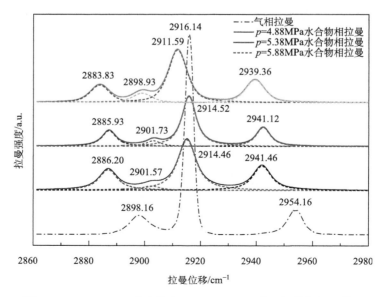

图 6-24　CH_4、C_2H_6水合物在 2860~2980cm^{-1} 区间的拉曼光谱图

表 6-9　　三种气体分子直径及 sⅡ型水合物孔穴直径

分子直径/nm			sⅡ型水合物孔穴直径/nm	
CH_4	C_2H_6	N_2	小孔 (5^{12})	大孔 ($5^{12}6^4$)
0.456	0.550	0.410	0.391	0.473

分子的"蓝移"量大得多，分析认为这与 C_2H_6 分子键长相对较长有关。拉曼谱图中，CH_4、C_2H_6、N_2 强度并不与浓度成正比，分析认为这是反应体系中瓦斯水合物分布不均匀所致。

6.6.3　不同驱动力影响下瓦斯水合产物晶体结构参数计算

通过 Sloan 的"松笼-紧笼"模型及 Van der Waals-Platteeuw 模型结合客体分子拉曼位移计算水合物孔穴占有率。首先利用谱峰拟合软件 PeakFit 对三种驱动力条件下各客体分子进行分峰拟合，进而褶积得出各分峰的面积，结果如表 6-10 所示。

表 6-10　水合物相拉曼峰拟合数据

驱动力 /MPa	参数	CH_4			C_2H_6		N_2
2.5	中心峰位	2901.57	2914.46	989.82	2886.20	2941.46	2324.05
	振幅	1058.91	4760.10	1058.91	1921.88	2285.39	166.6
	面积	7136.31	$5.465×10^4$	7136.31	$2.206×10^4$	$2.624×10^4$	1934.549
3.0	中心峰位	2901.73	2914.52	991.83	2885.93	2941.12	2321.15
	振幅	526.24	4845.74	519.39	1506.56	1831.437	214.57
	面积	4526.09	$4.168×10^4$	4470.64	$1.296×10^4$	$1.575×10^4$	1786.22
3.5	中心峰位	2898.93	2911.59	990.20	2883.83	2939.36	2324.4
	振幅	862.05	$5.16×10^4$	420.93	1626.77	2120.24	130.90
	面积	9053.32	$6.111×10^4$	1959.57	$1.708×10^4$	$2.227×10^4$	1530.66

依据 Van der Waals-Platteeuw 模型，假设水合物中每个孔穴被一个客体分子占据，且客体分子之间不存在相互作用，只与相邻水分子作用，则 sⅡ型水合物相关参数满足公式，可分别计算出 θ_L、θ_S、θ_{L,CH_4}、θ_{L,C_2H_6}、θ_{S,CH_4}、θ_{S,N_2}，计算结果拟合绘图见图 6-25 (其中，θ_L-TLCO、θ_S-TSCO、θ_{L,CH_4}-MLCO、θ_{L,C_2H_6}-ELCO、

θ_{S,CH_4} -MSCO、θ_{S,N_2} -NSCO[①])。

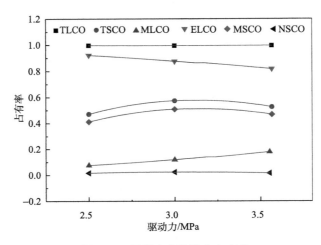

图 6-25　瓦斯水合物孔穴占有率

图 6-25 显示：①三种驱动力条件下，C_2H_6 大孔穴占有率非常高，极接近 1，大孔穴几乎被填满，CH_4 分子则很低，N_2 分子没有被检测到占有大孔穴，初步分析认为，这是由于水合反应过程中，大孔穴分子尺寸较大，只有 CH_4、C_2H_6 能够形成稳定的结构，N_2 分子由于尺寸相对较小，不能形成稳定结构，而且填充大孔穴的 CH_4、C_2H_6 分压大，分子作用力强，CH_4、C_2H_6 容易进入大孔穴中形成水合物，而 C_2H_6 由于分压更大、尺寸比 CH_4 更合适，且专一进入大孔穴，造成 C_2H_6 分子进入大孔穴有较高的优先级；②小孔穴约半数被填满，且小孔穴占有率同 CH_4 的小孔穴占有率十分接近，N_2 分子的小孔穴占有率非常小，说明小孔穴主要由 CH_4 分子填充，分析认为这是由 CH_4 分子尺寸合适、作用力相对 N_2 分子较强且气相分压相对较大所致；③随着驱动力的增大，C_2H_6 分子穴占有率仍很高，但呈降低趋势，CH_4 分子大孔穴占有率较低却呈递增趋势，N_2 分子则无明显影响，分析认为，这是由于 C_2H_6 分子在水溶液中过饱和，随着驱动力的增加，溶解度变化不大，但是却显著促进 CH_4 分子的溶解度，造成 CH_4 分子进入大孔穴的"竞争力"加强，进入大孔穴增多，相对 C_2H_6 分子进入大孔穴概率则减少，而 N_2 由于气相分压过低，驱动力对它的影响不明显；④CH_4 分子小孔穴占有率比大孔穴占有率大得多，这是 CH_4 分子进入小孔穴的竞争激烈程度比进入大孔穴小得多，从而能够较多进入小孔穴的缘故。

---

① TLCO 表示总大笼占有率；TSCO 表示总小笼占有率；MLCO 表示甲烷占据大笼占有率；ELCO 表示乙烷占据大笼占有率；MSCO 表示甲烷占据小笼占有率；NSCO 表示氮气占据小笼占有率。

6.6.4　水合物气体组分构成及水合指数

　　sⅡ型水合物的理想分子式为 M·5.67H$_2$O（M 表示瓦斯分子），即理想情况下，1m^3 水可储存 160～210m^3 瓦斯，由于现实中瓦斯分子只能部分填满水合物孔穴，故水合指数一般大于 5.67。sⅡ型水合物实际水合指数和瓦斯组分（以 CH$_4$ 为例）在水合产物中所占比例可分别计算得出三种驱动力条件下的瓦斯气样实际水合指数及 CH$_4$、N$_2$、C$_2$H$_6$ 在水合物相中所占比例结果拟合绘图，见图 6-26（MCR、ECR、NCR 分别表示 CH$_4$、C$_2$H$_6$、N$_2$ 组分比，HN 表示水合指数）。

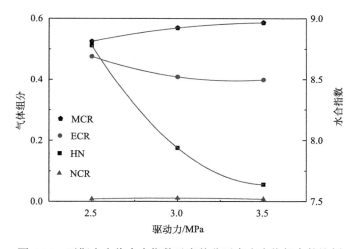

图 6-26　瓦斯水合物水合指数及客体分子在水合物相中的比例

　　图 6-26 显示：①随着驱动力的增加，瓦斯水合物的水合指数降低，说明在一定范围内，驱动力增加能够增加瓦斯水合物的储气量；②水合物中 CH$_4$ 组分比高于 C$_2$H$_6$ 且随驱动力增加而增加，C$_2$H$_6$ 组分比呈现负相关减少，N$_2$ 很低且基本无变化，说明在一定范围内，驱动力越高，较 C$_2$H$_6$ 对 CH$_4$ 的促进效果更好。

　　根据所得水合指数和各客体分子组分比，可以用分子式对三种驱动力条件下生成瓦斯水合产物进行准确描述，如表 6-11 所示。

表 6-11　不同驱动力下合成水合物真实分子式

驱动力 Δp / MPa	分子式
2.5	0.525CH$_4$·0.476C$_2$H$_6$·0.00821N$_2$·8.779H$_2$O
3.0	0.569CH$_4$·0.409C$_2$H$_6$·0.0110N$_2$·7.938H$_2$O
3.5	0.586CH$_4$·0.399C$_2$H$_6$·0.00748N$_2$·7.639H$_2$O

　　所用瓦斯气样在 2.5MPa、3.0MPa 及 3.5MPa 驱动力条件下，均生成 sⅡ型水合物，其中大孔穴几乎占满，且大部分其中是 C_2H_6 分子；小孔穴约半数被占据，主要被 CH_4 分子占据；虽然 C_2H_6 分子孔穴占有率很高，但却随驱动力增加都呈降低趋势，CH_4 分子却与之相反；然而水合物中 CH_4 组分比却高于 C_2H_6，且随着驱动力增加，前者上升，后者下降，同时水合指数也随驱动力的增加而减小。说明在一定范围内，驱动力的增加对大孔穴的填充率，尤其是 C_2H_6 分子的大孔穴填充作用明显，但是对 C_2H_6 分子促进作用在降低，CH_4 的水合促进作用在增强，进而能够说明驱动力的增加在一定范围内不仅能够增加水合物储气量，更能够促进瓦斯水合反应进行。

参 考 文 献

[1]　Kashchiev D, Firoozabadi A. Nucleation of gas hydrates [J]. Journal of Crystal Growth, 2002, 243: 476-489.

[2]　吴强, 张强, 张保勇, 等. 蒙脱石对瓦斯水合分离过程的影响[J]. 煤炭学报, 2013, 38(8): 1392-1396.

[3]　Sloan E D. Clathrate Hydrate of Natural Gases[M]. New York: Taylor & Francis Group LLC, 2008.

[4]　吴强, 张保勇. 瓦斯水合物在含煤表面活性剂溶液中生成影响因素[J]. 北京科技大学学报, 2007, 29(8): 755-758, 770.

[5]　陈光进, 程宏远, 樊拴狮. 新型水合物分离技术研究进展[J]. 现代化工, 1999, 19(7): 12-14.

[6]　Yoon J H, Kawamura T, Yamamoto Y, et al. Transformation of methane hydrate to carbon dioxide hydrate in situ Raman spectroscopic observations [J]. Journal of Physical Chemistry A, 2004, 108: 5057-5059.

[7]　Lu H, Seo Y T, Lee J W. Complex gas hydrate from the Cascadia margin [J]. Nature, 2007, 445(7125): 303.

[8]　Susilo R, Ripmeester J A, Englezos P. Characterization of gas hydrates with PXRD, DSC, NMR, and Raman spectroscopy[J]. Chemical Engineering Science, 2007, 15: 3930-3939.

[9]　Sum A K, Burruss R C, Sloan E D. Measurement of clathrate hydrates via Raman spectroscopy[J]. Journal of Physical Chemistry, 1997, 101: 7371-7377.

[10]　Shick S J M. The continuity and intensity of ultraviolet irradiation affect the kinetics of biosynthesis, accumulation, and conversion of mycosporine-like amino acids (MAAs) in the coral Stylophora pistillata [J]. Limnology and Oceanography, 2004, 49 (2): 442-458.

[11]　Sloan E D. Clathrate Hydrates of Natural Gases[M]. 2nd ed. New York: Marcel Dekker, 1998: 754.

[12]　Subramanian S, Sloan E D. Trends in vibrational frequencies of guests trapped in clathrate hydrate cages[J]. Journal of Physical Chemistry, 2002, 106: 4348-4355.

[13]　Chou I M, Robert C. Diamnond-Anvil cell observations of a new methane hydrate phase in the 100MPa pressure range[J]. Journal of Physical Chemistry, 2001 105(19): 4664-4668.

[14]　Uchida T, Takeya S, Kamata Y, et al. Spectroscopic observations and thermodynamic

calculations on clathrate hydrates of mixed gas containing methane and ethane determination of structure composition and cage occupancy[J]. Journal of Physical Chemistry, 2002, 106(48): 12426-12431.

[15] Chen G J, Sun C Y, Ma Q L. Science and Technology of Gas Hydrate[M]. Beijing: Chemical Industry Press, 2007: 12-14.

[16] Amano S, Tsuda T, Hashimoto S, et al. Competitive cage occupancy of hydrogen and argon in structure-II hydrates[J]. Fluid Phase Equilibria, 2010, 298(1): 113-116.

[17] Al-Otaibi F, Clarke M, Maini B, et al. Kinetics of structure II gas hydrate formation for propane and ethane using an in-situ particle size analyzer and a Raman spectrometer[J]. Chemical Engineering Science, 2011: 2468-2474.

[18] Luzi M, Schicks J M, Naumann, R, et al. Systematic kinetic studies on mixed gas hydrate by Raman spectroscopy and pavde X-ray diffraction[J]. Journal of Chemical Thermodynamics, 2012, 48: 28-35.

[19] Long D A. Raman Spectroscopy[M]. New York: McGraw-Hill, 1977.

[20] 史伶俐, 梁德青, 丁家祥. 季铵盐半笼型甲烷水合物激光拉曼光谱研究[J]. 工程热物理学报, 2018, 39(11): 2362-2365.

[21] Ripmeester J A, Ratcliffe C I. Low-temperature cross-polarization/magic angle spinning carbon-13 NMR of solid methane hydrates: structure* cage occupancy and hydration number [J]. Journal of Physical Chemistry, 1988, 92(20): 337-339.

[22] Rosso K M, Bodnar R J. Microthermotric and Raman spectroscopic detection limits of CO_2 in fluid inclusions and the Raman spectroscopic characterization of CO_2 [J]. Geochimica et Cosmochimica Acta, 1995, 59(19): 3961-3975.

[23] Garrabos Y, Chandrasekharan V, Echargui M, et al. Density effect on the Raman fermi resonance in the fluid phase of CO_2[J]. Chemical Physics Letters, 1989(a),160: 250-256.

[24] Garrab S Y, Echargui M A, Marsault Herail F. Comparison between the density effects on the levels of the Raman spectra of Fermi resonance doublet of the $^{12}C_{16}O_2$ and $^{13}C_{16}O_2$ molecules [J], Journal of Chemical Physics, 1989(b), 91: 5869-5881.

[25] 刘志明, 商丽艳, 潘振, 等. 多孔介质与 SDS 复配体系中天然气水合物生成过程分析[J]. 化工进展, 2018, 37(6): 2203-2213.

[26] 王赵, 张伟, 李文强, 等. CO_2 水合物气体分子笼占据状态的第一性原理研究[J]. 四川师范大学学报(自然科学版), 2010, 33(3): 356-360.

[27] Uchida T, Nagayama M, Shibayama T, et al. Morphological investigations of disaccharide molecules for growth inhibition of ice crystals[J]. Crystal Growth, 2007, 299: 125-135.

[28] Lu H, Moudrakovski I, Riedel M, et al. Occurrence and structural characterization of gas hydrates associated with a cold vent field, offshore Vancouver Island [J]. Journal of Geophysical Research Solid Earth, 2005, 110: 0204.

[29] Hester K C, Dunk R M, White S N, et al. Gas hydrate measurements at hydrate ridge using Raman spectroscopy[J]. Geochimica et Cosmochimica Acta, 2007, 71: 2947-2959.

[30] Lu H, Seo Y T, Lee J W, et al. Compiex gas hydrate from the Cascadia margin[J]. Nature, 2007, 445(18): 303-306.

[31] Desmedt A, Bedouret L, Pefoute E. Energy landscape of clathrate hydrates[J]. EDP Sciences, 2012, 213: 103-127.

[32] 刘昌岭, 业渝光, 孟庆国, 等, 南海神狐海域天然气水合物样品的基本特征[J]. 热带海洋学报, 2012, 31(5): 1-5.

[33] 刘昌岭, 业渝光, 孟庆国. 显微激光拉曼光谱在气体水合物研究中的应用[C]. 第十六届全国光散射学术会议论文摘要集, 2011.

[34] Ripmeester J A, Ratcliffe C I. The nuclear magnetic resonance of ^{129}Xe trapped in clathrates and some other solids[J]. Phys. Chem. 1988, 84(11): 3731-3745.

[35] 刘昌岭, 业渝光, 孟庆国, 等. 南海神狐海域及祁连山冻土区天然气水合物的拉曼光谱特征[J]. 化学学报, 2010, 68(18): 1881-1886.

[36] Prasad P S R, Prasad K S, Sowjanya Y, et al. Laser micro Raman investigations on gas hydrates [J]. Current Science, 2009, 62(11): 1495-1499.

[37] 孙长宇, 陈光进. (氮气+四氢呋喃+水)体系水合物的生长动力学[J]. 石油学报(石油加工), 2005, 21(4): 99-105.

[38] Link D D, Edward P L, Heather A E. Formation and dissociation studies for optimizing the up-take of methane by methane hydrates[J]. Fluid Phase Equilibria, 2003, (211): 1-10.

[39] Zhong Y, Rogers R E. Surfactant effects on gashydrate formation[J]. Chemical Engineering Science, 2000, (55): 4175-4187.

[40] 李清平, 陈光进, 罗虎, 等. 十二烷基硫酸钠(SDS)对甲烷水合物膜生长动力学的影响[J]. 高校化学工程学报, 2008, 22(2): 210-215.

[41] 孙志高, 郭开华, 樊栓狮. 天然气水合物形成促进技术实验研究[J]. 天然气工业, 2004, 21(12): 210-215.

[42] 涂运中, 蒋国盛, 张凌, 等. SDS 和 THF 对甲烷水合物合成影响的实验研究[J]. 现代地质, 2008, 22(3): 485-488.

[43] 陈美园, 沈辉, 舒碧芬. 表面活性剂对 HCFC-141b 的静态水合反应的作用[J]. 制冷学报, 2009, 30(1): 14-18.

[44] Zhang B Y, Pan C H, Wu Q. Effect of gas liquid ratio on formation rate of mine gas hydrate[J]. Disaster Advances, 2013,6 (S6): 177-184.

[45] Li D L, Du J W, He S, et al. Measurement and modeling of the effective thermal conductivity for porous methane hydrate samples [J]. Science China Chemistry, 2011, 54(3): 373-379.

[46] Wang J, Liu C, Ratcliffe C, et al. Multiple H$_2$ occupancy of cages of clathrate hydrate under mild condition[J]. Journal of the American Chemical Society, 2012, 134: 9160-9162.

[47] 张保勇, 周泓吉, 吴强, 等. 瓦斯浓度影响下水合物晶体结构 Raman 光谱特征[J]. 光谱学与光谱分析, 2016, 36(1): 104-108.

[48] Subramanian S, Kini R A, Dec S F. Evidence of structure II hydrate formation from methane+ethane mixtures [J].Chemical Engineering Science, 2000, 55: 1981-1999.

[49] Sugahara T, Kobayashi Y, Tani A. Intermolecular hydrogen transfer between guest species in small and large cages of methane + propane mixed gas hydrates[J]. Journal of Physical Chemistry A, 2012, 116: 2405-2048.

[50] Murshed M M, Kuhs W F. Kinetic studies of methane-ethane mixed gas hydrates by neutron

diffraction and Raman spectroscopy[J]. Journal of Physical Chemistry B, 2009, 113: 5172-5180.

[51] Meng Q G, Liu C L, Ye Y G. ^{13}C Solid-state nuclear magnetic resonance investigations of gas hydrate structures[J]. Chinese Journal of Analytical Chemistry, 2011, 39(9): 1447-1450.

[52] Lee H H, Ahn S H. Thermodynamic stability, spectroscopic identification and gas storage capacity of CO_2-CH_4-N_2 mixture gas hydrates: Implications for landfill gas hydrates[J]. Environmental Science & Technology, 2012, 46: 4184-4190.

[53] Qin J F, Kuhs W F. Calibration of Raman quantification factors of guest molecules in gas hydrates and their application to gas exchange processes involving N_2[J]. Journal of Chemical & Engineering Data, 2014, 60(2): 369-375.

[54] Sum A K, Burruss R C. Measurement of clathrate hydrates via Raman spectroscopy[J]. Journal of Physical Chemistry B, 1997, 101(38): 7371-7377.

[55] Dharmawardhana P B, Parrish W R, Sloan E D. Experimental thermodynamic parameters for the prediction of natural gas hydrate dissociation conditions[J]. Industrial and Engineering Chemistry Research Fundamentals, 1980, 19(4): 410-414.

[56] Chong Z R, Yang S H B, Babu P, et al. Review of natural gas hydrates as an energy resource: Prospects and challenges[J]. Applied Energy, 2016, 162: 1633-1652.

[57] Lu S M. A global survey of gas hydrate development and reserves: Specifically in the marine field[J]. Renewable and Sustainable Energy Reviews, 2015, 41: 884-900.

[58] Zhang G, Liang J, Lu J, et al. Geological features, controlling factors and potential prospects of the gas hydrate occurrence in the east part of the Pearl River Mouth Basin, South China Sea[J]. Marine and Petroleum Geology, 2015, 67: 356-367.

[59] Babu P, Linga P, Kumar R, et al. A review of the hydrate based gas separation (HBGS) process forcarbon dioxide pre-combustion capture[J]. Energy, 2015, 85: 261-279.

[60] Mimachi H, Takeya S, Yoneyama A, et al. Natural gas storage and transportation within gas hydrate of smaller particle: Size dependence of self-preservation phenomenon of natural gas hydrate[J]. Chemical Engineering Science, 2014: 208-213.

[61] Taheri Z, Shabani M R, Nazari K, et al. Natural gas transportation and storage by hydrate technology: Iran case study[J]. Journal of Natural Gas Science & Engineering, 2014, 21: 846-849.

[62] Veluswamy H P, Wei J A, Dan Z, et al. Influence of cationic and non-ionic surfactants on the kinetics of mixed hydrogen/tetrahydrofuran hydrates[J]. Chemical Engineering Science, 2015, 132: 186-199.

[63] Veluswamy H P, Weng I C, Linga P. Clathrate hydrates for hydrogen storage: The impact of tetrahydrofuran, tetra-n-butylammonium bromide and cyclopentane aspromoters on the macroscopic kinetics[J]. International Journal of Hydrogen Energy, 2014, 39(28): 16234-16243.

[64] Xu C G, Cai J, Lin F, et al. Raman analysis on methane production from natural gas hydrate by carbon dioxide-methane replacement[J]. Energy, 2015, 79(19): 111-116.

[65] Lee Y, Kim Y, Lee J, et al. CH_4 recovery and CO_2 sequestration using flue gas in natural gas hydrates as revealed by a micro-differential scanning calorimeter[J]. Applied Energy, 2015, 150: 120-127.

[66] Daniel-David D, Guerton F, Dicharry C, et al. Hydrate growth at the interface between water and pure or mixed CO_2 /CH_4 gases: Influence of pressure, temperature, gas composition and water-soluble surfactants[J]. Chemical Engineering Science, 2015, 132: 118-127.

[67] Zhong D L, Daraboina N, Englezos P. Recovery of CH_4 from coal mine model gas mixture (CH_4/N_2) by hydrate crystallization in the presence of cyclopentane[J]. Fuel, 2013, 106: 425-430.

[68] Mohebbi V, Behbahani R M. Experimental study on gas hydrate formation from natural gas mixture[J]. Journal of Natural Gas Science & Engineering, 2014, 18: 47-52.

[69] 孟庆国, 刘昌岭, 业渝光, 等.不同类型天然气水合物真空分解过程实验研究[J]. 现代地质, 2010, 24(3): 607-613.

[70] And J J, Jemmis E D. Red-blue or no-shift in hydrogen bonds: A unified explanation[J]. Journal of the American Chemical Society, 2007, 129(15): 4620-4632.

[71] Sum A K, Burruss A R, Sloan J E, et al. Measurement of clathrate hydrates via Raman spectroscopy[J]. Journal of Physical Chemistry B, 1997, 101(38): 7371-7377.

[72] Ratcliffe C I, Irish D E. Vibrational spectral studies of solutions at elevated temperatures and pressures. 5. Raman studies of liquid water up to 300 degree C[J]. Journal of Physical Chemistry, 1982, 86(25): 4897-4905.

[73]　Walrafen G E. Raman spectral studies of the effects of electrolytes on water[J]. Journal of Chemical Physics, 1962, 36(4): 1035-1042.

[74] 蒋毅坚, 曹庆九, 张鹏翔, 等. 磁化水、自来水和蒸馏水的拉曼散射研究[J]. 光散射学报, 1992, 2: 102-106.

[75] Ohno H, Strobel T A, Dec S F, et al. Raman studies of methane-ethane hydrate metastability[J]. Journal of Physical Chemistry A, 2009, 113(9): 1711-1716.

[76] Lee H H, Ahn S H, Nam B U, et al. Thermodynamic stability, spectroscopic identification, and gas storage capacity of CO_2-CH_4-N_2 mixture gas hydrates: Implications for landfill gas hydrates[J]. Environmental Science & Technology, 2012, 46(7): 4184.